封丘金银花

范文昌　主编
梅全喜　主审

中医古籍出版社

图书在版编目（CIP）数据

封丘金银花/范文昌主编．—北京：中医古籍出版社，2014.7
ISBN 978－7－5152－0616－5

Ⅰ.①封… Ⅱ.①范… Ⅲ.①忍冬－栽培技术②忍冬－中草药加工 Ⅳ.①S567.7

中国版本图书馆 CIP 数据核字（2014）第 112486 号

封丘金银花
主编 范文昌
主审 梅全喜

责任编辑 刘从明
封面设计 韩博玥
出版发行 中医古籍出版社
社　　址 北京东直门内南小街 16 号（100700）
印　　刷 北京金信诺印刷有限公司
开　　本 787mm×1092mm 16 开
印　　张 12.5 印张
字　　数 280 千字
版　　次 2014 年 7 月第 1 版 2014 年 7 月第 1 次印刷
印　　数 0001～3000 册
书　　号 ISBN 978－7－5152－0616－5
定　　价 30.00 元

《封丘金银花》
编委会

顾　　问　严　振　李建生　冯卫生　陈随清　董诚明
　　　　　丁　立　张健泓　江永南　陈丁生　晏亦林
　　　　　贾少谦

主　　审　梅全喜

名誉主编　郑志松

主任委员　文仲军　周凌云

副主任委员　蒿良万　王振洪　张文国　张　全　范文昌

主　　编　范文昌

副 主 编　郭可杰　曾令清　王　希　李文行

编　　委　（以姓氏笔画为序）
　　　　　王　希　王明娟　车明月　刘亚娟　纪宝玉　李文行
　　　　　李家敬　李家川　李　钢　李瑞丽　杨炳伟　邹　静
　　　　　范文昌　陈秀芳　陈素红　姚丽梅　贾明伟　郭可杰
　　　　　黄　乐　黄清力　曾令清　裴莉昕　谭上轩

主编单位：广东食品药品职业学院

主审单位：广州中医药大学附属中山医院

主编简介

范文昌，男，1984年5月生，河南封丘人。2008年毕业于河南中医学院中药学专业并获得学士学位，在大学本科期间，担任过河南中医学院创业营销协会会长。2008年9月考取广州中医药大学中药学硕士研究生，师从附属中山中医院硕士生导师梅全喜教授。2011年被评为广州中医药大学2011届优秀毕业生。现就职于广东食品药品职业学院，讲师，主管药师，执业药师。2013年被聘为广东省药学会药学史专业委员会委员。近年来主要从事广东地产清热解毒药研究及中医药膳方面的研究及教学工作，在医药杂志上公开发表论文20余篇，主编或参与编写了：《广东地产清热解毒药物大全》（主编，中医古籍出版社，108万字）；《医药信息检索与利用》（主编，化学工业出版社，“十二五”规划教材）；《广东地产药材研究》（主编助理、编委，广东科学技术出版社）；《蕲州药志》（编委，中医古籍出版社）；《中药注射剂不良反应与应对》（编委，人民卫生出版社）；《中华人民共和国药典辅助说明2010年版药材及饮片》（编委，中国中医药出版社）；《中华人民共和国药典辅助说明2010年版中成药》（编委，中国中医药出版社）；《新编中成药合理应用手册》（编委，中国中医药出版社）；《中药熏蒸疗法》（编委，中国中医药出版社）；《艾叶的研究与应用》（编委，中国中医药出版社）；2011、2012、2013、2014年版《中药学综合知识与技能》（国家执业药师资格考试指南）（编委，人民卫生出版社）；2011、2012、2013、2014年版《中药学综合知识与技能习题精选》（国家执业药师资格考试指南）（编委，人民卫生出版社）；2012、2013、2014年版《中药学综合知识与技能模拟试卷》（国家执业药师资格考试指南）（编委，人民卫生出版社）等专著。主持了广东省高等学校教学质量与教学改革工程大学创新创业训练计划项目2项，参与了广东省中医药管理局及中山市科技计划项目5项，获得广东省药学会医院药学科学技术奖三等奖1项。

陈　序

封丘县地处河南省豫北平原黄河滩区，处于暖温带半湿润季风气候区。四季分明，气候温和，光热和水资源充足。特有的自然地理条件与生态环境非常适宜金银花的生长，金银花为封丘县传统的中药材种植作物。封丘县金银花已有多年栽培历史，2003 年国家质量监督检验检疫总局通过了对封丘金银花原产地域产品的认证，并颁发了金银花的原产地域产品认证书。

封丘金银花的研究开发工作在近年来得到了封丘乃至全国科研单位和科研人员的重视。广东食品药品职业学院范文昌先生对家乡封丘的金银花一直非常关注，并进行着相关的科研研究，他对金银花产品应用概况等方面进行了归类分析，开展了复方金银岗梅合剂（主要成份金银花）的组方及药效学研究。在这些工作的基础上，《封丘金银花》一书得以完成。

《封丘金银花》主要介绍了封丘县金银花概况、金银花的综合利用、金银花的本草考证、金银花的生物学特性、金银花的种植技术、金银花的采收、加工和储藏方法、金银花的伪品及其鉴别方法、金银花的化学成分研究、金银花药理作用研究等方面的内容。其中金银花的种植技术、病虫害防治、金银花产品开发状况的介绍较为详细，具有较大的参考价值，将对金银花种植、应用和研究的深入开展将起到积极而重要的推动作用。

有鉴于此，乐之为序。

中国中医科学院中药研究所所长
陈士林
2014 年 3 月 15 日于北京

赵　序

金银花是一种常用的中药。金银花来自忍冬科植物忍冬 Lonicera japonica Thunb.，的乾燥花蕾。

人们熟悉金银花，是因为她与她的姊妹们无处不在。忍冬属（Lonicera）植物全世界约有200种，分布于北美洲、欧洲、亚洲和非洲北部的温带和亚热带地区。中国约有98种。该属植物现已供药用者达19种。宋代的《苏沈良方》中有关于金银花栽培的记载。李时珍在《本草纲目》中言其“在处有之”。

人们赞赏金银花，是因为她顽强的生命力。凌冬不凋，以忍冬之名，收入到《神农本草经》。金银花的香味。清新平易，淡雅芬芳。

人们喜爱金银花，是因为她护佑着人类的健康。我国最早的药书《神农本草经》中有“忍冬味甘，久服轻身”的论述。《名医别录》将金银花列为上品，全国有1/3的中医方剂中用到金银花，具有清热解毒，凉散风热等功效。金银花在2003年防治非典战役中更是名声大震，国家中医药管理局专家推荐的6个防治非典的处方中，有三个用到了金银花。除了药用价值外，金银花也是国家卫生部公布的87种药食同源物品之一。

人们从金银花身上似悟出了世间的哲理。金银花初开，花蕊、花瓣俱白，经两三日，则色变黄。新旧相参，黄白相映。清代张淳有诗云“金银赚尽世人忙，花发金银满架香。蜂蝶纷纷成队过，始知物态也炎凉”。

黄河流域是金银花的主产区。我曾到河南进行金银花的调查，那里是中国传统南银花的产地。有研究显示，河南道地产区的金银花中有效成分绿原酸的含量比其他地区为高。

中国古代地方志中有着丰富的与医药相关的内容。《封丘县志》对金银花有封丘金银花自乾隆年间被列为“宫廷贡品”的记述。从地域文化的角度，探讨中药的自然资源与文化资源，是很有新意、很有潜力的一件事。

我与文昌的业师梅全喜教授是相识近三十年，几年前梅教授送给我一本他主编的《广东地产药材研究》，在作者团队中我已经留意到范文昌这个名字。一次我们的本草读书会在中山市举办，我见到了这个很有活力的小伙子，从他的身上我可以看到梅教授当年的身影：刻苦钻研、手勤、腿勤、口勤、眼勤，扎根于基层。

文昌重视对地产药材的研究发掘工作，他对封丘的特产金银花进行了深入整理研究，编撰出了《封丘金银花》一书。

从历史溯源到文化考证，再到传统中医药的应用和现代新领域的发展，封丘人写封丘金银花，脚踏实地的调查，也算是一种情结，别有一番情趣。

香港浸会大学中医药学院副院长、教授
赵中振
2014 年于香港

前　言

封丘县地处河南省豫北平原黄河滩区，处于暖温带半湿润季风气候区。四季分明，气候温和，光热和水资源充足。特有的自然地理条件与生态环境非常适宜金银花的生长。封丘古属魏地，西晋《博物志》中有“魏地人家场圃所种，藤生，凌冬不凋”之说。《封丘县志》关于金银花的记述是这样的：乾隆皇帝御用延寿丹方以金银花为主，封丘金银花自乾隆年间被列为“宫廷贡品”。金银花为封丘县传统的中药材种植作物，封丘县金银花已有1500多年的栽培历史，一直以花蕾肥大、色泽碧绿、药用价值高而在全国闻名，赢得了“中原二花甲天下，封丘二花冠中原”之美誉，封丘县被誉为“中国生产金银花第一县”。封丘金银花俗称“大毛花”，是道地中药材。优异的地理环境和成功的管理方式，形成了封丘金银花独特的性能，即：一直、二大、三高、四碧。第一个特点是：直，即封丘金银花呈直立生长。第二个特点是：大，封丘金银花一般株高1.5米~2米。封丘金银花，鲜花肥大厚实，干花碧绿鲜亮。第三个特点是：高，封丘金银花药用成分高且分布均匀。第四个特点是：碧，封丘金银花，还是上好的茗茶，常饮金银花茶，清热解毒，减肥健身。

金银花的茎、叶、花、果均可入药，主要药用部分为花蕾，其性寒、味甘，归肺、心、胃经。具有清热解毒、疏散风热的功效。一直享有“国宝一枝花”、“广谱抗生素”、“中药之中的青霉素”、“中药抗生素”、“植物抗生素”、“药铺小神仙”、“长生不老药”等美誉。人们熟知的“银翘解毒丸”、“银黄清热解毒口服液”、“银黄口服液”、“双黄连”等就是以金银花为主要原料制成的。金银花的用途越来越广，开始由单一的中草药逐步向茶叶、饮料、食品和日用化工产品等方面发展。市场上常见的以金银花为原料生产的产品有：金银花酒、金银花茶、金银花·红茶复合保健饮料、金银花绿茶复合饮料、金银花润喉茶、金银花保健奶、金银花粥、金银花口香糖、金银花保健冰淇淋、金银花软糖、金银花果冻、金银花面条、保健奶茶、鲜花火锅辅料、金银花露、金银花制香皂、香波、金银花药物浴洗剂、金银花复方洗手液、金银花牙膏、金银花漱口液、中草药保健香、儿童沐浴液、痱子粉、面部清毒散、室内空气消毒剂等。大量以金银花为主要原料的产品在紧锣密鼓的研发中。

笔者在查阅大量相关金银花书籍及全面检索医药报刊杂志、专业期刊网、谷歌、百度等搜索引擎的基础上，发现关于金银花现代研究、新的产品开发、新的技术应用、采收培育等方面没有及时的总结供大家所用，为此，笔者在前人编写《金银花》等书籍的基础上对金银花进一步进行编撰。《封丘金银花》全书约18万字，分为九章，第一章记载金银花概况、封丘县金银花概况、金银花的综合利用；第二章金银花的本草考证；第三章金银花的生物学特性；第四章金银花的种植技术；第五章金银花的采收、加工和储藏；第六章金银花的伪品及其鉴别；第七章金银花的化学成分；第八章金银花的药理作用；第九章金银花的应用。最后附录部分，介绍封丘概况，分为封丘历史、封丘方言、封丘特产等内容。正文中还介绍了2010年版《中华人民共和国药典》中金银花检查要求、金银花专利开发等内容，《封丘金银花》为金银花应用和研究的深入开展将起到积极而重要的作用。

《封丘金银花》在编写过程中得到有关单位和专家的大力支持和指导，笔者导师梅全喜教授、封丘县卫生局张全局长等为本书的编写和修改提供了许多宝贵的指导意见，封丘县人民政府、封丘县农业局、封丘县卫生局、广州中医药大学附属中山医院、广东食品药品职业学院等单位为该书出版提供了重要的参考资料，在此一并表示衷心的感谢！

本书参考的国内外杂志及著作较多，凡参考的医药杂志、医药专著等集中列在书后的参考文献和主要参考书目中，借此对这些杂志及著作的原作者表示衷心感谢！

由于编者的学识和专业水平有限，加之时间仓促，书中遗漏、错误在所难免，恳请广大读者和同仁提出宝贵意见。

范文昌

2014年1月于广州

原产地标记注册证

兹证明：封丘县农业畜牧局

地址：河南省封丘县城关镇民主东街

申请的原产地标记产品经国家质量监督检验检疫总局认定，符合《原产地标记管理规定》，特发此证。

注册范围：封丘金银花（豫封牌）

注册证书号：0000118

发证日期：200[illegible] 年 3 月 18 日

有效日期：至 2006 年 3 月 18 日

0000118

目　录

第一章　金银花概述

第一节　金银花概况

金银花为忍冬科忍冬属植物忍冬 *Lonicera japonica* Thunb. 的干燥花蕾或带初开的花，又名二花、双花、金花、银花、忍冬花、鸳鸯花、老翁须、通灵草等。金银花初开时呈白色，恰似白银，二至三日后为黄色，又似黄金、新旧相参，黄白相映，故美称“金银花”。金银花具有极强的适应性，金银花耐涝耐旱、耐热耐寒，50℃的高温不死，零下46℃的严寒冻不死，水浸一个月不死，大旱半年不死。无论是盐碱沙地、肥沃良田，还是山岭薄地、土丘荒坡、路旁地堰、河边堤岸、房前屋后，果林间种都生长旺盛，枝繁叶茂。金银花适宜在全国各地种植，北起辽宁、黑龙江，南至广东、海南岛，东至山东、朝鲜半岛，西至世界屋脊喜马拉雅山和天山脚下，均有金银花分布。我国的近邻日本、朝鲜和俄罗斯也有少量野生金银花分布。传统上以河南封丘、新密，山东平邑、费县等地为道地产区。

金银花早在1400多年前就已入药，在《名医别录》中列为上品，晋代有酿造忍冬酒的记载。名医陶宏景（502年~536年）曰：“金银花治寒热身肿，久服轻身延年益寿”。我国最早的药书《神农本草经》中有“忍冬味甘，久服轻身”的论述。《本草纲目》中也有“泡茶常饮，可补虚疗风，延年益寿”的记载，金银花的茎、叶、花、果均可入药，主要药用部分为花蕾，其性寒、味甘，归肺、心、胃经。具有清热解毒、疏散风热的功效，古今医家称它：“青藤盛开抗菌花，清热解毒必有它。”金银花现在临床上多用于治疗痈肿疔疮，喉痹，丹毒，热毒血痢，风热感冒等多种疾病。金银花是“药用经济型与水保生态型”集一身的多年生藤本缠绕灌木，一直享有“国宝一枝花”的美誉，其茎叶花果实均能入药，被誉为“广谱抗生素”、“中药之中的青霉素”、“中药抗生素”、“植物抗生素”、“药铺小神仙”、“长生不老药”等。据调查，全国有1/3的中医方剂中用到金银花。1984年国家中医药管理局把金银花确定为35种名贵中药材之一。后来，金银花被列为我国“十大常用大宗药材之一”。在滥用化学抗生素带来严重后果的情况下，金银花的需求量激增，特别是由于“SRAS”、“H1N1病毒”、“禽流感”、“手足口病”等疾病的发生与流行，为金银花药用带来了巨大的市场空间。

金银花具有显著的抗菌消炎作用，已被筛选到“十五”期间的“863计划”中。国内数千家制药厂生产有清热解毒、消炎消肿、防癌抗癌、凉血止痢、延年益寿等卓越的医疗和保健功能的产品，人们熟知的“银翘解毒丸”、“银黄清热解毒口服液”、“银黄口服液”、“双黄连”等就是以金银花为主要原料制成的。金银花的用途越来越广，开始由单一的中草药逐步向茶叶、饮料、食品和日用化工产品等方面发展。2002年2月，国家下发了《卫生部关于进一步规范保健食品原料管理的通知》，其中涉及既是食品又是药品的物品名单，共87种。其中金银花是国家卫生部公布的87种药食同用的天然的物品之一。金银花的原花冲之代茶，嗅之气味芬芳，饮后神清气爽。夏秋服用金银花茶，既能防暑降温、降脂减肥、养颜美容，又能清热解毒、百病不生，是现代人保健养生和防疫防病的绝好佳品。在清代宫廷《御香缥缈录》中慈禧用金银花泡茶，乾隆用的养阴抗老方“延寿丹”中也少不了金银花。当今专家们采用世界公认的抗衰老研究方法，证明了金银花茶、露的抗衰老作用完全可以与著名滋补益寿中药枸杞子相媲美。20世纪80年代沂蒙山区有顺口溜：“常喝金银花，今年二十，明年十八”。

金银花在防治非典中得到了广泛应用，国家中医药管理局专家推荐防治非典6个处方，其中有三个用到了金银花。处方一（组成：银花10克，芦根15克，连翘10克，薄荷6克，生甘草5克。主要功能：清热解表，疏风透邪。用法用量：水煎服，日服一剂）。处方二（组成：银花10克，生黄芪10克，白术6克，防风10克，苍术6克，藿香10克，沙参10克，贯众6克。主要功能：健脾益气，化湿解毒。用法用量：水煎服，日服一剂）。处方三（组成：银花10克，太子参15克，贯众6克，连翘10克，大青叶10克，苏叶6克，葛根10克，藿香10克，苍术6克，佩兰10克。主要功能：益气宣邪，解毒化湿。用法用量：水煎服，日服一剂）。

市场上常见的用金银花为原料生产的保健产品有：金银花酒、金银花茶、金银花花露水、银花糖果和银花杀菌牙膏等。除了已经开发出来的传统保健品外，正在以金银花为主要原料的其它保健品也都在紧锣密鼓的研发中。保健品种使用金银花量以王老吉系列饮料为典型代表，近几年发展迅猛，需求强劲，直接影响了金银花的供应状况，仅王老吉一个产品金银花年需求量达3000吨，预计到2014年需求量会达6000多吨。金银花直接通过初步精选后包装成花茶，在各大超市也均有销售，因金银花的功效逐渐为人们熟悉、认可，消费者在选择泡茶材料时也逐渐将金银花作为选择的重要品种。金银花枝叶的牲畜适口性较好，有丰富的营养物质，利用金银花枝叶及加工废弃物制造兽药，或直接作为饲料，对于预防、治疗畜禽疾病将发挥积极作用。发展金银花不仅有良好的生态效益，而且有着良好的经济效益和社会效益。

随着金银花行业的发展，金银花行业成立了中国正品金银花责任联盟，2011年5月22制定其宣言：①我们将遵循“依法生产，诚信经营”的理念和服务宗旨，以身作则，率先垂范，为社会及大众提供符合《中国药典》规定、安全、优质、纯净的正品金银花。②我们将在各级卫生、药监、工商、质监等政府部门的领导、支持与帮助下，齐心协力，联手打假，维护国家、企业和消费者合法权益。③我们将加强区域合作，形成信息网络，实现资源共享，密切注视金银花行业的各类假冒伪劣行为，紧密保持与政府有关部门的联系，主动反馈行业信息，积极提供打假线索，为政府部门制定打假行动提供参考和协助。④我们将加强联系，互相沟通，开展多种形式的科普教育、义务宣传、打假动员等公益活动，在全社会努力营造“假冒伪劣，人人喊打”的舆论氛围，倡导“正品行货”。

第二节　封丘县金银花概况

封丘县地处河南省豫北平原黄河滩区，处于暖温带半湿润季风气候区。四季分明，气候温和，光热和水资源充足。特有的自然地理条件与生态环境非常适宜金银花的生长，金银花为封丘县传统的中药材种植作物。封丘县金银花已有1500多年的栽培历史，一直以花蕾肥大、色泽碧绿、药用价值高而在全国闻名，赢得了“中原二花甲天下，封丘二花冠中原”之美誉，封丘县被誉为“中国生产金银花第一县”。封丘古属魏地，西晋《博物志》中有“魏地人家场圃所种，藤生，凌冬不凋”之说。《封丘县志》关于金银花的记述是这样的：乾隆皇帝御用延寿丹方以金银花为主，封丘金银花自乾隆年间被列为“宫廷贡品”。《封丘县志》还记载二花为封丘县人工栽培植物，并将金银花作为土特产记载。封丘金银花原来主要集中在原司庄乡（现并入陈桥镇）的几个村，后来逐渐扩大到全县其他乡镇。二十世纪七十年代末，国家药材公司经过全国范围内的考察论证，确立在封丘建立金银花生产基地，封丘县成为全国著名的金银花生产基地。1984年全县栽培面积已达10028亩，收购量为25万余斤。97年经国家医药总局考察后，誉称封丘金银花“中原二花甲天下”，并在中央电视台4套“中华医药”栏目中进行报道。1999年被国家医药局定为金银花生产基地，1999年金银花的种植面积已达10500亩，年产干金银花100万千克。2003年3月18日，国家质量监督检验检疫总局通过了对封丘金银花原产地域产品的认证，并颁发了中国金银花唯一的原产地域产品认证书，同年11月，封丘县被省质量技术监督局认定为河南省无公害金银花标准化示范基地，对封丘金银花占领国外市场奠定了坚实的基础。2003年金银花种植面积已达到10万亩，生产干品金银花600万千克以上，2006年封丘金银花种植面积已达2万公顷，年产优质金银花960万千克。2003年和2006年封丘金银花两次被评为河南省十大名牌农产品之首；2005年被批准为河南省标准化示范区；2006年被批准为河南省金银花生产基地；2007年被授予河南十大中药材种植基地。封丘已成为全国金银花生产第一县。封丘县“金银花产业化培育示范与推广”项目已被列入2007年度国家星火计划。“金银花产业化培育示范与推广”项目实施分两个阶段进行。2006年度，已投入资金100万元，完成了金银花规范化种植技术研究，以及标准生产规程制定，并印发科技培训材料10万册，培训农民5000人，开展了完善栽培技术体系的研究。2007年度，将投入资金30万元，建立无公害种植规程工作，同时培训农民5000人，提高金银花产量8%，实现亩均增收100元。近几年，封丘金银花种植面积呈几何级的速度扩张，据当地农业部门提供的数字表明，目前封丘县金银花种植面积有30多万亩。

一、封丘金银花生长环境

封丘地区的生态环境比较适宜于金银花的生长。

（一）温度

温度是金银花生命活动的必要因子，它影响着金银花生长期的长短及金银花的产量和质量。金银花是喜温耐寒的植物，生长适应性较强，一般在气温11～25℃的条件下都能生长，要求年平均气温11～14℃，适应生长温度15～25℃，气温高于38℃或低于零下4℃，生长受到影响。科学研究表明，金银花在3℃以下的温度中停止生长，16℃以上新梢生长迅速，并开始孕育花蕾，20℃左右生长发育良好。根据资料分析，封丘金银花产区≥5℃的活动积温一般在5000℃·天以上，年平均气温14.0℃，当地稳定通过3℃日期为2月28日，初终间日数为276天，也就是说金银花全年生长期长达276天。稳定通过15℃日期为4月24日，初终间日数为171天，即金银花全年适应生长期为171天。5月25日起，日平均气温可以稳定通过20℃，9月15日结束，日平均气温稳定通过20℃以上活动积温3000℃，在此期间，金银花三茬盛花期相继完成，全年盛花期累计116天，生产实验观测表明：盛花期期间日平均气温稳定通过20℃以上活动积温小于2900℃时，全年花期将缩短15～20天；反之，活动积温3100～3300℃时，全年花期将延长15～20天；活动积温大于3300℃（或连续4天出现36℃以上高温天气），将直接影响二茬盛花期的形成与维持，全年盛花期将缩短20天左右。二茬盛花期正值7月高温时段，连续高温天气不利于花蕾形成。日平均气温大于28℃出现连续3天以上，单蕾生育时间迅速缩短，花蕾小、无光泽，影响产量与品质。

（二）降水

适当的水分供应是金银花正常发育所不可缺少的条件，水分过多或过少均会影响药材的产量和质量。充足的水分为金银花生长及产品质量的提高提供了可靠的保证。金银花喜湿润、耐旱、耐涝，要求长年降水量700～800毫米，空气相对湿度65%～75%之间为宜，大于80%或小于60%生长受到影响，盛花期期间降水量分布均匀，利于花蕾的形成与生长，单枝花蕾密度大、自然落花少，干花率可达15%～20%。首次开花期降水大于20毫米即可，花期雨水过多，容易灌花，形成哑巴花萎缩，降水少易旱花。封丘县年降水量615.1毫米，主要集中在夏季。6～8月份降水345.7毫米，占全年总降水量的50%以上，春季3～5月降水量为102.8毫米，且年际变化明显。年平均相对湿度为70%，5～6月和9～10月平均相对湿度66%～78%之间，7～8月平均相对湿度80%～83%之间。生产实践证明：春季3～5月份降水量累计100～120毫米，能够及时补充根系水分，有利于萌芽育蕾，促使花墩生长旺盛、花期提前，且首茬盛花期花蕾饱满、单蕾生育期长；夏季6～8月份降水300～400毫米，有利于中后期花期生长发育；降水量大于450毫米、相对湿度大于80%，二茬花期将缩短6～10天，且易造成花蕾脱落，干花率在12.5%～15%，整个花期将随之缩短15天左右。当3～5月连续≥50天累计降水量≤30毫米时形成春旱，或6～8月连续≥20天累计降水量≤30毫米形成夏旱时，易影响花枝发育，形成旱花、品质降低，直接影响金银花的产量。

（三）光照

金银花中主要成分为绿原酸，其含量与光照条件呈显著正相关。在年日照时数1800～1900小时最适宜，日日照时数7～8小时为佳。封丘日照时数在全省属高值区，平均年日照时数2142.4小时，日照时数百分率48%。5、6月份日照时数最多分别为231.7小时和224.4小时，日照百分率54%，此时正值金银花花芽的生长期，充足的光照资源保证了封丘金银花的优质。月日照时数少于200.0小时，延长花蕾育蕾时间，品质降低。

二、封丘金银花特点

封丘金银花俗称“大毛花”，是道地中药材。优异的地理环境和成功的管理方式，形成了封丘金银花独特的性能。即：一直、二大、三高、四碧。第一个特点是：直，即：封丘金银花呈直立生长。专家们说：“一直、三通、两少”。直立生长，养分上下通畅，花蕾的有效成分自然高；直立生长便于通风透光，利于光合作用，同时减少金银花病虫害的发生，减少泥浆的迸溅、污染；直立生长方便通行、便于管理，从内、外两个方面保证了金银花的优良品质。唐朝大诗人高适曾任封丘县的县尉，在封丘任职时他写了一首诗借物言志，他说：“金银花单株直立像把伞，装典农家春色；多棵联手像堵墙，守卫祥和安宁；大田无边若碧海，金波银浪似潮涌”。第二个特点是：大。封丘金银花一般株高1.5米～2米。封丘金银花，鲜花肥大厚实，干花碧绿鲜亮。鲜花肥大，说明金银花孕育了比较多的药用成分；干花碧绿鲜亮，说明金银花在新陈代谢方面，自身贮备了丰富的叶绿素。第三个特点是：高。封丘金银花药用成分高且分布均匀。据中国药科大学和河南中医药研究所测定：封丘金银花绿原酸含量在5.6%～6.5%，明显高于一般的金银花。此外，封丘金银花还含有甲硫氨酸、缬氨酸、赖氨酸、异亮氨酸、苯氨酸、亮氨酸、色氨酸、苏氨酸等18种氨基酸和多种维生素，用于人们健身、美容方面有明显的效果。第四个特点是：碧。封丘金银花，还是上好的茗茶，常饮金银花茶，清热解毒，减肥健身。封丘金银花泡茶，花蕾大头朝下，垂而不倒，茶水颜色逐步加深。花蕾大头朝下，说明花药比例大，茶水颜色加深，说明花蕾中绿色成分保留完好。茶圣陆羽在《茶经》中有“魏地金银花，芬芳透碧澄”一说。

目前，全县农民种植金银花的积极性空前高涨，金银花产业实现了五个全国之最：种植面积之最，占全国大田种植总面积的50%；产量之最，占全国总产量的60%以上；

培植和烘干技术之最；品质之最，绿原酸等有效成分含量高；经济效益之最，亩均收入全国第一。优质的品质．响亮的品牌，使封丘金银花不仅畅销全国，还远销港、澳、台以及东南亚等多个国家和地区。

三、封丘金银花发展概况

封丘地区的生态环境比较适宜于金银花的生长；封丘有悠久的栽培历史，该地农民在栽培管理、采收加工等各项工作中有较完善的经验，且各项工作做的及时，环环相扣；及时总结经验教训，试验和推广提高产量和质量的新方法。

（一）合理引导资源的产业开发，规范质量标准

政府高度重视金银花产业发展，把金银花作为封丘县支柱产业开发，合理引导，按照市场规律，促进金银花新产品开发，抓好资源的基地建设，以高质量的产品带动相关产业的建设，把资源优势转化为经济优势。近年来，封丘县委、县政府顺应国内外市场需求，以增加农民收入为目标，出台了一系列优惠政策措施，县里明确规定，农民种植金银花，免征特产税农业税；种植金银花的责任田，要保持相对稳定；为金银花种植兴修水利、办电修路，县、乡都予以支持，力争把金银花产业做大做强。封丘县不仅在扩大种植面积和增加产量上下工夫，而且在提高质量和“绿色生产”上狠下工夫。该县强力推行绿色无公害栽培，使金银花在品质上实现了质的跨越。他们还专门成立了“三部一院”，即金银花市场和综合利用开发部、基地建设部、综合联络部、金银花研究院，完成了金银花规范种植标准操作规程，建立了金银花基因图谱，为金银花的长久发展打下了良好的基础。全县从事金银花精细包装的企业已达10余个，开发出了金银花茶、金银花啤酒等饮品。

（二）组建龙头企业，拓展销售市场

封丘县政府投资960万元，建成了封丘金银花交易市场和封丘金银花网站（www. fqjyh. com），定期举办“中国·封丘金银花节”，封丘从2000年起连续三年举办了“中国封丘金银花节”，在金银花生产基地和国内外药材市场之间架起了一座宽阔的桥梁，大大提高了封丘金银花在国内外药材市场的销售量。同时，组织金银花生产、销售企业先后参加了“中欧地理标志研讨会”、“中国国际农产品交易会”、“中国上海林博会”、“河南国际贸易投资洽谈会”等贸易交流会，广泛宣传、推介封丘金银花。再次是实施品牌带动战略，叫响封丘金银花品牌。封丘县委、县政府首先扶持和培育了“河南绿色农业有限公司,”“黄河金银花股份有限公司”等一批金银花经销龙头企业，注册了“豫封”、“豫绿”牌等金银花商标，取得了国家原产地标记注册证。“豫绿”牌金银花荣获“河南省名牌农产品”称号，通过了农业部农产品质量安全中心的无公害农产品认证，进一步确立了“封丘金银花，质量甲天下”的地位。这些企业在安徽亳州、河北安国、北京、广州等地的中药材市场设立办事处，并与全国20多家制

药企业签订了长期供货合同。该县还投资100多万元在主产区建成了占地2万平方米、年成交额超亿元的金银花专营市场，有效地提高了金银花在国内外市场的知名度，产品行销全国20多个省市区，并出口日本、韩国和东南亚以及香港、澳门、台湾等国家和地区。

（三）加大宣传攻势，加强与国际国内合作

这几年，封丘还把金银花精深加工、拉长产业链条作为增加农民收入的重要举措，通过积极对外招商引资，吸引国内外著名的制药企业来封丘投资兴办中药材加工企业及与科研单位合作，研制开发金银花精细包装、金银花袋装泡茶、金银花饮料、金银花化妆品、金银花牙膏等产品，全面提升金银花的产业水平，使金银花加工业成为封丘的又一大优势产业。2007年3月，博凯国际（香港）集团有限公司投资4800万元在封丘建立金银花综合加工和金银花专用生物肥项目，同时在封丘成立金银花工程技术研究中心。哈药集团、金陵药业、佐今明等知名医药企业都把封丘作为自己的药源基地，既为企业找到了稳定优质的药源，又为当地提供了宽广、可靠的销售渠道，极大地提高了花农种植金银花的积极性。

（四）依靠科技加强物种鉴定、品种选育及质量控制等研究，为金银花产业提供技术支持

封丘将金银花当做推动县域经济发展的一项重要产业来抓，主动与中科院、中国药科大学、河南农大、哈药集团等科研部门、大专院校和制药企业合作，培育新品种，推广新技术，提高产量，改善品质。县科技局聘请了中科院封丘农业生态实验站、河南农业大学等科研单位和大专院校的专家科研人员，在封丘县司庄乡开展了金银花的增产试验，并获得成功。新技术的推广应用，使金银花收花期由三年缩短到二年，由年产一茬变为年产三茬甚至四茬。产量由过去的亩产不足50千克提高到100千克以上，最高的达到150千克。在品种方面，封丘培育的“金丰一号”单产最高可达到每亩产干花286千克。封丘县贾庄金银花合作社繁育了超高产，适应性广，接花茬数多，抗病能力强的优质木本树形四季金银花“豫封一号”。封丘县诚信金银花种植专业合作社研发出新品种“豫新一号”金银花。封丘县利达金银花合作社研发出新品种“豫花一号”金银花。县科技局领导派职能部门的技术人员到有关科研单位学习，结合本地传统工艺，创出了“室内四段变温烘干”新技术，并在全县迅速推广，大大提高了封丘金银花的品质。中国药科大学在对全国几个产区的金银花引进检测后，证实封丘金银花的质量确属上乘。

（五）封丘金银花的生产按GAP要求实施规范化质量管理，在全县建立健全了县乡村三级技术服务体系，指导农民改变传统种植模式

在示范园区建设中实行五统一：即统一规划面积、统一配方施肥、统一生物农药

防治、统一浇水灌溉、统一修剪。使封丘金银花生产向标准化、规范化、规模化、产业化发展，确保生产出的金银花质量稳定，符合无污染无公害的“绿色药材”要求。同时利用多种手段宣传发展绿色金银花的意义，普及种植技术知识。封丘金银花实现了标准化管理技术。封丘人紧紧抓住了土、肥、水、种、密、保、管、烘八个环节。土，即选择最适合金银花生长的中性土壤；肥，即配方施肥，施有机肥，结合沼气建设用沼气作为追肥，年年测定土壤中有机肥的含量，缺啥补啥，科学添加；水，即用无污染的黄河水灌溉；种，即选用封丘大毛花这一优良品种；密，即合理密植；保，即采用无公害农药、太阳能杀虫灯等措施防治害虫；管，即统一整形修剪；烘，即采用先进的电控四段变温式烘烤法，从而保证了金银花的产量和质量。通过以上措施，使全县金银花的生产逐步走向规范化和规模化，品质再次实现了大幅度跨越。2000 年金银花规范化种植示范乡司庄乡发展种植面积 1.2 万亩，全乡人均达到 0.56 亩，总产达 120 万千克。

（六）金银花标准比

封丘县在金银花生产中改进了传统的育苗繁殖方法，创新了计划密植早期丰产技术和立体修剪、无明火梯温层移、热风循环三级梯温烘干技术，制定了全国最早的金银花标准——《无公害金银花产地环境标准》、《无公害金银花产品标准》及《无公害金银花生产技术规程》，撰稿并摄制了我国第一部金银花技术教材《无公害金银花生产加工技术》，金银花无公害标准化研究成果也荣获了“新乡市人民政府科技进步二等奖”、“中国·郑州先进使用技术交易会金牌奖”。开展金银花科学研究为建立金银花无公害标准化生产基地提供了科学依据，使封丘金银花在品质上实现了大幅度的提升。

（七）提高科技素质，开展系列化服务

金银花生产是劳动密集型产业，更是一项技术含量高的产业。县科技局把技术培训、技术指导和技术服务作为金银花生产的重中之重。一是由专家和科技人员深入田间地头，现场指导，及时解决群众生产中的技术难题。二是举行金银花科学种植培训班。邀请县外专家、教授，聘请县里农艺师及高级农艺师和有较好实践经验的花农开展技术培训，做到村村有科技示范户，户户都有科技明白人。三是利用传媒搞好技术讲座。四是印发金银花科学种植小册，免费无偿地送到花农手中。通过技术指导、技术培训和技术服务，从根本上解决了广大花农的技术难题，提高封丘金银花的产量和品质。农民科技素质的提高是封丘金银花生产健康快速发展的主要因素之一。

金银花新产品不但在国内市场俏销，而且还在国外市场上也受到了普遍的欢迎与青睐。东南亚各国的华裔华人，更是把金银花视为家家必备之上品。许多亚洲人还把中国的金银花看作是财富和吉祥的象征，把金银花作为馈赠亲朋好友的上等礼品。河

南封丘出产的金银花，远销美国、澳大利亚、欧洲及日本、南韩、新加坡、马来西亚等数十个国家与港、澳、台等地区，自20世纪80年代以来，封丘金银花一直是我们国家出口创汇的拳头产品，叫响了封丘金银花的品牌。金银花——封丘人民智慧和汗水的结晶，河南的宝贵物质文化遗产，必将在强县富民的过程中发挥着越来越重要的作用。

第三节　金银花的综合利用概况

金银花的用途越来越广，由单一的中草药逐步向饮料、保健酒和牙膏日用化工产品等方面发展，如化工方面开发的产品有牙膏、香皂、浴洗剂、香波、防晒膏、痱子粉、面膜、香水、护肤液等。

一、金银花饮料开发状况

表1-1　金银花饮料

功效	名称	数量
清热解暑、降火	王老吉，下火王茶，生津润燥茶、广东凉茶、金银花晶，金银花·红茶复合保健饮料，金银花·菊花·甘草复合保健凉茶饮料，金银花绿茶复合饮料，苦瓜、金银花、淡竹叶复合保健饮料，金银花罗汉果苦瓜保健饮料，银杏叶金银花保健饮料，苦瓜金银花复合饮料，双花杏仁复合保健饮料，双豆银花饮，金银花露，金银花果醋饮料，降火茶，金银花绿茶，金银花凉茶，金银花槐米茶饮料，金银花型清凉饮料，绞股蓝金银花茶，清热败毒保健茶，祛火茶	24
清热明目	双花茶，金银花绿茶，金银菊复合吸品，菊银花茶	4
风热感冒	花露玉液，预防和治疗感冒的保健茶，防感保健凉茶	3
解暑，生津	银花山楂饮，金银花茶饮料，金银花露饮料	4
开胃，降暑	金银花藿香茶、“二花”清暑饮，金银花饮	3
水痘荨麻疹	银花甘草茶，银花蝉衣茶，防治青春痘的茶饮料	3
增强免疫	健康长寿杜仲金银花茶，金银花保健饮料，长寿保健茶，儿童保健茶，美容保健茶	5
咽喉不适	金银花润喉茶，速溶润喉茶，保健养生茶，喉爽保健茶，东杏凉茶	5
保肝降脂	金银花、罗汉果的保健饮料，金银花复合饮料，降血脂茶，五花减肥茶	4
养血安神	金竹茶	1
降糖	降糖茶，金蒲杞凉茶	2
气管炎	慢性气管炎的保健茶	1

从表1-1可知，金银花饮料有清热解暑、降火、清热明目，解暑，生津，开胃，保肝降脂，养血安神，增强免疫，降糖，治疗水痘轻症、荨麻疹、咽喉不适、风热感冒等功效。夏天完全可以当清凉饮料饮用。

二、金银花制剂开发状况

表1－2　金银花制剂

疾病类型	金银花制剂	数量
咽炎、扁桃体炎、喉炎、口腔溃疡	金银花含漱液，扁炎口服液，喉疾灵冲剂，清热消炎合剂，清咽糖浆，清热解毒口服液（注射液、片、软胶囊），咽喉茶，玉叶解毒冲剂，小儿解表颗粒，抗感颗粒（胶囊），退热解毒注射液，加味银翘片，解毒软胶囊，金蓝气雾剂，儿童清热口服液，双黄连口服液（颗粒），金参润喉合剂，银蒲解毒片，银黄注射液，金青解毒丸，银翘双解栓，利口清含漱液，蜂胶金银花含片，注射用双黄连（冻干），金青感冒颗粒，银翘伤风胶囊，复方双花口服液，复方金银花合剂，舒感颗粒，金银花糖浆，金菊五花茶冲剂，复方金银花冲剂，金银花含片，银黄口服液（片、颗粒、胶囊、含化片、注射液），小儿热速清口服液（糖浆），金嗓开音丸，抗感冒颗粒（口服液）	49
感冒	金平感颗粒，清热解毒口服液（注射液、片、软胶囊），玉叶解毒冲剂，小儿解表颗粒，小儿热速清口服液（糖浆），抗感颗粒（胶囊），银翘伤风胶囊，强力感冒片，散风透热颗粒，抗感冒颗粒（口服液），金石清热颗粒，维C银翘片，风热清口服液，金牡感冒片，速感宁胶囊，长城感冒片，犀羚解毒片，金花消痤丸，热毒平颗粒，大卫冲剂，银翘合剂，金菊感冒片，复方双花口服液，儿童清热口服液，银芩解毒片，金青解毒丸，复方金银花冲剂，银花感冒冲剂，复方感冒灵片，银花薄荷饮，金青感冒颗粒，银翘解毒片，银花抗感片，克感利咽口服液，三花茶，宝宝康药袋	42
上呼吸道感染	复方金银花止咳糖浆，舒感颗粒，注射用双黄连（冻干），速感宁胶囊，银黄注射液，银黄口服液（片、颗粒、胶囊、含化片、注射液），双黄连栓（小儿消炎栓），清热解毒口服液（注射液、片、软胶囊），风热清口服液，复方金银花合剂，热毒平颗粒	19
止咳平喘化痰	百日咳糖浆，玉叶解毒冲剂，健儿清解液，苦甘冲剂，注射用双黄连（冻干），双黄连口服液（颗粒），金贝痰咳清颗粒，银翘双解栓	9
皮炎、湿疹痤疮等	清利合剂，祛风解毒颗粒，金花消痤丸，清热暗疮丸（片），复方珍珠暗疮片，复方痤疮药膏，祛痘美白胶囊，三花疱疹药液，祛粉刺中药配剂	10
疮疡	复方疮疡搽剂，金银花露（合剂），金银花糖浆，仙方活命片，清血内消丸，消炎杀菌中药复方外用涂敷液	6
腮腺炎、淋巴腺炎	清热消炎合剂，退热解毒注射液，复方金银花消炎液，金银花茶	4
肠炎、泄泻、痢疾	清热消炎合剂，金菊五花茶冲剂，湿热片（散），金银花注射液	5
戒烟	高效戒烟含片，高效戒烟口服液，排毒戒烟胶囊，清除体内烟毒的保健制品	4
其他（疗效（药物））	消渴证（金芪降糖片），利小便（清热银花糖浆），食欲不振（健儿清解液），脉管炎（金青玄七丸（散、膏）），安胎（孕妇金花丸（片）），狼疮（狼疮丸），肝炎（双虎清肝颗粒），鼻渊（鼻渊丸），骨髓炎（骨髓炎片），钩端螺旋体病（金九合剂），痈、肿、疔、疖（复方金银花擦剂），急性眼结膜炎、角膜炎、麦粒肿（复方金银花消炎液），暑热口渴（金梅清暑颗粒），小儿胎毒（金银花糖浆），尿路感染、肾炎（玉叶解毒冲剂，双黄连口服液（颗粒），银蒲解毒片），脚气（脚气的药物），便秘（金花消痤丸，儿童清热口服液，清解片（颗粒）），支气管炎（金贝痰咳清颗粒，退热解毒注射液），戒毒（戒毒片），脱发（金银花草粉）	31

从表1-2可知，金银花的制剂有口服液、颗粒剂、注射液、片剂（含片）、软胶囊、丸剂、搽剂、糖浆、气雾剂、栓剂、胶囊、膏、散等多种剂型，用于治疗咽炎、扁桃体炎、喉炎、口腔溃疡、感冒、上呼吸道感染、止咳平喘化痰、湿疹、痤疮、疮疡、腮腺炎、淋巴腺炎、肠炎、泄泻、痢疾、消渴证、食欲不振、脉管炎、安胎、狼疮、鼻渊、骨髓炎、骨髓炎、钩端螺旋体病、急性眼结膜炎、角膜炎、麦粒肿、脱发、便秘、尿路感染、肾炎、脚气、支气管炎等疾病，部分金银花制品可用于戒毒、戒烟。

三、金银花酒的开发状况

表1-3 金银花酒

功效	名称	数量
保健酒	金银花山葡萄酒，金银花保健白酒，金银花酒（3种），保健酒，二花酒，菊篙银花酒，金杞酒，保健啤酒（2种），金银花啤酒（2种），银麦啤酒	14
降血脂	降血脂养生酒，金银花酒	2
戒烟	戒烟露酒	1
抗癌止痛	抗癌止痛药酒	1

从表1-3可知，金银花酒产品主要有补肾、降血脂、抗癌止痛作用。还有一种戒烟的戒烟露酒。

四、金银花其他食用产品的开发状况

表1-4 金银花其他类型食品

产品类型	名称	数量
糖果	荷叶金银花保健口香糖，金银花和生姜复合软糖，金银花三色软糖，金银花软糖，麦芽糖，金银花果冻，金银花果蔬糕，利咽梅，夹心巧克力，金银花口香糖（2种），金银花胶姆糖、泡泡糖，清火口香糖，防龋齿口香糖，防治龋齿功效的口香糖，抗龋护齿口香糖，防龋香口胶，健喉清音口香糖，清凉糖丸	19
粥、汤	金银花粥，金银花绿豆粥，金银花莲子粥，银花杞菊虾仁，双花炖老鸭，银花虾仁豆腐，“三鲜”粥，金银花绿豆粥，银花腊梅汤，清肺化痰药茶粥粑	10
酸奶	金银花功能性酸奶，香菇、银耳、金银花复合保健酸奶，薄荷金银花酸奶，保健奶	4
冰淇淋	金银花保健冰淇淋，金银花清热解毒冰淇林，生姜和金银花复合口味软冰淇淋浆料	3
米粉、面条	金银花婴幼儿营养米粉，金银花面条，金银花保健面条，糖尿病食疗康复面	4
奶茶	保健奶茶，清火保健奶茶	2
皮蛋	抗炎保健皮蛋	1
火锅辅料	鲜花火锅辅料	1

从表1-4可知，金银花在糖果方面开发出了多种产品，还广泛应用于煲粥，煮汤，及酸奶、冰淇淋、米粉、面条、奶茶、皮蛋、火锅辅料等产品中。

五、金银花在化妆品方面的开发状况

表1－5　金银花化妆品

产品类型	名称	数量
洗浴用品	金银花药物浴洗剂，扁柏木、金银花制香皂、香波，儿童沐浴液，金银花洗发浸膏，鲜花洗脸沐浴剂，花瓣浴包，止痒沐浴粉，黑泥美容香皂	8
护肤品	美容护肤液，面部清毒散，日晒防治膏，痱子粉	4
牙膏	金银花中草药牙膏，凹凸棒金银花绿茶牙膏，草本复方牙膏，除烟渍中药牙膏	4
口腔用品	口疮漱口液，口腔保健气雾剂，口腔溃疡贴膜	3
面膜	美白、祛斑中药面膜，纯天然美容美白抗皱面膜膏	2
香水	金银花香水	1

从表1－5可知，金银花在化妆品方面开发的产品有牙膏、香皂、浴洗剂、香波、防晒膏、痱子粉、面膜、香水、护肤液等。

六、金银花其他方面的开发状况

表1－6　金银花其他产品

产品类型	名称	数量
洗涤剂	玫瑰花金银花无磷加香洗衣粉，多功能抗菌洗涤剂，六花洗涤制品	3
驱蚊物	驱蚊组合物，中药驱蚊精油及便捷贴	2
卫生巾	消炎止痒卫生巾	1
保健香	中草药保健香	1
被褥枕芯	茶叶枕芯，被褥芯，实用新型名称强身保健被，保健药枕	4
香烟	金银花烟草制品，健康型香烟	2
手帕	药物纸手帕	1
涂料	金银花牡丹花含香涂料	1

从表1－6可知，金银花开发出了洗衣粉、洗涤剂、驱蚊物、卫生巾、保健香、枕芯、褥芯、保健被、香烟、手帕、涂料等日常生活用品。

第二章　金银花的本草考证

金银花有着悠久的药用历史。金银花为清热解毒药，药典记载：金银花具有清热解毒，疏散风热的功效，多用于治疗痈肿疔疮，喉痹，丹毒，热毒血痢，风热感冒，热病发热。宋代《太平圣惠方》云“热血毒痢，忍冬藤浓煎饮”。明《滇南本草》载：“金银花味苦，性寒。清热，解诸疮，痈疽发背、无名肿毒、丹瘤、瘰。藤，能宽中下气、消痰、祛风热、清咽喉热痛”；明代《本草纲目》记载：“忍冬茎叶及花功用皆同。昔人称其治风、除胀、解痢为要药……，后世称其消肿，散毒、治疮为要药”。《中国药典》1963 年版一部收载了忍冬科植物忍冬 *Lonicera japonica* Thunb. 1 种。《中国药典》1977、1985、1990、1995、2000 年版一部，均收载了忍冬科植物忍冬 *Lonicera japonica* Thunb. 红腺忍冬 *L. hypoglauca* Miq. 、山银花 *L. confusa* DC. 或毛花柱忍冬 *Lonicera dasystyla* Rehd. 4 种，为法定药用品种。《中国药典》2005、2010 年版一部只收载了忍冬科植物忍冬 *Lonicera japonica* Thunb. 1 种为法定药用品种。

第一节　金银花本草记载

金银花药名的出处，目前存在数种不同说法。全国统编五版教材《中药学》认为金银花药名出自《名医别录》，六版教材《中药学》则认为金银花药名出自《新修本草》；《中药大辞典》（江苏新医学院编，1986 年版）和《简明中医辞典》（《中医辞典》编辑委员会编，1979 年版）认为金银花药名出自《履巉岩本草》（1220 年）；《中国药物大全》认为金银花药名出自《本草拾遗》（公元 739 年）；《中药志》和《中药大全》认为金银花药名出自《本草纲目》（1578 年）；而《新华本草纲要》认为金银花药名出自《救荒本草》（1406 年）。在梁・陶弘景所集《名医别录》卷一首见“忍冬”；《名医别录》在忍冬项下云“忍冬，味甘温，无毒，列为上品，主治寒热、身肿……忍冬，十二月采，阴干……处处有之，藤生，凌冬不凋，故名忍冬。”说明当时仅用忍冬的茎叶（忍冬藤），并不是用忍冬的花，因为金银花是在夏初采摘的。《本草拾遗》所载忍冬也是引《名医别录》，未见金银花药名。

唐・《新修本草》对忍冬记载较详，曰：“藤生，绕覆草木上。苗茎赤紫色，宿者有薄白皮膜之，其嫩茎有毛。叶似胡豆，亦上下有毛。花白蕊紫。”只是对忍冬的藤、苗、茎、叶、花作了描述，并未明确提出“金银花”之名，亦无“金银花”或“忍冬花”条项。陈藏器在《本草拾遗》中云：“忍冬，主热毒血痢、水痢。”也是以“忍冬”名之，未提出“金银花”之名。《药性论》载：“亦可单用，味辛。主治腹胀满，能止气下澼。”

北宋时期，掌禹锡等编著《嘉祐补注神农本草》时，仍袭用原名，曰：“忍冬，亦可单用。”金银花一名，首见于宋代苏城、沈括的《苏沈内翰良方》，在本书中首次提出了“金银花”一名及其解释，“……四月开花，极芬，香闻数步，初开白色，数日则变黄，每黄白相间，故名金银花”。南宋时期，我国现存最早的彩色本草图谱《履巉岩本草》下卷载有“鹭鸶藤，性温无毒，治筋骨疼痛，名金银花。”从所附彩色图看，与现在入药的植物忍冬无异。所以有人认为，宋代《履巉岩本草》是金银花一名的最早出处，此后，“金银花”一名为后世延用，但最初并非专指忍冬的花，而是指忍冬藤叶或花。到宋代仍然以藤入药，广泛用于临床，如《圣惠方》载：热毒血痢，忍冬藤浓煎饮。《外科精要》中用忍冬藤治痈疽发背，一切恶疮。即使《履巉岩本草》出现了“金银花”之名，但其论述的仍是忍冬的藤，列于“鹭鸶藤”条项：捣碎，同木瓜、白芍药，煎至八分去渣，可见宋代以前忍冬入药为带叶的藤。

到了明代以后，对花的应用越来越多，并逐渐发展至茎、叶、花并用。明《滇南本草》载：“金银花，味苦，性寒。清热，解诸疮，痈疽发背、无名肿毒、丹瘤、瘰疬。藤，能宽中下气、消痰、祛风热、清咽喉热痛”；明代《本草纲目》记载：“忍冬在处有之，附树蔓延，茎微紫色，对节生叶，叶似薜荔而青，有涩毛。三、四月开花，长寸许，一蒂两花，二瓣，一大一小，如半边状，长蕊，花初开者蕊瓣俱色白，经二、三日则色变黄，新旧相参，黄白相映，故呼金银花，气甚芬芳。四月采花，阴干，藤叶不拘时采，阴干……，忍冬茎叶及花功用皆同。昔人称其治风、除胀、解痢为要药……，后世称其消肿，散毒、治疮为要药”。公元 1505 年明・弘治十八年刘文泰等撰《本草品汇精要》，在“忍冬”条项下载有“左缠藤、金银花、鹭鸶藤”等，表明当时金银花为植物忍冬的花，载：“金银花，三月开花，五出，微香，蒂带红色，花初开则色白，经一、二日则色黄，故名金银花”。明・李中梓《本草通玄》谓：“金银花主胀满下痢，消痛散毒，补虚疗风……”。到明代末期，张介宾著的《景岳全书》云，金银花，一名忍冬。即以金银花为正名，忍冬为别名了。明代忍冬药用进入了茎叶及花并用阶段。

清・杨时泰于《本草述钩元》描述为：“……藤蔓左缠，茎色微紫，对茎生叶，似薜荔而青……，三四月花初开，蕊瓣俱白，经三日渐变金黄，幽香袭人，燥湿不变，名金银花”。清代《本经逢源》《本草从新》等医药著作多同时用忍冬和金银花或单用金银花之名。《本经逢源》曰：金银花主下痢脓血，为内外疽肿之药。解毒去脓，泻中有补，痈疽溃后之圣药。至于“金银花”专指忍冬的花，则在清代以后。清・汪昂《本草备要》云，金银花泻热解毒，花香尤佳。清・张璐（1695）《本经逢源》云，金银花芳香而甘等等。清・高世拭（1699）所著《医学真传》指出：“余每用银花，人多异之……”。清・吴仪洛（1757）在《本草从新》里也以金银花为题记载金银花的功能之后，又把藤叶附于金银花为题叙述：“……乾者不如生者力速”。清・皇宫绣

(1778)《本草求真》谓："金银花因其芳香味甘，性虽入内逐热……，因其毒结血凝，服此毒气顿解"，又云"花与叶同功，其花尤妙"。清代时期，虽然茎叶及花均入药，但尤其强调用花。

民国郑奋杨（1928）《增订伪药条辨》详细记载各地金银花品质优劣："金银花，产河南淮庆者为淮密，色黄白，软糯而净，朵粗长，有细毛者为最佳。禹州产者曰禹密，花朵较小，无细毛，易于变色，亦佳。济南出者为济银，色深黄，杂碎者次，亳州出者，朵小性粳，更次。湖北、广东出者色黄黑，梗多屑重，气味俱浊，不堪入药。"张寿颐（1932）《本草正义》对历代本草所载的忍冬及花的功能予以全面总结，还把花与叶的疗效进行比较，他写道："忍冬《别录》称其甘温，实则主治功效皆以清热解毒见长，必不可以言温。故藏器为小寒，且明言非温；甄权则称其味辛，盖惟辛能散，乃以解除热毒，权说是也。今人多用其花，实则花性轻扬，力量甚弱，不如枝蔓之气味俱厚。古人只称忍冬，不言其花，则并不用花入药，自可于言外得之。观《纲目》所附诸方，尚是藤叶为多便是明证。《别录》谓主治寒热身肿，盖亦指寒热痈肿之疮疡而言……。濒湖谓治诸肿毒、痈疽疥癣、杨梅诸恶疮、散热解毒。则今人多用其花，寿颐已谓不如藤叶之力厚，且不仅煎剂之必须，即外用煎汤洗涤亦大良。……"

封丘栽培金银花已有1500余年的历史，《封丘县志》中记载二花为封丘县人工栽培植物，并将金银花作为土特产记载。

《中国药典》1963年版首次收载金银花时，植物来源只有1种：忍冬科植物忍冬 *Lonicera japonica* Thunb.。由于受了特定历史环境的影响和干扰，1977年版《中国药典》增加了3种：红腺忍冬 *Lonicera hypoglauca* Miq.、山银花 *L. dasystyla* Rehd.、毛花柱忍冬 *L. dasystyla* Rehd.，金银花共有4种植物来源，这种多来源的金银花在全国使用了28年；期间经历了1977、1985、1990、1995、2000年5版药典，但主流商品及公认的道地药材为忍冬 Lonicera japonica Thunb. 的干燥花蕾。根据本草考证结果和药材的道地性，规定供药用的金银花只有一种，即忍冬科植物忍冬 Lonicera japonica Thunb.。2005年版《中华人民共和国药典》对金银花来源进行了修订，将忍冬 Lonicera japonica Thunb. 作为金银花药材的唯一来源，其余品种包括新增的灰毡毛忍冬均并入"山银花"项下，取缔了毛花柱忍冬，与药材名"山银花"分开。金银花和山银花有很大的不同，将金银花和山银花分列两项，体现了新药典的合理性和科学性。旧版《药典》在山银花与金银花的鉴别上，原来均以绿原酸为检测对象。而事实上，金银花和山银花均含有绿原酸，该鉴别意义不大。2010年版《药典》将金银花和山银花区分得更加严格，增加了金银花中的木犀草苷，山银花中灰毡毛忍冬的皂苷乙、川续断皂苷乙等专属性较强的成分的测定。《中华本草》、《中药大辞典》、《中药大全》等书籍均对金银花有记载。

第二节 金银花传说

传说之一 古诗赞曰：“天地氤蕴夏日长，金银两宝结鸳鸯。山盟不以风霜改，处处同心岁岁香。”将金银花象征爱情的纯洁和坚贞，故而人们又将金银花称为鸳鸯花、二宝花。民间传说中，金银花正是爱情的见证之花。相传唐代河南怀府一带有个书生，偶遇一富家小姐，俩人一见钟情，便在丫环的帮助下频频约会。有一天他们在园林中散步时，发现有一种花成对开放且清香特别，于是触景生情，指花为盟，私定了终身，以此来表达爱情的忠贞不渝。不料，姑娘的父母知晓后，嫌弃书生家境贫寒，不同意这门亲事，硬要将他们拆散。知道真相的书生从此发奋苦读，最终考中了状元，并将姑娘明媒正娶，有情人终成眷属。从此，他们把定情之花栽得满院皆是。这种花就是金银花。

传说之二 有一次，唐太宗患病，太医们束手无策。于是，太宗传旨召孙思邈进宫。孙思邈为唐太宗诊过脉，开了药方。一剂下去，唐太宗的病不见起色，后来又服一剂，仍不见效。当时唐太宗没有责怪他，让他先回家去。孙思邈心里很不痛快，行走了半天，他来到一座山下，向山民讨口水喝。这户人家只有姐妹俩，以卖药材为生。她们对这位远来的客人很热情，姐姐用黄色花为他冲了一碗金花茶，妹妹用白色花为他冲了一碗银花茶。孙思邈每样茶喝一口，觉得味甘清淡，止渴清热，就说：“这两种花都可以入药。”姐妹二人听罢，笑了起来。姐姐解释说：“这两种花其实是同一种花，刚开时白色，盛开时变黄，它叫金银花。莫说你，就是孙思邈也不认识这药呢。”孙思邈听罢，恍然大悟，当下“亮明”了自己身份，拜两位山姑为师，跟她们学习采药、制药，了解各种药性。然后，他采了些新鲜药回宫，一剂就把唐太宗的病治好了。于是唐太宗封孙思邈为“药王”。后来，“药王”以金银花为“君”；甘草、生地、桔梗为“臣”，配制成“甘桔汤”方剂。

传说之三 在很远很远的年代，一座偏僻的山沟里痢疾大流行。由于山沟里缺医少药，死了很多人。当地有一个心术不正的郎中，趁机抬高药价，赚黑心钱。山民们看不起病，只得听天由命。有一天，不知从何处来了姐妹二人，长得像天上下凡的仙女一样美丽。姐姐叫金花，发髻上插一支光灿灿的金簪。妹妹名叫银花，发髻上别一根亮闪闪的银簪。她们免费为百姓治病。说也奇怪，那些捂着肚子来的病人，经两姐妹的精心治疗，腹泻、腹痛马上就停止了，一时间姐妹二人名声大振，求医者络绎不绝。这事很快就被那个黑心郎中知道了。他气得暴跳如雷，带着一帮人上山，扬言要踏平茅舍，抢两姐妹回家做夫人。当恶郎中一行人刚走到茅舍前不远处，突然小院中卷出滚滚浓烟，等烟雾消散时，两间茅舍和姐妹俩早已不见踪影。只有那些栽种在门前屋后的各种草药，仍在微风中争奇斗艳。狗郎中气得七窍生烟，命手下人将药草全部拔掉并用刀剁了。这时天空中一阵大风骤然利起，将那些被刀刹碎的药草枝芝抛向高空又洒向四面八方。紧接着，雷声隆隆，大雨如注，直浇得狗郎中与随从抱头鼠窜，狼狈不堪。那些随大风抛向各处的药草枝蔓落地生根，不多几日便爬满各处山岗，并开出由白变黄的艳丽花朵。人们都说那就是金花、银花两位姑娘的化身，将这种花朵取名为“金银花”。

传说之四 相传在很久很久以前的一个山村中，住着一户善良的夫妇。他们日出而起，日入而息，男耕女织，夫妻恩爱。只是已到“不惑”之年了，尚无生育，不免焦急。一晚，妻子刚入睡，忽见天上一道金光，金光中见一仙女，手托金色、银色两朵花慢慢来到面前说：“这一金、一银两朵花是送给你们的，该有的还是有，该无的还是无。”说完忽然不见了。妻子醒来，将梦告诉丈夫，夫妻颇为疑惑。然而，过了不久，妻子果然怀孕，生下了一对孪女，始明其中，并按仙女所示，大的叫金花，小的叫银花。金花、银花从小活泼聪明，极喜欢帮助人，老夫妇爱如掌上明珠，乡亲也无不称赞。转眼十八年过去，姐妹已是婷婷玉立的青春少女。求亲者络绎不绝，只因姐妹不答应，父母不肯勉强。谁知好景不常，突然村里不知怎样，有许多人得了一种病，全身发热起了红斑，医生无策，更不幸的是金花、银花姐妹同时染上了病。请不少医生都摇头说：“这是热毒病，自古以来都没有医这种病的药，只有等死！”姐妹也说：“爹！娘！恕孩儿不孝了，既无药可医，急也无用，不过我们希望死后葬在一起，我们要变成治热毒病的草药救治后人，使他们不再死于热毒病。”说完便同时死去。老夫妻心里虽然悲疼，但想起仙女的托梦，知其有异，只好忍疼按姐妹临终的嘱咐，将她俩合葬在一起。果然不久，在姐妹俩的坟上长出一棵绿色的小藤，随着藤的不断生长，藤上开出对对黄白相间的小花朵。得病乡亲看到这花，想起姐妹临终的话，便采集其花煎服，果然神奇无比，药到病除。为纪念姐妹俩，便把这种植物叫做“金银花”。

传说之五 金银花的历史渊源：诸葛亮在七擒孟获的过程中，大部分将士水土不服，中了山岚瘴气。后经一小村寨，见村民面黄饥瘦，诸葛亮顿起恻隐之心，发放军粮施救。村民们十分感谢，一土著白发老人得知许多蜀兵患了“热毒病”时，便叫来自己的一对孪生孙女儿：“金花、银花，你们去采几筐仙药来为蜀军解难。”然而三天后，姐妹仍未归来。人们多方寻找，在一处山崖，只见两只药筐中已采满了草药，筐边有野狼的足迹和被撕碎的衣服鞋子……蜀军将士吃了草药得救了，而金花、银花却为此献出了生命，为了纪念她们，人们就把这种草药开的花叫作“金银花”。

传说之六 相传在很久以前的丁香河边上，住着一对孪生姐妹，姐姐叫金花，妹妹叫银花。一天黄昏，姐妹俩忽然看见对岸有只狼正在追赶一位遍体鳞伤的瘦弱女子，就赶往解救。从狼口救下女子后，才发现这位名叫卓玛的女子伤势很重，周身发热，全身红斑，据说必须到深山野林中寻找一种“仙草”才能治好。于是金花带着干粮上山寻找，不幸途中遇难。银花为了卓玛的病早日痊愈又上山采药，终于将这种仙草采回，卓玛的身体很快康复。由于银花途中过度疲劳，身染重病，竟也匆匆离开人世。为了不忘金花和银花姐妹俩的救命之恩，卓玛在她们坟墓前种上了这种仙草，每年夏天开花，先白后黄，交相辉映。从此，人们便将此草称为“金银花”。

传说之七 相传很早以前，在五指岭山腰里住着一个姓金的老汉，膝下一女儿，叫银花，父女俩以采药为生。山下有一位姓任的老中医，膝下一子，叫任冬。两家共同在山下开了一个中药铺。任冬与银花年龄相仿，两家的老人给他们订下了终身。在五指岭上，住着一个瘟神，每日吞云吐雾，散放瘴气，传播瘟疫。五指岭一带染上疫病的人越来越多且不断死去，百姓们被深深笼罩在恐怖的阴影中。为了治疗瘟疫，银花父女每天起早贪黑，到高高的五指岭上为乡亲们采挖救命的药草。然而，除瘟神洞窟附近，其余地方已很难找到药草了。为了乡亲们，银花父女只能冒险来到瘟神洞窟处采挖药草。银花是一个非常漂亮又聪明能干的好姑娘。她里里外外一把手，从来不让父亲多操心，在十里八乡是出了名的。银花的美丽贤淑让瘟神垂涎。它天天都在盘算着如何占有银花姑娘。这天，银花父女仍同往常一样上山采药，对尾随其后的瘟神一点都没有觉察。在银花父女埋头采药不备时，瘟神把金老汉推下山崖，将银花姑娘抢进了魔窟中。面对瘟神的威逼，银花宁死不从，拼命抗争。无计可施的瘟神只好把她囚禁到石牢里。山下的任老医生，连续几天不见银花父女下山送药，甚是担忧，忙让儿子任冬上山去看个究竟。任冬见金老汉家没有人，就翻山越岭四处寻找，费尽了千辛万苦，终于在魔窟附近的山崖下找到了奄奄一息的金老汉。金老汉断断续续说完了事情的经过就断了气。任冬擦干眼泪，忍着悲伤，找到了瘟神洞窟，在夜色的掩护下，从石牢里救出了银花。听到父亲被害死的噩耗，银花忍不住满腔悲愤，扑到任冬的怀中放声大哭，发誓一定要打败瘟神，为惨死的父亲报仇，把乡亲们从瘟疫笼罩中解救出来！银花想起守牢小卒说的话：“要想治愈瘟病除非有金藤花，要想打败瘟神非药王不可。”于是同任冬商定一块前往蓬莱岛去请药王。去蓬莱岛的路上，任冬与银花被气急败坏的瘟神追上了。它伸出利爪，直朝银花姑娘扑过去。在万分危急的时候，任冬拼死缠住瘟神，掩护银花逃离去求救药王。任冬同瘟神打了一天一夜，终因体力不支，被瘟神扔进黑龙潭里淹死了。银花逃过了瘟神的魔爪，在蓬莱岛的灵芝洞中找到药王并一起前往五指岭，打败了瘟神，治好了乡亲们的疫病。从此，五指岭一带又恢复了往日的宁静，人们重新过上了平静祥和的生活。银花姑娘孤伶伶一人回到家里，想到含恨死去的父亲，惨死在瘟神手中的任冬哥哥和悲伤去世的任老医生，不禁悲愤交集……她来到燕儿坡上任冬的坟前，那止不住的泪水如断线的珍珠，洒落在泥土中。奇怪的是，那些掉进泥土的泪珠儿，如同入土的种子，化作一片绿油油的幼苗钻出地面，转眼间就变成了蓬勃茂密的金藤花。看着金藤花，银花触景生情，更加悲伤，于是，一头撞在了任冬坟前的石碑上。银花姑娘死了，乡亲们怀着悲痛与崇敬的心情把她同任冬葬在一起。此后，不仅燕儿坡上长满了金藤花，五指岭上也长满了金藤花。每到初夏时节，茂盛的金藤花金灿灿、银闪闪、光彩夺目，漫山遍野，如云似霞。原来每个花柄上只开一朵的金藤花，不知从什么时候开始成双成对的开放了。乡亲们都说：“金藤花是银花姑娘的泪珠儿落到任冬坟前的土中变成的，是银花和任冬的精神化成的，那成对开放的金色的、银色的花朵，就是他们的爱情之花。”说来也怪，凡是患了瘟疫的病人，只要摘几朵金藤花泡水喝或是到开满金藤花的园地中闻一闻花香疫病立刻痊愈。自从五指岭上开满金藤花后，瘟神再也不敢来了人们为了纪念这两个为打败瘟神而献身的年轻人，把“金藤花”改称为“金银花”或“忍冬花”了。

第三章　金银花的生物学特性

第一节　金银花的植物形态及药材性状

忍冬 *Lonicera japonica* Thunb. 是忍冬属分布最广的种，其植物形态：忍冬为多年生半常绿缠绕木质藤本，长达9厘米。茎中空，多分枝，幼枝密被短柔毛和腺毛。叶对生；叶柄长4~10厘米、密被短柔毛；叶纸质，叶片卵形、长圈状卵形或卵状披针形、长2.5~8厘米，宽1~5.5厘米，先端短尖、渐尖或钝圆，基部圆形或近心形，全缘，两面和边缘均被短柔毛。花成对腋生，花梗密被短柔毛和腺毛；总花梗通常单生于小枝上部叶腋，与叶柄等长或稍短，生于下部者长2~4厘米，密被短柔毛和腺毛；苞片2枚，叶状，广卵形或椭圆形，长约3.5毫米，被毛或近无毛；小苞片长约1毫米，被短毛及腺毛；花萼短小，萼筒长约2毫米，无毛，5齿裂，裂片卵状三角形或长三角形，先端尖，外面和边缘密被毛；花冠唇形，长3~5厘米，上唇4浅裂，花冠筒细长，外面被短毛和腺毛，上唇4裂片先端钝形，下唇带状而反曲，花初开时为白色，2~3天后变金黄色；雄蕊5，着生于花冠内面筒口附近，伸出花冠外；雌蕊1，子房下位，花柱细长，伸出。浆果球形，直径6~7毫米，成熟时蓝黑色，有光泽。花期4~7月，果期6~11月。

金银花药材性状　本品呈棒状，上粗下细，略弯曲，长2~3厘米，上部直径约3毫米，下部直径约1.5毫米。表面黄白色或绿白色（贮久色渐深），密被短柔毛，偶见叶状苞片。花萼绿色，先端5裂，裂片有毛，长约2毫米。开放者花冠筒状，先端二唇形；雄蕊5，附于筒壁，黄色；雌蕊1，子房无毛。气清香，味淡、微苦。

忍冬经有性杂交与枝条变异，形成很多地方品种，基本上可分为三大品系：大毛花系、鸡爪花系和野生根系。

（1）大毛花　植株生长旺盛，枝条长而粗壮，墩形矮大松散，花枝顶端不生花蕾，节间长3.5~11.3厘米，叶片肥大，椭圆形，密被长柔毛，花针长大，达4.3厘米，根系发达，抗旱耐瘠薄。

（2）小毛花　叶片绒毛稀少，花蕾长度比大毛花小，并且花蕾只着生在枝条的上部，采摘时比大毛花容易，开花时间平均比大毛花晚4天左右。

（3）大麻叶　叶色浓绿，枝条粗壮，花蕾粗而长，花蕾下部较细的部分短，上部粗的部分较细的部分为长，花蕾较长，基部生长结实。

（4）大鸡爪花　枝条粗短直立，发枝多，拖秧少，叶长圆形，叶脉及叶缘处被有稀短柔毛，节间长2.5～7厘米，花针略小，平均长4.16厘米，花多而含苞期长，墩形高桩紧凑，有效枝多，花蕾集中，直至花枝顶端，形如鸡爪，便于采摘，花期较早，喜肥水，丰产性能好，适于密植。

（5）小鸡爪花　植株枝条细弱成簇，叶片密而小，叶色较大鸡爪花稍淡，花蕾细小弯曲，有红筋，墩形小，长势弱，结花早。

（6）野生银花　植株枝条粗壮稀疏，茎紫红色，不能直立生长，多匍匐地面或依附他物缠绕，叶薄粗硬并粗糙，花针细长，药材产量低。其他尚有鹅翎筒、对花子、叶里藏、叶里奇、线花子、紫茎子等品种。其中以大毛花与鸡爪花的产量高、质量好，为生产中的优良品系，也是产地栽培面积最大的两个类型。

（7）树形金银花　①品种特征：该品种为灌木，多年生常绿灌木，树身呈上冠下杆形，枝条向空中发展，花枝径粗如筷，茎枝硬，节间短，枝皮青棕色色带纵纹。叶片单叶对生椭圆形，肥厚深绿色，背面网状脉明显，有短柔毛，长80～150毫米，宽40～100毫米，枝叶隆冬不凋，成穗状花序生于叶腋，长50～90毫米，有花蕾20～100根范围。花蕾成棒状，上粗下细，略弯曲，长55毫米，上部直径3～4毫米，下部1～2毫米，带密被短柔毛，生长期花蕾呈浅绿色，成熟后15～20天内含苞待放，逐变金黄色，状如金条，形如菊花。②生长环境：喜温暖湿润气候，适应性较强，耐旱，耐涝，零下30℃的严寒冻不死，生长期能耐40℃左右的高温，在海拔200～4000米的山区，年降水量400～2800毫米，无霜期220天左右的广大地域内，pH在5.6～7.8之间均能较好生长发育，无论是山区沟谷、滩涂平原、丘陵黏壤都能较好生长。对土壤要求不严，但以土质疏松肥沃、沙质土壤为好，能耐盐碱，适应在偏碱性土壤中生长。根深能防止水土流失，也可在河旁堤岸、行道路边，美化环境，具有经济环保双重作用。一般生长适温10～36℃左右，湿度大透气性强为好；气温不低于5℃便可发芽，抽出新枝，春季萌芽发数最多，5月上旬露蕾。6月下旬进入盛花期。其根系较发达，毛细根密如蛛网，根冠分布直径可达400～500厘米，根深100～150厘米，主根系分布在15～20厘米的表层，根在4月上旬至8月下旬生长最快，花多生于疏枝后阳光充足的主枝条上，适宜在阳光充足、通风好的阳面地块栽植。因该品种母本生于山地，如在疏松肥沃深厚的土壤栽植产量较高。

其中封丘大毛花为国家原产地保护品种，是生产上的首选品种。

还有学者将金银花根据容易识别的直观变异特征，如灌形变异、枝条变异、叶和花的变异，在研究其变异规律的基础上，初步划分出9个不同的自然类型，即大毛花、青毛花、长线花、小毛花、多蕊银花、多花银花、蛆头花、红条银花、线花。按其植物形态的主要特征分别描述于下：

（1）大毛花　幼枝绿色，节间短，直立性强，干性明显。叶片薄，革质，叶卵形至矩圆状卵形，叶片被毛多而密，手感粗糙。花蕾微弯或弯曲，略呈黄绿色，不易采摘，采摘时常连同苞叶和花梗拔起。唇瓣和冠筒近相等，或下唇长于冠筒，花冠长

0.5~5.5厘米；萼齿卵状三角形，顶端具有粗糙毛，和萼齿相等或长于萼齿；苞片阔卵形，并偶见有3叶轮生或3~4朵共生于同一总花梗。

（2）青毛花　又称黑花、大青花。幼枝绿色，直立性强，干性明显，果枝节间短，徒长枝少。叶薄，革质，长卵形，浓绿色，具光泽，通常4~6厘米，宽2~3厘米。苞片长卵形。花冠长5.0~5.3厘米。叶片、花冠外面被毛少，花蕾直立呈青白色。

（3）长线花　幼枝绿色，果枝长，节间短，直立性强，干性明显。叶长卵形至卵状披针形；网状脉隆起，而呈蜂窝状小格纹。苞片长卵形，花蕾直立，花条长5~6厘米，唇瓣长于冠筒。

（4）小毛花　该类型和大毛花型类型的主要区别是，幼枝绿色，有时上部为紫红色，枝条长，徒长枝多，易匍匐缠绕，偶尔见有内膛弱枝或长枝基部叶片有缺刻。花冠长3.5~4.5厘米，远比大毛花为小。

（5）多蕊银花　幼枝绿色，直立性强，干性明显。叶纸质，卵形至阔卵形，叶片被毛少或仅叶脉处有长粗糙毛或腺毛。花冠长4~5厘米，花冠外面被毛少，且多倒生，果枝第一棚花，常见有雄蕊6枚或多枚。

（6）多花银花　幼枝绿色，有时上部为紫红色，枝条直立，干性明显。叶纸质，阔卵形至矩圆状卵形。花蕾呈S状弯曲，花长4.5~5.3厘米，始花第一棚常见3~5朵花共生于同一总花梗，或发生二次枝，二次枝条从第一棚现蕾。

（7）蛆头花　又称小白花。枝条暗红褐色，枝条长，密度大，以缠绕匍匐。叶纸质，卵形或长卵形，网状脉隆起而呈蜂窝状小格纹。苞片极小，长度在1厘米以下，花长3~4.5厘米；冠筒上腺毛较密，呈橘黄色，肉眼可见黑褐色小白点；萼齿条状披针形，和萼筒近相等。花蕾小，为该类型的主要特征。

（8）红条银花　枝条长，果枝小，幼枝常为暗红褐色或紫红色，枝条密集，常匍匐缠绕。叶卵形至阔卵形，徒长枝和长果枝基部叶片常有缺刻。苞片阔卵形或近圆形，花长4~5厘米，花蕾微弯或直立，花冠外面被毛较密。

（9）线花　幼枝绿色，或暗红褐色，枝条长，易匍匐缠绕。叶纸质，卵形至卵状矩圆形，叶面光滑无毛或仅叶脉处有粗糙毛和腺毛，手感光滑。花蕾青白色，直立，花条细，花长4.5~5.1厘米，唇瓣和冠筒近相等或略短于冠筒。

第二节　金银花的生态习性

金银花属温带及亚热带树种，适应性强，生长快，寿命长，其生理特点是更新性强，老枝衰退新枝很快形成。金银花具有多种抗性，是一个广生树种。

一、耐寒、耐涝、耐旱

抗零下30℃低温，故又名忍冬花。在零下10℃背风向阳有一定湿度情况下，叶子不落；零下20℃下也能安全越冬，翌年正常生长开花；3℃以下生理活动微弱，生长缓慢。5℃以上萌芽抽枝。一般年平均气温15～25℃开花较多，以20℃比较适宜，20℃左右花蕾生长发育快；40℃以上只要有一定湿度也热不死。金银花在零下18℃的低温和7天渍泡（水深3厘米）中不致冻死、渍死。金银花在40天的春旱和20天高温伏旱的情况下，发生萎蔫现象。但在萎蔫5天之后，如遇大雨10天后即可萌发芽，恢复生长。农谚讲："涝死庄稼旱死草，冻死石榴晒伤瓜，不会影响金银花"。

二、适应性强

山区、平原、粘壤、砂土、微酸偏碱都能生长。北起东三省，南到广东、海南岛，东从山东，西到喜马拉雅山均有分布，日本、朝鲜也有少量野生。

三、对土壤要求不严格

酸碱土壤上均能生长，能在石英岩、紫色页岩、石英砂岩、云母片等成土母岩形成的土壤上正常生长，并不影响产量。性强健，适应性强，根系发达，萌蘖力强，茎着地即能生根。对土质要求也不严，尚耐盐碱，对土壤酸碱度适应性较强，在pH值5.8～8.5范围内可正常生长。但性喜肥沃，以疏松、深厚、较肥沃的沙质壤土地生长最好，贫瘠荒地生长缓慢，其冠幅小，产量低。

沙土地种植金银花，可增加地面覆盖，起防风固沙作用。沙土属热性土，土温易上升，只要注意管理，繁殖容易，生长快，品质亦好。在盐碱地栽植，趁7～8月高温多雨季节种植，成活极易，这时土壤所含盐分淋溶下移，表土层含盐量减少，土壤淡化，对金银花成活、生根甚为有利。如河南省封丘县獐鹿市乡一带的牛皮碱地，表土盐化程度达40%左右，但所种植的金银花生长良好。

四、喜阳光、通风、透光，耐蔽阴

金银花在阳坡、梯田地坎上长势良好，在阴坡、峡谷沟底、乔灌混交林中表现稍差。遇光照过分不足，影响花芽分化形成，花蕾数量明显减少。特别在放任其自然生长的条件下，枝稠叶密，内膛通风透光不良，易引起内部枝条干枯死亡，结果枝仅分布于在植株外围，结果部分减少，产蕾量低下。

五、开花和有效积温的关系

在一年中，金银花每次开花期和新稍生长期长短，都和有效积温有密切关系。根据资料分析，封丘金银花产区≥5℃的活动积温一般在5000℃·天以上，年平均气温14.0℃，当地稳定通过3℃日期为2月28日，初终间日数为276天，也就是说金银花全年生长期长达276天。稳定通过15℃日期为4月24日，初终间日数为171天，即金银花全年适应生长期为171天。5月25日起，日平均气温可以稳定通过20℃，9月15日结束，日平均气温稳定通过20℃以上活动积温3000℃，在此期间，金银花三茬盛花期相继完成，全年盛花期累计116天，生产实验观测表明：盛花期期间日平均气温稳定通过20℃以上活动积温小于2900℃时，全年花期将缩短15~20天；反之，活动积温3100~3300℃时，全年花期将延长15~20天；活动积温大于3300℃（或连续4天出现36℃以上高温天气），将直接影响二茬盛花期的形成与维持，全年盛花期将缩短20天左右。二茬盛花期正值7月高温时段，连续高温天气不利于花蕾形成。日平均气温大于28℃出现连续3天以上，单蕾生育时间迅速缩短，花蕾小、无光泽，影响产量与品质。

第三节　金银花的习用品种

忍冬花蕾为历两千年来传统药用的金银花，其中红腺忍冬 *L. hypoglauca* Miq.、山银花 *L. confusa* DC. 或毛花柱忍冬 *Lonicera dasystyla* Rehd. 则为近现代扩展的品种，但均为正品。各地为了就地取材，扩大药源，常以与金银花同属植物的花蕾入药，除上述4种外，在地方用的还有灰毡毛忍冬（*Lonicera macranthoides* Hand. - Mazz.）、细苞忍冬（*Lonicera similes* Hemsl.）、大花忍冬（*Lonicera macrantha*（D. Don）Spreng.）、皱叶忍冬（网脉忍冬）（*Lonicera reticulate* Champ.）、盘叶忍冬（*Lonicera tragophylla* Hemsl.）、黄褐毛忍冬（*Lonicera fulvotomentosa* Hsu et S. C. Cheng.）、细毡毛忍冬（*Lonicera similis* Hemsl.）、短唇忍冬（*Lonicera bournei* Hemsl.）、叶藏花（*Lonicera harmsii* Graebn.）、硬毛忍冬（*Lonicera hispida*（Steph.）Pall.）、淡红忍冬（*Lonicera acuminate* Wall. ex Roxb.）、卵叶忍冬（*Lonicera inodora* W. W.）、短柄忍冬（*Lonicera pampaninii* Levl）、滇西忍冬（*Lonicera buchananii* Lacein kew Ball）、新疆忍冬（*Lonicera tatarica* Linn. var. tatarica）等。

（1）红腺忍冬 *L. hypoglauca* Miq. 又名菰腺忍冬、腺叶忍冬、盘腺忍冬、岩银花，湖南、浙江、福建、江西、四川、广东、广西等地以花蕾做金银花入药。

藤本，幼枝被柔毛。叶卵形至卵状矩圆形，长3~11厘米，宽1.5~5厘米，先端短渐尖，基部近圆形，下面密生微毛，并杂有橘红色腺点为其特征。双生花的总花梗短，一般短于叶柄；萼筒无毛，萼齿长三角形，具睫毛；花冠长3.5~4.5厘米，白色或黄色，稀有红色，开放后花冠下唇反转，外疏生微毛和腺毛，管部与檐部近等长，花柱无毛，苞片细小，钻形而非卵形，叶状，可与金银花相区别。

药材性状：长2.5~4.5厘米，直径0.8~2毫米。表面黄白至黄棕色，无毛或疏被毛。萼筒无毛，先端5裂，裂片长三角形，被毛。开放者，花冠下唇反转。花柱无毛。

（2）山银花 *L. confusa* DC. 又名土银花、小金银花、旱花、糖花、永淳银花，广东、广西两地以之作金银花入药。

藤本，被柔毛。单叶对生，卵形或长圆形，长约5厘米，宽约2厘米，先端钝，两面均被柔毛，下面甚密。夏初开花，花近无梗，两两成对，芳香，约6~8朵合成头状花序或短的聚伞花序，生于叶腋或顶生的花序柄上；苞片不为叶状，长4~8毫米，小苞片极小。花冠形态亦与上相似，亦初白而后黄，惟其花萼密被灰白色小硬毛，可进行区别。干燥的花蕾细长，长约2～4厘米，基部花萼长约2毫米，外被小硬毛，花冠细长而扭曲，黄绿色或金黄色，外密被灰白色毛茸，顶端5裂，雄蕊5枚，着生于花冠管上，子房有毛，花柱1枚。气芳香，有甜味，嚼之微苦。

药材性状：长1.6～3.5厘米，直径0.5～2毫米。萼筒和花冠密被灰白色毛，子房有毛。

（3）毛花柱忍冬 *Lonicera dasystyla* Rehd. 又名水银花、水花，分布于广东、广西等省区。生于水边灌丛中。广西宜山、横县、忻城扶绥等地以花蕾做金银花入药。

藤本，幼枝被毛，叶二型，有裂者，全缘叶呈矩圆状卵形或卵形，长2.5～6厘米，宽1.5～3.5厘米，先端急尖或钝，基部圆形或近心形，上面无毛，下面苍白色并有疏柔毛或无毛，边缘反转，但无睫毛，苞片细小，钻形。花冠长约3～4.5厘米，两面有微毛，管部细瘦而弯，较裂片为短，花柱下部的2/3有开展的短柔毛为本种的特征。

药材性状：长2.5～4厘米，直径1～2.5毫米。表面淡黄色微带紫色，无毛。花萼裂片短三角形。开放者花冠上唇常不整齐，花柱下部多密被长柔毛。

（4）灰毡毛忍冬 *Lonicera macranthoides* Hand. – Mazz. 又名大山金银花、大山花、野金银花、大解毒茶。分布于福建、江西、浙江、安徽、湖北、湖南、广东、广西、贵州等省，在湖南、广东、广西、贵州等地以花蕾作金银花入药。

形如红腺忍冬，但小枝几无毛，叶革质而非纸质，下面网脉明显隆起，橘红色腺点较少而不均匀，以边缘较多，侧生花序有较多的花，花冠长3.5～4.5（～6）厘米，外面疏生腺毛和倒向微毛，管部长为檐部的两倍，花柱无毛。药材干后质硬戳手。

（5）细苞忍冬 *Lonicera similes* Hemsl. 又名吊子银花、大金银花、岩银花、茶花、大银花。分布于陕西、湖南、湖北、四川、贵州、云南等省区，为西南地区金银花的主要来源。

藤本，小枝无毛。叶矩圆形至宽披针形，长4～10厘米，先端急尖，基部圆形至近心形，下面密生灰白色毡毛为其特征。总花梗单生叶腋或数个集生枝端，长达1厘米，有时具较多的小硬毛或腺毛。萼齿三角形，具睫毛；花冠长5～8厘米，外面无毛或有硬毛、微毛和长腺毛，上下唇均反卷，短于花冠筒2～6倍。

（6）花忍冬 *Lonicera macrantha*（D. Don）Spreng. 又名大金银花。广东、广西、云南部分地区以花蕾作金银花用。

藤本，枝和叶背有开展的长硬毛，叶革质，下面网脉明显隆起，花大，长至8厘米，初白色，后变黄色，外被硬毛、柔毛和腺毛，管部长于檐部2～3倍，花柱无毛。

（7）皱叶忍冬（网脉忍冬）*Lonicera reticulate* Champ. 又名大山金银花。

藤本，一年生小枝，叶柄、叶背、花序均具有黄灰色短毡毛。叶宽椭圆形至卵状矩圆形，长3～9厘米，先端近圆形或钝，基部圆形至宽楔形，革质，上面脉纹极凹陷呈皱纹。花序呈伞房状，顶生或腋生；萼齿矩圆形披针形，密生短硬毛；花冠先白色后变黄色，长2.5～3.5厘米，外密生短柔毛，花柱无毛。

（8）盘叶忍冬 *Lonicera tragophylla* Hemsl. 又名大银花。分布于四川、湖北安徽浙江等省。

藤本，除叶背外，全部皆光滑。小枝绿色，局部常带紫色。叶无柄，长卵圆形或长圆形，长7～16厘米，先端钝或锐尖，基部楔形，上面深绿色，光滑，下面灰白色，有毛；最上一对叶片基部合生成盘状，两端钝或稍尖，其次一至二对叶基部结合。花9～18朵，集生于枝端头状，具短梗，小苞亚球形，萼齿小，三角形；花冠黄色至橙黄色，上部外面略带红色，长7～8厘米，管细长，稍弯曲，外光滑，内生纤毛。

（9）黄褐毛忍冬 *Lonicera fulvotomentosa* Hsu et S. C. Cheng. 分布于广西、贵州及云南等省区。

藤本，幼枝、叶柄、叶下面、总花梗、苞片、小苞片和萼齿均密被开展或弯伏的黄褐色毡毛状糙毛，毛长不超过2毫米。幼枝和叶两面散生橘红色短腺毛；冬芽具4对鳞片，叶片纸质，卵状长圆形至长圆状披针形，长3～8（～11）厘米，先端渐尖，基部圆形，浅心形或近截形，上面疏生短糙伏毛，中脉毛较密，双花排列成腋生成顶生的短总状花序，总花梗极短，下托以小形叶一对；苞片钻形，长5～7毫米；小苞片卵形至线状披针形，长为萼筒的1/2至略长；萼筒倒卵状椭圆形，长约2毫米，无毛；花冠先白后变黄色，长3～3.5厘米，唇形，筒略短于唇瓣，外面密被黄褐色倒伏毛和开展的短腺毛，雄蕊和花柱均高出花冠；柱头近圆形。花期6～7月。果实圆形，熟时黑色。

（10）细毡毛忍冬 *Lonicera similis* Hemsl. 又名细苞忍冬、吊子银花、大金银花、岩银花、茶花。分布于浙江、福建、湖南、贵州、广西、云南、四川、湖北、陕西、甘肃等省区。

藤本，幼枝、叶柄和总花梗均被开展的淡黄褐色长糙毛、短柔毛和稀疏腺毛，或完全无毛、叶纸质，卵形至卵状披针形，长3～10厘米，下面被由稠密细短毛组成的灰白色或灰黄色毡毛，中脉和侧脉上有长糙毛或无毛。花冠长4～8厘米，外被展开的长、短糙毛和腺毛或完全无毛，上、下唇均反卷，唇瓣短于冠筒2～6倍。

（11）短唇忍冬 *Lonicera bournei* Hemsl. 又名西南忍冬。分布于云南、广西。

藤本，幼枝、叶柄和总花梗均密被黄色短柔毛。叶薄革质，卵状长圆形或长圆形披针形，长3～8.5厘米，除两面中脉有短柔毛和叶缘有疏睫毛外均秃净。花冠长3～4.5厘米，基本无毛，唇部长约为冠筒的1/5～1/8。

（12）叶藏花 *Lonicera harmsii* Graebn. 又名杜银花、土银花。分布于甘肃、陕西、山西、河南、河北等省。

近似盘叶忍冬，但花冠较短，长5～6厘米。

（13）硬毛忍冬 *Lonicera hispida*（Steph.）Pall. 又名刺毛忍冬。分布于河北、陕西、山西、甘肃、新疆、四川等省区。

直立灌木，全株密被硬毛，叶长方椭圆形，两端通常近圆形，花下2片苞片大而明显，果时宿存，花冠管基部外侧有短距状突出，浆果红色。

（14）淡红忍冬 *Lonicera acuminate* Wall. ex Roxb. 又名大山金银花、小银花、石山金银花。分布于湖南、江西、广西和西藏等地。

花序短总状顶生，最下部的花生在枝端叶腋内，花短小，长仅 1.4～1.6 厘米，白色稍带粉红。浆果蓝黑色。

（15）卵叶忍冬 *Lonicera inodora* W. W. 产于云南、西藏。

藤本，小枝、叶柄和总花梗有时包括苞片、小苞片和萼筒均密被灰黄褐色弯曲短糙伏毛，夹杂少数几无柄的腺毛。叶厚纸质，卵状披针形至卵状椭圆形或卵形，长 6～12 厘米，顶端急狭而渐尖或具短尖头或渐尖，基部圆至截形或浅心形，上面脉下陷，疏被短糙伏毛，中脉毛甚密，下面各脉显著突凸起，有弯曲的绒状短糙毛，脉上毛甚密，果时毛变稀；叶柄长 5～12 厘米。双花数朵至 10 余朵集合成腋生或顶生的伞房花序，花序梗长 1～2 厘米，很少单生于叶腋，有叶状苞；总花梗长 3～15 毫米；苞片和小苞片外面被黄白色短糙毛，苞片卵状披针形，长约 1～2 毫米，短于萼筒，小苞片圆卵形、卵形、长卵形或半圆形，顶钝或圆形，长为萼筒的（1/5～）1/3～1/2；萼筒圆形或椭圆形，长 2～4 毫米，外面无毛或有短糙伏毛及无柄的暗棕色腺毛，萼齿卵状三角形，长约 1 毫米，外被疏或密的短糙伏毛，有缘毛；花冠白色，后变黄色，长 1.5～2.5 厘米，稍弓弯，外被倒短糙毛，唇形，筒与唇瓣近等长或略较长，向上渐次扩张，内有小柔毛，上唇裂片长约 5 毫米；雄蕊和花柱与花冠几等长，花丝基部有短柔毛，花药长 3.5～4 毫米；花柱中部或 2/3 以下有短糙毛。果实近圆形，蓝黑色，稍有白粉，直径约 6 毫米。花期 8 期，果熟期 12 月。

（16）短柄忍冬 *Lonicera pampaninii* Levl 又名狗爪花、小金银花。分布于安徽、浙江、福建、湖北、湖南、广东、广西等省区。

藤本，幼枝和叶柄密被土黄色卷曲的短糙毛，后变紫褐色而无毛。叶有时 3 片轮生，薄革质，矩圆状披针形、狭椭圆形至卵状披针形，长 3～10 厘米，顶端渐尖，有时急窄而具短尖头，基部浅心形，两面中脉有短糙毛，下面幼时常疏生短糙毛，边缘略背卷，有疏缘毛；叶柄短，长 2～5 毫米。双花数朵集生于幼枝顶端或单生于幼枝上部叶腋，芳香；总花梗极短或几不存；苞片、小苞片或萼齿均有短糙毛；苞片狭披针形至卵状披针形，有时呈叶状，长 5～15 毫米；小苞片卵圆形或卵形，长为萼筒的 1/2～2/3；萼筒长不到 2 毫米，萼齿卵状三角形至长三角形，比萼筒短，外面有短糙伏毛，有缘毛；花冠白色而常带微紫红色，后变黄色，唇形，长 1.5～2 厘米，外面密被倒生短糙伏毛和腺毛，唇瓣略短于筒，上下唇均反曲；雄蕊和花柱略伸出，花丝基部有柔毛，花药长约 2 毫米；花柱无毛。果实圆形，蓝黑色或黑色，直径 5～6 毫米。花期 5～6 月，果熟期 10～11 月。

（17）滇西忍冬 *Lonicera buchananii* Lacein kew Ball 分布于云南。

藤本，幼枝、叶柄和总花梗均密被灰白色卷曲短柔毛。叶片纸质，卵形，长 5 厘米，顶端有短尖头，基部圆形，上面有光泽，除基部中脉外几无毛，下面灰白色，被由短柔毛组成的毡毛，网脉隆起而呈蜂窝状；叶柄长 3～5 毫米。双花单生于叶腋；总花梗纤细，长8~15毫米；苞片条形至披针形，叶状，有柄，长4~6毫米，毛被与叶相同；小苞片三角形或卵状三角形，长约1毫米，顶端稍尖，外面被灰白色毡毛和短缘毛；萼筒卵形，长1.5~2毫米，上半部连同萼齿均疏生短柔毛，萼齿三角形，顶端尖，外面和边缘都有短糙毛；花冠长2.5~5厘米，唇形，筒纤细，长2.2~3.2厘米，外面密被倒生短糙伏毛，内面密生短柔毛，唇瓣长约1.8厘米。其余性状同灰毡毛忍冬。

(18) 新疆忍冬 *Lonicera tatarica* Linn. var. tatarica. 分布于新疆，黑龙江和辽宁等地有栽培。

落叶灌木，高达3米，全体近无毛。冬芽小，约有4对鳞片。叶纸质，卵形或卵状矩圆形，有时矩圆形，长2~5厘米，顶端尖，稍渐尖或钝形，基部圆形或近心形，稀阔楔形，两侧稍不对称，边缘有短糙毛；叶柄长2~5毫米。总花梗纤细，长1~2厘米；苞片条状披针形或条状倒披针形，长与萼筒相近或较短，有时叶状而远超过萼筒；小苞片分离，近圆形至卵状矩圆形，长为萼筒的1/3~1/2；相邻两萼筒分离，长约2毫米，萼檐具三角形或卵形小齿；花冠粉红色或白色，长约1.5厘米，唇形，筒短于唇瓣，长5~6毫米，基部常有浅囊，上唇两侧裂深达唇瓣基部，开展，中裂较浅；雄蕊和花柱稍短于花冠，花柱被短柔毛，果实红色，圆形，直径5~6毫米，双果之一常不发育。花期5~6月，果熟期7~8月。

(19) 金银忍冬 *Lonicera maackii* (Rupr.) Maxim. 又名金银木、鸡骨头、狗集谷等。分布于河南、河北、山西、陕西、东北、华东等地。

灌木，高达5米。小枝短，中空，有短柔毛。冬芽小，卵形。叶卵状椭圆形至卵状披针形，长5~8厘米，先端渐尖，基部宽楔形，全缘，两面脉上都有短柔毛。叶柄长3~5毫米，有柔毛。总花梗短于叶柄，具腺毛，相邻两花的萼筒分离，萼檐长2~3毫米，其裂长达中部之齿；花冠先白后黄，长达2厘米，芳香，外面下部疏生微毛，唇形，唇瓣为花冠筒的2~3倍；雄蕊与花柱均短于花冠。果红色，直径5~6毫米。种子具小浅凹点。花期在5月份，果期在9月份。

(20) 刚毛忍冬 *Lonicera hispida* pall. ex Rome et Scgult. 产于河南、河北，但西北、西南诸省（区）亦有分布。

灌木，高达1.5米。幼枝具刚毛和短柔毛。冬芽长15毫米，具2芽鳞。叶卵状椭圆形3长圆形，长3~8厘米，宽2~4厘米，先端尖，具刚毛状睫毛。总花梗从当年小枝最下1对叶腋生出，长1.0~1.5厘米；苞片宽卵形，长1.5~3.0厘米；萼筒长，具腺毛和刺刚毛，萼檐环状；花冠白色或淡黄色、漏斗状，长2.5~3.0厘米，外面有短柔毛，基部具囊。浆果红色，椭圆形，长约1厘米，有光泽；种子淡黄色，扁平，长椭圆形。花期在5月份，果期在9~10月份。

(21) 柳叶忍冬 *Lonicera lanceolata* Wall. 又名小叶金银花，灌木，高达4米。幼枝具微腺毛，冬芽具多对宿存芽鳞。叶卵形至卵状披针形，长3~8厘米，顶端渐尖，通常两面疏生微腺毛。总花梗长约1厘米；相邻两花的小苞片于合生，长为花冠之半或稍短花冠筒，萼齿三角形；花冠淡黄色，长约12毫米，唇形，花冠筒约为唇瓣的1/2，基部具囊，里面具柔毛，唇瓣反转，露出雄蕊和花柱。浆果黑色，直径6~7毫米；种子颗粒状、粗糙。

（22）红脉忍冬 *Lonicera nervosa* Maxim. 分布于河南、青海、甘肃、四川、陕西、山西等地。

近似柳叶忍冬，但幼枝无毛，叶椭圆形至卵状矩圆形，长2~5厘米。两面无毛。

（23）光冠银花 *Lonicera hanryi* Hexml. 分布于西藏东部、云南、四川、贵州、湖北、陕西、甘肃南部、江西、安徽、福建、浙江等地。

藤本，幼枝被短绒毛，红褐色。叶形和毛被变异较大，矩圆形至披针形，长4~11厘米，顶端常渐尖，基部截形、圆形、乃至近心形，中脉有毛。总花梗集生于小枝顶端，近伞房状；萼齿近三角形，花冠黄白色而略带红色，长1.5~2.0厘米，外无毛，内有柔毛，唇形，上唇具4裂，下唇反卷；雄蕊5枚，花丝近2倍长于花药，下部有毛。浆果紫色或蓝黑色，直径6~7毫米。

（24）葱皮忍冬 *L. fordinandii* Franch. 分布于秦岭、巴山及陕北黄龙一带。山区医生采其花蕾作金银花使用。

灌木，老枝皮成条状剥落，幼枝具刺刚毛，冬芽具2枚舟形外鳞片，壮枝具叶柄间托叶。单叶对生，卵形至矩圆状披针形，长2~6厘米，先端渐尖、尖或钝，基部圆形至微心形，边缘具睫毛，两面疏生刚伏毛。花成对生于上部叶腋或枝顶，总花梗极短；苞片披针形至卵形，小苞片合生成坛状壳斗，包围整个子房，内外均具柔毛；花冠黄色，二唇形分裂，上唇再4裂，下唇反卷不裂，长1.5~2厘米，外面具柔毛并伴有腺毛或倒生之小刺刚毛；雄蕊5，短于花冠，雌蕊约与花冠等长。浆果红色，外包以裂开的壳斗状小苞片。

药材性状：干燥花蕾棒状，在1/2处向一侧膨大，长1.5厘米，上部直径2~2.5毫米，外面生柔毛并伴有腺毛或倒生小刺毛。质脆，无弹性。无芳香气味。

（25）其他：同属植物的花蕾混作金银花入药或作土银花的尚有匍匐忍冬（*Lonicera crassifolia* Batal.）、云雾忍冬（*Lonicera nubium*（Hand. – Mazz）Hand. Mazz）、川黔忍冬（*Lonicera subaequalis* Rehd.）、短尖忍冬（*L. esquirolii* Levl.）、长花忍冬（*L. longiflora* DC.）、肚子银花（*L. fushsioides* Hemsl.）、四时春（*L. japonica* Thunb. var. sempervillosa Hayata）、毛萼忍冬 *Lonicera trichosepala*（Rehed.）dHsu、毛花柱忍冬 *Lonicera dasystyda Rehed.* 等。

（26）金银花的变种或亚种：在各地生态条件的影响下，形成金银花异常丰富复杂的种内变异类型。在地方作为药用的就有多种属于忍冬属品种、原变种或原亚种的变种或亚种。《中国植物志》中收载有：①峨眉忍冬 *Lonicera similes* Hemsl. var. omeiensis 是细毡毛忍冬的变种。叶下面除密被由短柔毛组成的细毡毛外，还夹杂长柔毛和腺毛。花冠较短，长1.5~3厘米，唇瓣与筒近等长。特产于四川。有将此花作“金银花”收购入药。②异毛忍冬 *Lonicera macrantha* var. heterotricha 是大花忍冬的变种。叶下面除了有糙毛外，还被由稠密的短糙毛组成的毡毛。花期4月底至5月下旬，果熟期11~12月。产于福建、浙江、湖南、江西、广西、四川、贵州、云南等省区。③净花菰腺忍冬 *Lonicera hypoglauca* Miq. Subsq. nudiflora 是原亚种菰腺忍冬的亚种。花蕾长1.8~4.5厘米，直径1.5~3毫米，无毛或疏被毛。腺毛无或偶见，头部盾形而大；厚壁非腺毛少，长约704微米，螺纹较密。主产于广东、广西、贵州、云南等省区。

崔志伟等采用DNA条形码序列对不同品种的金银花进行鉴定，为金银花的鉴定提供分子依据。主要选择内转录第2间隔区（internal transcribed space 2，ITS2）和psbA－trnH序列进行评价，以扩增及测序成功率、变异位点数和K－2－P距离等指标评价各序列的鉴定能力。此外，基于MEGA 4.0分析不同品种金银花序列种间K－2－P遗传距离并构建NJ树。结果表明：不同品种金银花ITS2和psM－trnH序列的扩增及测序成功率均较高，扩增成功率为100%，ITS2和psbA－trnH的测序成功率分别为72.7%、91%，且两者均存在较多的变异位点，可以有效地区分金银花不同品种。说明ITS2和psM－trnH可以作为鉴定金银花不同品种的优势条形码组合。

第四章 金银花的种植技术

第一节 金银花的繁殖技术

一、种子繁殖

苗圃地宜选在地势平坦，便于排灌，耕作层厚，较肥沃的微酸至微碱性的沙质壤土或壤土上。选好后应深翻打畦以便排灌。育苗过程分 3 个阶段，种子繁殖费工、费时，生长较慢，加之金银花主要以花入药，多不让其结籽，所以生产上很少应用。

（一）种子的采收、处理和贮藏

8 ~ 10 月浆果成熟后（浆果已变为黑色的果实），采摘并堆成 30 厘米厚的堆，经 5 ~ 7天的后熟，放入水中将果皮搓洗去净。捞出种子置阴干处晾干（忌暴晒），弃去秕种然后贮藏。贮藏方法如下：

干藏法：适于冬播种子的贮藏。

沙藏法：适于春播种子的贮藏。种子阴干后，选墙根背阴处挖深40 厘米、宽50 厘米的沟壕。沟底铺湿沙 5 ~ 6 厘米厚。沙的湿度以手握成团，手松即散为宜。将种子与沙按 1∶4 的比例混匀，然后放入沟内铺成 10 厘米厚的一层，盖上一层草席。如此层积，最后盖土成拱形（约 15 厘米厚）以防雨水浸入。贮藏量大时，可每隔 1 米立一把秫秸把（直径 5 ~ 6 厘米），便于通气。

沙藏时间一般为 35 ~ 45 天。沙藏期间应定期检查沙的湿度。前期水分不宜过多，以免烂种；立春后若见沙稍干，应适量洒水。沙藏温度不能低于零下 5℃，也不可高于 15℃，以 2 ~ 7℃ 为宜。一见种子露白即可播种。

（二）播种

冬播应在土壤封冻之前进行，春播多在 3 月中旬进行。早春能以地膜覆盖播种更好。冬播的优点是发芽早，扎根深，幼苗抗旱力强，生长旺盛。但冬播的种子易遭鸟害，常常出苗不齐。

播种时通常采用畦播。其方法是先整平畦面，选肥沃的砂质土壤，深翻 30 ~ 33 厘米，施入基肥，整成 65 ~ 70 厘米左右宽的平畦，畦的长短不限。整好畦后，放水浇透，待表土稍松干时，平整畦面，按行距21～22厘米每畦划3条1.5厘米左右深的浅沟，将催芽种子均匀地撒播在沟内，覆盖0.5厘米厚细土，稍微压实，并盖上一层薄草（用草帘遮荫）防止畦面板裂，也可地膜覆盖育苗。10天后可出苗。

未经沙藏的种子。播种前种子用35～40℃温水浸泡24小时，捞出拌以2～3倍湿砂，放在温暖处催芽，待种子率达50%即可播种。但出芽率比沙藏法要低20%～30%。

（三）出苗管理

出苗前每日早晨或傍晚可喷水一次，以防止土壤板裂。出苗30%左右即要揭去草帘等覆盖物。待苗木出齐后方可进行漫灌。

畦内幼苗长满后就应间苗。每亩留苗15～16万株即可。此期还应经常除苗、松土、浇水。幼苗留定后，可据生长情况进行追肥。每次亩施尿素7.5～10千克。一般追肥2～3次即可。待苗高15～20厘米时，应及时摘心，以促发新枝。如此再连摘2～3次。到7月份，每株就有4～8个分枝。雨季来临就应及时移栽。播种幼苗易受立枯病危害，为防止该病发生，可于定苗前喷1次200倍波尔多液。

二、无性繁殖

无性繁殖有扦插、压条、分株、嫁接、组织培养、克隆技术等多种方法。其中扦插法比较简便，容易成活，原植株仍可开花，所以生产上使用较多。

（一）扦插法

分直接扦插和育苗扦插。春夏秋三季都可进行，但夏天气温高，蒸腾作用较强，扦插后不易成活。扦插宜选雨后阴天进行，因此时气温适宜，空气、土壤湿润，扦插后成活率高，生长较好。

直接扦插挑长势旺盛、无病虫害的植株，选用当年生徒长枝、1年生果枝及2～3年生果枝，剪成约30厘米长，使断面呈斜形，并摘去下部叶片。可结合夏剪和冬剪采集，选用结果母枝作插穗者，上端宜留数个短梗。插穗剪截后捆成捆，直立放置室内或阴凉处，用湿草袋覆盖备用。夏季扦插用的插穗，因带有鲜绿叶片较多，贮藏备用或运输途中应注意不断洒水，以防起热，影响扦插成活。若长期贮藏和长距离运输，插穗量大者，应除去叶片。穴距1.3～1.7米，土壤肥沃的地区可适当增大株距，穴深、宽各35厘米。每穴施厩肥或堆肥3～5千克，每穴斜放5～6根插条，分散成扇形，露出地面10～15厘米，填土压紧，浇水，保持土壤湿润。半月左右即长出新根。有的品种节间较长，倘若剪得太短，较难成活，可选长枝条，将下端盘成环状，栽入穴内。

育苗扦插选肥沃、湿润、灌溉方便的砂纸壤土，放入土杂肥基肥，翻耕，整细，作苗床。7～8月份按行距25厘米左右开沟，沟深25厘米左右，每隔3厘米左右斜插入一根插条，地面露出15厘米左右，然后填土盖平压实，栽后浇一遍水。畦上可搭荫棚，或盖草遮阴，待长出根后再撤除。以后若天气干旱，每隔2天要浇一次水，保持土壤湿润。半月左右，即能生根发芽，扦插育苗的应在其生长大半年至1年后的秋后或早春移栽。

育苗扦插以伏雨季节为最佳时期。凡有水利条件者，能做到适时灌溉，保证土壤墒情者均能成功。扦插栽植密度，应根据地形和土壤质地等条件确定。较肥沃的农田地宜先密后稀，每667平方米保持300～500株，行距宜1.5米，株距可稍小，以后间苗移出。荒地或山坡栽植，因地力较差，花冠发育小，密度宜大，至少每667平方米500株以上。扦插栽植时，根据株行距划线定点，按定植点挖长、深、宽各30厘米的栽植坑。每坑施入少许堆肥、厩肥、饼肥、或化肥，同土壤掺匀。然后每坑植入母条3根，分3个方位直立或斜放坑中，并埋土镇压，上露1/3即可。如非雨季栽植，栽后应浇水1次透水，以镇压土壤，使母条和土壤密接，利于生根成活。初栽植金银花的土地上，可利用行间，选择适宜的农作物实行间作套种，既可增加经济收益，又能起到抚育幼树作用，促进金银花的生长。待3～4年后，花冠扩大，不宜间种时，即行停止。

张韶文介绍一种冬季扦插繁殖金银花，翌年夏秋就能开花的简单易行的方法。进入冬闲季节，哪怕是数九寒天，从金银花母株上剪下当年生枝条，截取15～20厘米长，把叶片全部除去做插穗。如果少量繁殖，可将插穗均匀插入盛细河沙的深花盆中，上部只留一芽，插后浇透水，置于室内温暖向阳处，保持插盆沙不干不湿。若温度在18～25℃之间，10天后插穗底部伤口愈合，20天生根。若无保温条件，可用塑料瓣膜袋将盆插套封，以利保湿增温，尽量置于光照充足的地方。即便室内温度低于0℃以下的情况，翌年春天亦能发芽生根。

（二）压条繁殖法

是一种不经过育苗过程，直接在荒山、荒坡或大田地栽植造林的一种方法。这一方法虽已有很久的历史，但与其他造林法相比，优点较少，缺点较多，目前已很少应用。优点是可以充分利用徒长枝，扩大种条来源，成活容易，生长亦快；但缺点是开花晚、效益迟，由于遗传基因的作用，易向匍匐型发生退化变异，不利于培养丰产植株。金银花一年有春、秋两季萌芽的特点，可于春季或秋季在压条处附近地面锄松表土，选择2～3年生、无病虫害的粗壮枝条，春季在4、5月，秋季在7、8月间阴雨天时，将母株枝条刮伤表皮二寸左右，将伤处压入土中（也可不用刮伤表皮而直接压入土中）踏实，上盖湿润细土一层（土干要淋水），上面用土块或石块压紧，使减少水份蒸发。随后，于压条处四周围经常淋水，使土壤保持湿润，以促进不定根的发生，约20至25天后节间发生不定根，另成一株。可于阴天或阴雨天，从分根处挖起，另行移栽。移栽方法，株行距1.5丈对1.5丈为宜，挖穴深、宽均为1尺，放足基肥，每穴可栽2～3根枝条，排成三角形，上端露出地面2～3个枝节，然后填土压实，及时淋水，确保成活，栽后次年开始有收，第三年进入盛花期。

（三）分株法

利用母株的营养器官，在自然状况下生根后，分离栽植的叫分株法。一般在冬季或萌芽前将母株根际周围的部分骨干根切断或刻伤。生长期加强肥水管理，使根蘖苗旺盛生长发根，培养到秋季或第二年春天挖出分离栽植。这种繁殖方法一般不常用，因为在采摘期影响花蕾的采摘。

（四）嫁接法

采用T字形芽接法后，既满足金银花芽接成熟后扦插所需的苗量，也满足了市场需求。T字形芽接法一般适用于枝条细、皮层较薄的树种，操作简单，成活率高，春、夏、秋三季均可进行，但以秋季嫁接较多。一般在夏末秋初枝芽已经发育完全，树皮容易剥离时进行。选择当年生健壮、芽饱满的枝条作接穗，去叶，叶柄用湿草帘包好泡于水中，以备取芽片用。选取2~3年生的苗木作砧木，砧木树龄不宜过大，树龄过大树皮增厚，不易包严，影响成活。

1. 嫁接技术

①丁字形芽接先选定1~2年生粗壮无病害金银花枝条，用锋利的芽接刀切取盾形芽片，芽片长1.5~2厘米，宽0.6~1厘米，削时先从芽下1.5厘米处向上削，刀要深人木质部，削至超过0.3~0.5厘米处，然后在芽上0.3厘米处横切皮层，连接到纵切口。

②选取2~3年生成熟的砧木为好，在砧木离地面5~10厘米处平滑的一侧（最好是在背荫面），先横切一刀，而后自上而下竖切，使之成为“T”字形切口，横切口长度不超过砧木直径的1/2，并与芽片宽度相适应，深度以割断皮层即可，竖口长以装下皮芽为宜。“T”字形切口割好后，随即用刀尾轻轻剥开皮层，从削好芽片的枝条上扭取芽片，使维管束整体带在芽片上，然后妥善插人切口，使芽片的上缘与切口上边密接，再用塑料薄膜带把接口包严。包扎应从芽的上方开始，逐步向下，使芽片的叶柄和芽子外露。

2. 注意事项

①包扎时注意芽片上缘和切口横边密接，不要因捆扎而移动，芽接后2周左右，可检查成活率，叶柄如一触即落或芽片新鲜，说明已成活，如叶柄不易脱落或芽片干枯变色，就不能形成离层，说明芽片已死，未接活的要进行补接。

②芽接苗成活后，要及时解除绑缚物，以利砧木与接穗的生长。

③芽接苗在当年冬季土壤冻结以前，应进行培土防寒，翌春土壤解冻后撤除。

④接苗在早春发芽前，距接芽上方1厘米处，剪去上部砧木，也可采取二次剪砧，即第1次先在接芽上方留一活桩，长约15~20厘米，作为绑缚新梢的支柱，待新梢木质化后，再全部剪除。但是，2次剪砧不如1次剪砧效果好。

3. 稼接苗成活的关键

①嫁接操作要快，削面暴露在空气中的时间越长，削面越容易氧化变色而影响分生组织分裂，成活率也越低。

②砧、穗结合部位要绑紧，使砧、穗形成层紧密相接，促进成活。

③嫁接后对结合部位保持一定的温度是形成愈合组织的关键之一。另外，还应及时进行中耕除草、施肥、灌溉以及防治病虫害。

（五）组织培养

材料类别：叶片。

培养条件：以 B_5 基本培养基添加不同浓度的激素配比，组成多种诱导培养基：（1）B_5 + ⅠAA2. O 毫克/升（单位下同） +6 - BA5. 0 + KT2. O + LH2000；（2）B_5 + IAA2. 0 +6 - BA2. 2 + KT2. O + LH2000；（3）B_5 + IAA1. 0 + 6 - BA1. 0 十 KTO. 5 + LH1000；（4）1/2B_5 + IAA0. 08；（5）B_5（不加激素）。培养温度为 26 ~35℃，每天光照 10 小时，光照强度为 2000Lx。

生长与分化情况：选择生长旺盛的幼嫩叶片，经常规消毒后，在无菌条件下将叶片切成 2 ~3 毫米大小的方块，接种于诱导培养基（1）、（2）、（3）上进行光照培养。接种后 10 天，三种培养基中的外植体均有愈伤组织产生，但生长较缓慢，其质地坚硬、紧密，呈颗粒状褐绿色。培养基（2）中的愈伤组织，经 35 天的培养分化出小苗，开始时苗的茎尖向下，经一段时间的培养后，茎尖向上生长，每瓶愈伤组织可分化得苗 3 ~7 个。而在培养基（1）、（3）中的愈伤组织，虽然延长培养时间也不见分化出苗。

当培养基（2）中的小苗长至 2 ~3 厘米高时，从苗基部切下，转入生根培养基（4）、（5）中，40 天后统计出根率，在培养基（4）中的小苗出根率为 100%；而培养基（5）中苗的出根率仅为 32%。

（六）金银花快速克隆培苗技术

金银花快速克隆培苗技术的步骤是：制作培苗基料，将培苗基料装在容器中，制作培育穗，配制营养液，种植培育穗，育苗，出苗。用本发明培育金银花苗，为大面积推广种植金银花解决了苗木的最大的需求。

步骤如下：

1. 制作培苗基料，采用锯末、砻糠、砂、珍珠岩、风化岩、贝壳碎片、泥炭、煤渣等一种或几种混合后成为金银花快速克隆培苗基料，培苗基料装在容器中。

2. 制作培育穗，从金银花母本上剪取藤本，摘除残叶或全部叶片，按金银花茎藤对叶一节或多节，长度 3 ~100 厘米，剪取培育穗。

3. 配制营养液，营养液配方：水扬酸 1 份，复合维生素 B1 ~10 份，甲硝唑 2 ~20 份，21 金维他 0. 5 ~5 份，糖 0. 6 ~6 份，水 20 份 ~100 份；配制营养液时，先用开水溶解糖，冷却后加入其他组份搅拌均匀。

4. 种植培育穗，将金银花培育穗的基部浸入营养液后，插入装在容器的培苗基料中，并压实靠近培育穗基部的培苗基料。

5. 育苗，将种植金银花培育穗的容器移入温室内育苗20~50天。

6. 出苗，金银花培育穗在温室内育苗20~50天后，移出温室，并从培育容器中取出金银花苗，金银花苗根部蘸营养液后，包扎好根部即可运至林地栽植。

第二节　金银花的田间栽培管理

加强金银花的田间管理，是丰产的主要环节。田间栽培管理一般包括合理密植、修剪整形、施肥和排灌、中耕除草、越冬管理和病虫害防治等。

一、合理密植

金银花的大田种植，以建立密植丰产园更能充分利用光能和空间。一般应选在地势平坦、土层较厚、土壤肥沃、排灌良好的沙质壤土上建园。丘陵山地的大块梯田，若土层深厚也可建园。

园地按规划要求深翻60~80，亩施圈肥5000千克或棉籽饼5000千克、碳酸氢铵50千克，然后耙细整平。丘陵地宜整作梯田。河滩沙地则需抽沙换土进行改良。不论哪类园地，均应施足基肥。

不同类型的园地要按不同规格栽植。栽植时分永久墩（×）和临叶墩。永久墩用一级苗单株栽植，3年临时墩（○）和，5年临时墩（△）用二级苗3株栽植。第3年冬除去3年临时墩。第5年冬除掉5年临时墩。栽植安排如下（图4－1）：

× ○ × ○ × ○ × ○ ×

○ △ ○ △ ○ △ ○ △ ○

× ○ × ○ × ○ × ○ ×

○ △ ○ △ ○ △ ○ △ ○

× ○ × ○ × ○ × ○ ×

图4－1　山地梯田定植示意图（行距、株距均为0.5米）

土壤肥沃的地块按墩行距0.5×0.75米安排栽植。土壤地力中等的地块按墩行距0.5×0.5米与0.5×0.75米间隔交替栽植。栽植与间伐同上图。每年春夏秋三季均可栽植。

二、整形修剪

金银花的自然更新能力很强，新生分枝较多，金银花的花蕾着生在新枝上，自然生长的金银花，由于植株生长过于茂密，通风透光不良，叶子容易发黄脱落，开花数量较少。结过花的枝条虽然能够继续生长，但不能再孕蕾结花，只有在原结花的母枝上萌发出的新枝条，才能进行花芽分化、形成花蕾。所以，金银花要丰产必须进行整形修剪，只有通过合理修剪，有效地控制株型和枝条的生长发育，才能有效促进植株新枝的萌发、花芽的分化和花蕾及花形成。整形修剪搞好了，产量能提高40%左右，甚至更多。

剪枝遵循“因枝修剪、随墩造型、平衡墩势、通风透光”的原则。

金银花修剪时期：分两个时期。一是冬剪，即休眠期的修剪，从12月份至来年3月上旬均可进行。二是绿期的修剪，即生长期的修剪，从5月份至8月份中旬均可进行。

（一）冬季修剪

当气温降到0℃以下，金银花进入休眠期，整个冬季至来年开春进行，是整形修剪的最佳时期。4年以下的花墩为幼年花墩，修剪的任务主要有选留骨干枝和培育墩形。

1. 幼龄株的修剪 1～3年生幼龄墩的修剪方法主要是以整形为主，结花为辅。要先整形后修剪，可利用拉枝的办法，调整骨干枝的伸展方向进行整形。重点培养好一、二、三级骨干枝，构成牢固的骨架，为以后的丰产打下基础。疏去多余枝条，然后在一级骨干枝上选留二、三级骨干枝。旺枝轻截，留3～5节，弱枝重截，留2～3节。短截后的枝条称为结花母枝，3年以下的花墩留50～80个。

①第一年冬季修剪：先计划好采用的墩形，选择健壮的枝条，自然圆头形留一个主干，伞状形留3个主干，每个枝条留3～5个节剪去上部，其他枝条全部剪去。在今后的管理中，经常把根部生出的枝条及时去掉，以防止分蘖过多，影响主干的生长。选留健壮的枝条，在3～5个叶节处剪去，留作一级骨干枝，每墩留6～8个，其余的剪去。

②第二年冬季修剪：此期修剪的任务主要是培养一级骨干枝。头年冬季修剪后，在一般的肥水管理条件下，会生出6～10条呈紫红色的健壮枝条，自然圆头形选留2～3个主干，伞状形选6～7个主干，作为一级骨干枝，每个枝条留3～5个节剪去上部。选留标准是：一是基部直径在0.5厘米以上；三是分枝角度在30～40度；二是分布均匀，错落着生，尽量避免交叉重叠或都着生在一个部位上。其他枝条不管生长在何处，特别是基部的分蘖，一律去除。

③第三年冬季修剪：第三年修剪的主要任务是选留二级骨干枝，以更好地利用空间。金银花枝条基部的芽很饱满，五六个芽围生一周，抽出的枝条也很健壮，可利用其调整更换二级骨干枝的角度，延伸方向。自然圆头形留7～11个，伞状形留12～15

个，每个枝条留3～5个节剪去梢上部，作为二级骨干枝。方法及标准同上，其多余枝条全部去除。

④第四年冬季修剪：第四年冬季修剪一是选留三级骨干枝，二是利用新生枝条调整二级骨干枝。自然圆头形留18～25个，伞状形留20～30个，作为三级骨干枝。花墩可留100个左右。结花母枝分布要均匀，间距8～10厘米。方法标准同上。

⑤第五年冬季修剪：金银花第五年骨架已基本形成，修剪向结花转移。一是选留足够的结花母枝，二是利用新生枝条调整骨干枝的角度、方向，分清有效枝和无效枝，去弱留强。选留的结花母枝基部直径必须在0.5厘米以上。每个二级骨干枝最多留结花母枝2～3个，每个三级骨干枝最多留4～5个，全墩留80～120个，结花母枝间的距离为8～10厘米，不能过密，对结花母枝仍留2～5个节剪去上部，其他全部疏除。

每年冬季修剪完后，要进行清墩整穴。结合深翻，进行有计划地断根，可以促进根系的发育，提高根系的活力，增加产量。关键是每次断根的量不要超过总根量的1/4。把清墩的枯枝落叶掩埋，可有效消灭藏生的虫卵，防止病虫害的发生，又可以当作沤肥改土。修剪完后，进行清园。病虫枝要掩埋或焚烧，壮枝可以用作育苗。冬去春来，精心修剪的花墩，就会萌发出比原来多得多的花枝。结出更多的花蕾。

2. 成龄株的修剪 5年以后，金银花已完全进入结花盛花期，成龄株骨架已基本形成，所以整形修剪也就已经基本完成，从而转向丰产、稳产阶段。这时的修剪任务主要是选留健壮的结花母枝。修剪主要是培养健壮的开花母枝，利用新生枝条调整骨干枝角度，去弱留强。结花母枝的来源，80%的是一次枝，20%的是二次枝。结花母枝需要年年更新，越健壮越好，只有强壮的母枝才能多抽花枝，达到丰产、稳产的目的。其次是调整更新二、三级骨干枝，去弱留强，复壮墩势。修剪步骤是：先下部后上部，先里边后外边，先大枝后小枝，先疏枝后短截。留下的结花母枝进行短截，留下的开花母枝要进行短截，旺者留4～5节轻截，中庸者留2～3节重截，并使其分布均匀，布局合理，枝间距仍保持在8～10厘米之间。选留的开花母枝基部直径必须在0.5厘米以上。每个二级骨干枝最多留开花母枝2～3个，每个三级骨干枝最多留4～5个，全株留开花母枝80～120个。修剪时疏除交叉枝、下垂枝、枯弱枝、病虫枝及无效枝。

修剪与肥水关系很大，土地肥沃、水肥条件好的可轻截，反之则重截。在一般情况下，墩势健旺的可留80～100个结花母枝，每株可产干花1200克左右。

3. 老龄株的修剪 20年以后的金银花，植株逐渐衰老，这时的修剪除留下足够的开花母枝外，主要是进行骨干枝更新复壮，使成株龄老而枝龄小，方可保持产量。方法是疏截并重，抑前促后。金银花的一生和葡萄近似，根部萌蘖相当多，这是造成树形紊乱、植株早衰的根本原因。因此，在成龄墩每年的管理中应及时把根蘖除掉，及时清除主干的徒长枝。

（二）绿期修剪

在金银花采收以后进行，绿剪的目的是促进多茬花的形成。第一次绿剪在头茬花后的5月下旬至6月上旬（头茬花后），绿剪以疏枝短截为主，金银花的花蕾都生在新枝上，这些采过花的枝条，不会再现蕾，所以要进行短截以促进新枝萌发和花蕾形成。根据墩势和地力，每墩选留100～150个结花母枝。第2次是剪夏梢在7月中、下旬（二茬花后），第3次是剪秋梢在8月中、下旬（三茬花后）。结合修剪要注意除去虫害枝，修剪完毕后要及时清园，壮枝可用作育苗。先疏除全部无效枝，壮枝留4～5节、中庸枝留2～3节短截，枝间距仍保持在8～10厘米之间。绿剪每年2～3次，可采3～4茬花。

修整枝条金银花摘花期结束以后，要进行几次枝条修剪。其时间应分别在收花后的7月下旬、8月上旬至9月上旬和12月至翌年2月。方法是根据植株的自然生长情况，适当保留几根主根，将生长发育差的弱枝、过密枝、徒长枝和病株，用剪刀从基部30厘米处剪去（嫩枝条也宜剪去顶端），让枝条下部逐渐粗壮。其原则是：对枝条长的老花墩，要重剪，截长枝、疏短枝，截疏并重；对壮花墩，以轻为主，少疏长留；对搭支架靠缠绕生长的枝藤，应该修剪呈灌木状的伞形，使之中央高，四周低，以利花丛内通风透光，减少病虫害发生，促进花丛长势良好；对未搭支架全部靠在岩石上攀援生长的枝藤，修剪时不要过分剪除，而应该多保留几根主干，任其四方伸展开花。

注意，修剪时，要在剪口芽上面的芽位修剪，尤其是冬剪，如剪口靠近芽太近，容易抽干，剪口下的芽不易萌发。

三、打顶

当年新抽的枝能发育成花枝，打顶能促使多发新枝，以达枝多花多有目的。打顶时，从母株长出的主干留1～2节，2节以上用手摘掉；从主干长出的一级分枝留2～3节，3节以上摘掉；从第一级分枝长出的二级分枝留3～4节，4节以上摘掉；此后，从2级分枝长出的花枝一般不再打顶，让其自然开花。一般节密叶细的幼枝即是花枝，应保留；无花的生长枝，枝粗、节长、叶大应去掉，以减少养分消耗。通过打顶使每一植株形成丛生的灌木状，增大营养空间，促使花蕾大批量提早形成。

四、中耕除草

中耕即可保墒、放墒，又可改善土壤通气状况，利用根系活动，春季中耕还可提高地温，利于土壤微生物活动和有机物质分解，提高土壤肥力，同时中耕可除掉杂草，节约养分。栽种成活后，每年中耕除草3～4次。第1次在春季萌芽发出新叶时进行，第2次在6月进行，第3次在7～8月进行，第4次在秋末冬初进行。中耕除草后还应于植株根际培土，以利越冬，保持金银花良好的生长。中耕时，在植株根际周围宜浅，远处可稍深，避免伤根，否则影响植株根系的生长。在第3年以后，视杂草生长情况，可适当减少中耕除草次数。

由于金银花在生长的前5年内很难封垄，造成行间杂草生长旺盛，《中药材生产质量管理规范》（GAP）中指出，GAP生产不允许用除草剂，目前生产中大部分采用人工除草。李琳等研究了不同除草方式对金银花杂草控制及产量的影响，结果显示，采用园艺地布和90%遮阳网能很好地防治杂草的生长，各种地面覆盖均能提高土壤含水量。采用园艺地布除草可使金银花田产量和经济效益最高，该处理下产金银花干花433.5kg/hm^2。草帘、70%遮阳网和间作三叶草与人工除草相比降低投入成本1500元/hm^2，虽然除草效果不是很好，但保水及经济效益比较好，生产上可以适当采用。不同除草方式对金银花千蕾干重影响不大，尤其是第一茬花各处理间差异不显著；而第二茬花园艺地布显著高于草帘覆盖、70%遮阳网覆盖和90%遮阳网覆盖，其他处理间差异不显著；第三茬花中人工除草极显著高于无纺布覆盖、70%遮阳网覆盖、90%遮阳网覆盖和间作三叶草。

五、施肥和排灌

金银花生长旺盛，定植3年后即可进入盛花期，进入盛花期的金银花1年可开3～4次花，每亩产干花100～150千克。因此，金银花需肥量很大，如要高产高效优质，合理施肥很重要。目前金银花常用肥料有：有机肥料、无机肥料、腐质酸类肥料、叶面肥料和微生物肥料等。

（一）有机肥

土壤有机质是金银花所需要的养分的重要来源，目前，有机肥的种类有农家肥料、圈肥、家禽肥、堆肥、绿肥、饼肥（其中，家畜粪尿肥呈碱性反应，在盐碱地不宜使用）、秸秆肥等。金银花植物生长理想的土壤有机物质含量为5%～7%，而目前土壤有机物质的含量则在1.5%左右，所以，对金银花增施有机肥是非常必要的。经试验，在连续3年施有机肥的金银花地块，比未施有机肥的地块增产2倍多。在未施有机肥的金银花地块第1年即表现生长缓慢；第2年，抽条慢，叶色泛黄；第3年，生产势衰弱，花量大减。有机肥可作为底肥一次性使用，在每年入冬封冻前结合深翻施足底肥并结合灌水。要施厩肥或杂肥4000千克/亩左右，或施饼肥75千克/亩左右。

有机肥沤制方法有垫圈积肥、高温堆肥、沤肥等方法。

（二）无机肥

在以施有机肥为主外，还应适当施加一些无机肥料，以补充金银花在生长期间的所需肥量，无机肥料又叫矿物质肥料、化学肥料。按所含养分分为氮肥、磷肥、钾肥和复合肥。其中以N素最为关键。在生长期，春施一次“催芽肥”。

翟彩霞等采用田间小区试验方法，研究了氮、磷、钾肥对金银花产量及药用成分绿原酸、木犀草苷含量的影响，结果表明，在基施生物发酵鸡粪（$N-P_2O_5-K_2O=1.58-3.08-1.72$）4.5t/$hm^2$基础上，施化肥氮（N）为0～450kg/$hm^2$的范围内，金银花产量随着施肥量的增加呈增加趋势，其中施氮（N）450kg/hm^2处理单株产量最高，而绿原酸含量随施氮量的增加呈先增加后降低的趋势，当施氮量超过240kg/hm^2

时，随着施氮量的增加而下降，但各处理间差异未达到显著水平；磷肥能有效地提高金银花的产量，施磷（P_2O_5）为 360kg/hm^2 时单株产量最高，施 P_2O_5 量在 0～180kg/hm^2 的范围内，绿原酸随着施磷量增加而增加，超过 180kg/hm^2 时，绿原酸含量随施磷量的增加而显著下降；在施 K_2O 量在 0～300kg/hm^2 的范围内，金银花产量随着施钾量的增加而增加，而绿原酸含量以施钾量为 225kg/hm^2 时最高。其中当 N、P_2O_5、K_2O 施用量分别在 240～360，180～360，150～225kg/hm^2 范围内，四茬金银花药用成分木犀草苷平均含量达到《中国药典》标准的 0.05%，处理间差异不显著，但超过此施肥量范围木犀草苷含量则下降。

王喻等在中国科学院封丘农业生态实验站进行有机无机氮肥对金银花质量影响的实验研究，以盆栽 7 年生金银花为试验材料，采用紫外分光光度计法测定金银花中总绿原酸和黄酮含量。结果表明：在磷钾肥充足供应下，单施有机氮肥对金银花千蕾质量起正效应，对花和叶内绿原酸和黄酮的含量起负效应，而单施无机氮肥效果正好相反，只有有机氮肥和无机氮肥混合施用才不会降低金银花的质量，因此，在金银花种植中应将有机氮肥和无机氮肥结合施用。

（三）腐质酸类肥料

一种多功能的有机肥和无机肥结合新型复合肥。我国目前生产有：腐殖酸铵、腐殖酸钠、硝酸腐殖酸铵、腐殖酸钾、腐殖磷酸、腐殖酸钙以及腐殖酸氮磷钾复合肥等。可作基肥、追肥和种肥。

（四）微生物肥料

利用能改善植物营养状况的微生物制成的肥料，简称菌肥。固氮菌剂（好气性自生固氮制剂）、5406 抗生菌肥（把细菌放线菌混合在堆肥中制成）、美地那（生物要素肥料）。

（五）叶面肥料

在金银花新梢旺长和花芽分化期进行施肥对根系的生长不利，且肥料的吸收利用率低；而采用叶面喷施肥料，可避免伤害根系，同时养分可直接被叶片吸收利用，肥料利用率高。另外，丘陵山区种植金银花，普遍存在根际施肥时，肥料随雨水流失严重、利用率低的问题，采用叶面喷施肥料可很好地解决这一问题。叶面喷肥（如磷酸二氢钾、尿素、硫铵、过磷酸钙等）一般在花前喷。喷肥的浓度磷酸二氢钾为 0.2%，其他为 1%～2%，平均增产 4.5% 以上。另外也可补充一些微量元素，如 1% 的硼砂，1% 的硫酸镁，0.05%～0.1% 的硫酸锰或硫酸铜，0.1%～0.4% 的硫酸锌或硫酸亚铁。

每年春季、秋季要结合除草进行追肥，一般每年进行 3～4 次。第一次追肥在早春萌芽后进行，每个花墩施土杂肥 5 千克，配以一定的氮肥和磷肥，氮肥可用硫氨或尿素 50～100 克，磷肥可用过磷酸钙 150～200 克，或用氮磷复合肥磷酸二氨 150～200克，也可只施人粪尿 5～10 千克。目的是促进新梢生长和叶片发育。以后在每茬花采完后分别进行一次，仍以氮肥和磷肥为主，数量与第一次追肥的量相同，以恢复植株的长势，促进花芽分化，增加采花次数。最后一次追肥应在末次花采完之前进行，以磷肥和钾肥为主，施入磷酸二铵和硫酸钾各 150～200 克，以增加树体养分积累，提高越冬抗寒能力。追肥方法基本同基肥，但追肥的沟要浅，一般掌握在 10～15 厘米。亦可采用穴施法，即在树冠外围挖 5～8 个小穴，穴深 10～20 厘米，放入肥料，盖土封严。若土壤墒情差，追肥要结合浇水进行。叶面追肥常用浓度为 1～2% 的尿素溶液，每公顷喷施溶液 750～900 千克，整个生长期喷 1～3 次。叶面追肥应注意：叶面追肥宜在早晨或傍晚进行，喷洒部位应以叶背为主，间隔时间以 7 天左右为宜，雨天不能喷施。喷后 3 小时内遇雨，天晴后应补喷，但浓度要适当降低；肥料的浓度要适宜，追肥浓度过大，容易产生肥害。特别是在施用微肥时，应特别注意；肥料要合理施用，喷施过磷酸钙等含磷肥料，要经过浸泡 24 小时后取其上清液。另外，定期施用镁、锰、铜、锌等微肥，施用适量的微肥是金银花优质丰产的关键。

（六）叶面施肥效果试验

金银花专用叶面肥（N：P2O5：K20＝28：12：13）是中国科学院南京土壤研究所根据金银花生长发育的需肥特点研制的全营养叶面肥，其中 N、P、K 总含量在 50% 以上，并含有 1% 的微量元素（包括 B、Fe、Zn、Cu、Mn、Mo 等 6 种）。为观察其在金银花上的应用效果，我们特进行了试验。

从表 4－1 结果可以看出，喷叶面肥处理的植株叶面积较对照显著增加，总叶绿素含量增加。说明叶面肥可促进叶片的生长发育，提高叶片的光合功能。喷施叶面肥后，叶片的绿原酸含量增加；总糖含量也增加，说明碳素营养条件得到改善。

表 4－1　喷施叶面肥对金银花叶片生长发育及营养状况的影响

试验地点	叶面积（cm^2）		总叶绿素（mg/g）		绿原酸（%）		总糖	
	喷叶面肥	对照	喷叶面肥	对照	喷叶面肥	对照	喷叶面肥	对照
李堂村	19.88	16.29	2.88	2.27	4.59	4.17	5.09	3.67
屯里村	13.02	11.97	3.06	2.54	5.05	4.57	6.00	5.11

由表 4－2 可以看出，喷施叶面肥处理整个花期的单株总产量较对照显著提高。但是花蕾的内含成分两处试验点的反映不同，花蕾的绿原酸含量尹岗乡李堂村点表现为增加，潘店乡屯里村点表现为略有下降，但与对照差异不显著；尹岗乡李堂村点花蕾的总糖含量增加，潘店乡屯里村点降低。

表 4－2　叶面肥处理对金银花花蕾产量和质量的影响

处理	单株产量（g）		绿原酸（%）		总糖（%）	
	李堂村	屯里村	李堂村	屯里村	李堂村	屯里村
喷页面肥	320.36	435.60	5.90	7.16	5.11	3.83
对照	240.17	393.03	5.10	7.57	4.47	4.74

试验结果表明，全营养叶面肥提供的矿质养分种类全，肥力高，在金银花的新梢旺长和花蕾发育早期喷施该种叶面肥可显著促进金银花枝条、叶片、花蕾的生长发育，提高产量，同时，不降低质量。该肥可在金银花生产中应用。

禁止使用的肥料：未经无害处理的城市垃圾、工业垃圾、医院垃圾及粪便。禁止使用硝态氮化学合成肥料。

金银花标准化生产的肥料使用必须遵守的准则：①所有有机肥和无机肥料，应以对环境和药材不产生不良后果为原则。②尽量选用国家生产绿色食品的各类使用准则中让使用的肥料种类。③使用化肥时，必须与有机肥料配合使用。④饼肥对金银花的品质有好的作用。⑤腐熟的达到无害化要求的沼气肥水、腐熟的人畜粪尿可作追肥。⑥城市垃圾要经过无害化处理达到标准才能使用。⑦绿肥的利用方式有覆盖和翻入土中混合堆沤。⑧秸秆还可以还田，有堆沤还田、过腹还田、直接翻压还田、覆盖还田等方式。⑨微生物肥料可用于拌种，也可以作基肥和追肥。⑩叶面施肥喷施于作物叶面。

六、灌水和排涝

水分的及时适量供应是保金银花正常生长和结蕾的重要条件。金银花在过渡干旱和积水时会造成大量落花、沤花、幼蕾破裂、花蕾瘦小等品质下降的现象，因此，要及时作好排灌和排涝工作。一般要做到封冻前浇水 1 次封冻暖根水，翌春土地解冻后，浇 1～2 次润根催醒水，以后再每茬花蕾采收前，结合施肥浇 1 次促蕾保花水。每次追肥时都要结合灌水，以促进肥料分解，加速根系吸收。土壤干旱时要及时浇水。每次浇水的时间最好选在早晨或上午进行，这一点在炎热的盛夏季节尤应注意。

七、越冬管理

（一）施足基肥

基肥要以腐熟的有机肥为主，并配以少量 N、P、K 肥或三元复合肥。有机肥包括各类圈肥、人粪尿、堆肥、绿肥、草木灰、作物茎叶等，一般幼树每公顷施有机肥 45 000千克左右，大树每公顷施 75 000～150 000 千克。实践证明，冬施比春施效果好。基肥的施用方法有以下几种：①环状沟施肥法。在金银花花墩外围挖一环形沟，沟宽 20～40 厘米，深 30～50 厘米，按肥、土 1∶3 比例混合回填，然后覆土填平。②条沟施肥法。在金银花行间（或隔行）挖1条50厘米深、40～50厘米宽的沟，肥土混匀，施入沟内，然后覆土。采用这种方法施肥比较集中，用肥经济，但对肥料的要求较高，需要充分腐熟，施用前还要捣碎。③全园撒施法。将肥料均匀撒在金银花行间然后深刨翻入20厘米左右深的土壤内，整平。这种方法施肥范围大，肥料分布均匀，有利于根系吸收，缺点是施肥较浅，肥料损耗较大。

（二）浇好封冻水

金银花在整个生长发育过程中，需要供应一定的水分才能生长旺盛，从总的生长过程看，金银花喜欢干燥气候，尤其在金银花的育蕾过程中，假若供水过多，会造成金银花有效成分绿原酸含量降低。但根据金银花的生长需求，必须得浇封冻水，可在初冬浇灌并且灌饱浇足，最好挖沟漫灌，可促进受伤根的愈合，提高地温，加速有机养分的分解，为翌年金银花的生长奠定良好的基础。

（三）冬剪

根据修剪时期将金银花的修剪分为冬剪和夏剪。冬剪在每年的霜降后至封冻前结合整形进行。幼树冬剪的主要任务是根据目标树形截枝、去枝和留枝，培养树形，为了提高前期产量，修剪不易过重，在不影响树形的前提下，要尽量多留枝，剪留长度宁长勿短。盛产期大树的冬剪，主要任务是维持树形，稳定产量和提高品质，通过冬剪达到主干明显、主次分明，各级枝条顺生，枝条分布均匀，多而不乱，长势均衡。

张燕等研究了不同冬剪方式对金银花生长、产量和质量的影响，采用轻剪、中剪、重剪3种不同的冬剪方式，然后测量其生长指标、分枝数、产量和绿原酸、木犀草苷含量，采用源库理论探讨金银花冬剪方式的合理性。结果表明，不同冬剪方式对金银花的各项生长指标、分枝、产量达到显著水平，绿原酸和木犀草苷含量差异不显著。通过本试验研究，结合植物的“源库理论”，轻剪（截去老枝的1/3）留的新枝萌发节点多（5～7个），“源库”养分分配偏向营养生长，形成的正常花枝数比重剪多，但低于中剪，产量也居中。中剪（截去老枝的1/2）留的新枝萌发节点适宜（4～5个），形成的正常花枝数最多，分枝结构优化，营养生长（源）和生殖生长（库）关系更协调，由于第2茬花枝是在第1茬花采收后短截，加倍分生形成的，所以对第2茬花的促进达到极显著水平，产量也最高。重剪（截去老枝的2/3）留的新枝萌发节点少（2～3个），新枝少、粗且节间长，“源”少，限制了“库”的发展，形成的正常花枝数少，徒长性花枝多，产量也最低。所以建议金银花修剪宜轻不宜重，最好采用中剪。

（四）中耕除草、培土

杂草与金银花争肥、争水、争光照、争空间，严重影响金银花的生长，同时一些杂草还是传播病虫害的中间寄主和越冬场所，助长了金银花病虫害的传播蔓延，影响金银花的产量和品质。因此，每年要进行3～4次中耕除草，最后一次在秋末冬初上冻前结合培土进行，防止根部外露。也可用除草剂防除杂草，常用的除草剂有盖草能、精克草能、精禾草克等。

八、合理间作

金银花可与粮油作物、蔬菜、药材等实行合理间作。间作以低秆类作物，如花生、芝麻、豆类、苜蓿等自养和养地作物为好。忌种植高杆和缠绕性植物。间作按其目的，可分抚育间作和生产性间作两种。

（一）抚育性间作

主要在种植后的前1～3年实行。目的是利用间种作物，增加地面覆盖，减少杂草生长，降低地表蒸发，减轻雨水直接冲击地面，防止土壤板结等，同时借管理间种作物，达到抚育金银花植株的目的。3年以后，金银花植株长大，间作作物逐渐减少或停止间作。

（二）生产性间作

主要是为了充分利用土地，挖掘土地潜力，提高土地利用率，尽快增加经济收益，求得单位面积获得较高的生产效益。间作种植的原则，应当是利用种间的互助性，避免种间的斗争性，达到扬长避短，互助互利之目的。应根据金银花的生物学特性和间种作物的生物学特性，选择适宜间作的作物。间作地的金银花行距宜稍宽，间作作物和金银花的植株应保持一定的距离，以冠不相接，利于通风透光，又方便田间管理作业和采摘花蕾为原则。

九、制作盆景

金银花植株婀娜多姿，花香叶翠，根系发达，萌蘖能力强，桩根相衬，典雅大方，是集生态、观赏与经济价值为一体的绝佳品种。在秋冬休眠期挖掘其老桩，挖掘时要根据树木的自然形态及以后的造型要求，剪除大部分枝条，保留主干和必要的主枝；切断主根，尽量多保留侧根和须根。挖出后，应将根部立即粘上泥土，带回植于透气性能好的瓦盆中，精心养护，以保成活。待金银花长势良好，主干达到一定粗度时，便可进行初步加工。金银花盆景造型的第1步是“提根”，即在上盆时露根栽植，或在翻盆时逐年把根上提3～6cm，另外也可把深盆栽植多年的树桩与盆土同时脱出，在不伤及根系的前提下，换作浅盆栽植，并在四周空隙处填上营养土，墩实后人工洗去盆面以上根系之间的泥土，再剪掉裸露出来的根部多余的毛根。金银花盆景造型一般为自然式，其枝干造型也可采用曲干式，利用截干蓄枝法修枝，但应避免1年内造型修剪次数过多，影响花蕾形成。对局部不到位的枝条可进行适度修剪和铁丝蟠扎、牵引等，使桩上枝条自然、流畅、疏密有致，整个株型干枝协调、层次分明。

金银花根深，枝叶茂盛，生长也快，能防止水土流失，净化空气，适宜在荒山、田埂、堰边、堤坝、盐碱地、房前屋后及城市空地种植。据研究，金银花对氟化氢、二氧化硫等有毒气体有较强的抵抗力，随着环境污染的加重，金银花必将越来越受到人们重视，金银花作为观赏花卉必将从室外园庭进入到室内盆栽。农村庭院和城市居室种植金银花，一则可以美化环境，二则可以净化空气，三则可以获得一定的经济收入。金银花适应性强，种植管理方便，作为庭园种植和盆栽花卉，发展前景广阔。

第三节　主要病虫害及其防治

一、主要虫害及其防治方法

根据调查和已有的资料，为害金银花的病虫害主要有40种，其中害虫33种，主要是鳞翅目、鞘翅目和同翅目的害虫；病害7种，主要是由真菌侵染引起的褐斑病、白粉病等。

（一）蚜虫

又叫蠼虫、蜜虫。危害金银花的蚜虫主要有2种：中华忍冬圆尾蚜和胡萝卜微管蚜。

1. 为害状况　蚜虫主要为害叶片、花蕾和嫩稍，蚜虫主要刺吸植物的汁液，危害嫩枝和叶片，使叶变黄、卷曲、皱缩，对树势、产量和花蕾品质影响很大。每年4月中旬至5月下旬是大量发生期，特别是阴雨天，蔓延更快，金银花花蕾期被害可致花蕾畸形。有的年份伏天也发生较重，严重时会造成绝收。

2. 活动规律　以卵在金银花枝条上越冬，早春越冬卵孵化，4～5月份严重危害金银花。5～7月间严重危害伞形花科蔬菜和金银花。10月间发生有翅雌蚜和雄蚜由伞形花科植物向金银花上迁飞。10～11月雌雄蚜交配，并产卵越冬。

3. 防治方法

（1）可喷施40%乐果乳油800～1500（有文献记载2000倍液）倍液防治，或除虫菊乳油1000倍液喷杀，5～7天喷1次，连喷数次，采花期可用洗衣粉1kg对水10kg或用乙醇1kg对水100kg喷洒，蚜虫一般聚集于金银花的嫩叶、嫩梢和花蕾背处，因此，应对准受害植株中上部的幼嫩部位施药。

（2）3月下旬～4月上旬叶片伸展开，蚜虫开始发生时，用10%吡虫啉3000～5000倍液或50%抗蚜威1500倍液喷雾，或喷施绿亨杀杀死1000倍液，或1.8%阿维菌素乳油5000倍液。3%啶虫脒可湿性粉剂2000倍液或10%万安可湿性粉剂2000倍液、扑蚜净2000～2500倍或灭幼脉3号1500～2000倍液喷雾，5～7天1次，连喷数次。

（3）用波美0.2度的石硫合剂先喷一次，以后清明、谷雨、立夏各喷一次，即能根治。

（4）最后一次用药须在采摘金银花前10～15天进行，可用香烟头5克掺水70～80毫升的比例，浸泡24小时，稍加揉搓后，用纱布滤去渣滓，然后喷洒。

（5）根据蚜虫对黄色有趋性的特点，可在蚜虫集中发生期设黄板诱杀，此法不污染环境和金银花产品，防治效果良好。

（6）清除杂草，将枯枝、烂叶集中烧毁或埋掉，减轻虫害。

4. 注意

（1）石硫合剂①在气温高时施用，防病杀虫的效力高，使用浓度可低些。②但在气温在32℃以上或炎热中午不宜施用，以免发生药害；冬季低温在4℃以下，也不宜施用。③在稀释的药液中加入适量皂角、苦蒿、茶枯等，能显著提高防治效果。④石硫合剂腐蚀性强，皮肤和衣服被粘上，应立即用水洗净。

（2）金银花现蕾期严禁用毒性药物。

（二）红蜘蛛

1. 为害状况

为害金银花的螨类主要为山楂红蜘蛛，5～6月份是发生发展阶段，7月份大量落叶成灾。刺吸叶片，被害叶初期红黄色，后期严重时则全叶干枯，造成落叶、落花，影响树势、产量和品质。

2. 防治方法

（1）发芽前喷施3～5度的石硫合剂，消灭越冬成螨。

（2）4月底，5月初喷施0.3～0.5度的石硫合剂防治第1代若螨。

（3）5月底～6月初是第2代若虫集中发生期，可喷施1：890阿维菌素乳油5000倍液，或爱福丁3号1000倍液。

（4）6月下旬～7月份可叶面喷施浏阳霉素或阿维菌素乳油3000～5000倍液。

（5）用30%螨窝端乳油1000倍液，或5%克大螨乳油2000倍液，或5%尼索郎乳油2000倍液，或20%卵螨净可湿性粉剂2500倍液，或3%克螨特乳油2000倍液，进行叶面喷雾防治。

3. 注意　金银花现蕾期严禁用毒性药物。

（三）棉铃虫

1. 为害状况

该虫主要为害叶片和花蕾，每头棉铃虫幼虫一生可咬食几十个甚至上百个花蕾，花蕾被棉铃虫幼虫咬食后，不仅品质下降，而且容易脱落，直接造成产量损失。6月下旬～8月份危害盛期。

2. 活动规律

该害虫每年4代，以蛹在5～15厘米深的土壤内越冬。次年4月下旬至5月中旬，越冬代成虫羽化，一代幼虫盛发期在5月下旬至6月上旬，一代数量虽不大，但此时正是第1茬花期，若不防治经济损失较大，且一代数量直接影响着以后各代的数量。6月下旬至7月中旬为第2代幼虫危害期，8月上中旬、9月上中旬分别为三、四代棉铃虫幼虫危害期，9月下旬开始陆续进入越冬。

3. 防治方法

6月中下旬是第2代幼虫集中发生期，可喷施BT乳剂400~500倍液或3%杀铃脲1500倍液，7月份以后世代重叠，发生不集中，每隔15天左右可喷药一次，喷放BT或武大绿洲4号等农药。

4. 注意 金银花现蕾期严禁用毒性药物。

（四）咖啡虎天牛

它是金银花的重要蛀茎性害虫。

1. 为害状况

在5月初，天牛成虫就开始出土，在枝条上端的表皮内产卵，经过夏季，虫卵逐渐孵化成幼虫。幼虫先在皮下危害，随着长大便逐渐钻入茎秆中咬食木质部，直至茎杆心，形成不规则的弯曲孔道。再向底部蛀食，秋后钻入附近的地面或根部，以成虫越冬。虫孔常被排出的粪便堵塞，有时不易发觉。但受害花蔸枝条往往出现衰老、枯萎，新发枝条少，并逐渐枯死等现象。

2. 防治方法

（1）在5~7月成虫盛发期人工捕杀，并在产卵裂口处刮除卵粒及幼虫。

（2）在产卵盛期用50%辛硫磷乳油600倍液或2.5%功夫乳油2000倍液喷射灭杀，7~10天喷1次，连喷数次。

（3）在清明前，待天牛将要钻出地面时，用80%的敌敌畏乳油喷花蔸基部。

（4）结合冬季剪枝，清墩整穴，将老枝干的老皮剥除，以造成不利于成虫产卵的条件。

（5）在夏、秋季发现天牛寄生枝条时，即可用钢丝钩杀，或用80%敌敌畏原液浸后的药棉塞入蛀孔，用泥封口，毒杀幼虫。

（6）生物防治。咖啡虎天牛的天敌有两种，一种是赤腹姬蜂 *Xylophrus coreensis* Uchida.，寄生于幼虫体内；另一种是肿腿蜂 *Scleroderma* sp，是幼虫的外寄生蜂，寄生率很高，经人工饲养后每亩释放1000头防治效果明显。放蜂时间在7~8月，气温在25℃以上的晴天为好，此种生物防治方法可在产区推广应用。

（7）通过糖醋液（糖1、醋5、水4、敌百虫0.01）诱杀试验，曾把糖醋液分别装在7厘米的广口玻璃瓶和直径17厘米的碗中进行诱杀，结果以装在玻璃瓶中的诱杀效果较好。

（五）柳干木蠹蛾

柳干木蠹蛾（*Holcocerus vicarious* Walker）又称柳乌木蠹蛾，属鳞翅目木蠹蛾科，是金银花蛀干性害虫之一。

1. 形态特征

(1) 成虫　全体灰褐色，雌成虫体长30毫米左右，翅展55~60毫米，雄成虫体长26~28毫米，翅展48~58毫米。头小，复眼大，圆形，黑褐色。雌蛾腹部末端较尖，雄蛾腹部末端较宽钝、多毛。前翅灰褐色，满布多条弯曲的黑色横纹，由肩角至中线和由前缘至肘脉间形成深灰色区，并有黑色斑纹。后翅也布满不规则的斑点和横纹。

(2) 卵　呈近圆形，长1.2毫米左右，短径0.8毫米左右。表面有纵行隆脊，间具横行刻纹，似花生壳状花纹。初产时黄白色，产后过10小时后变为浅灰色，孵化前夕呈暗褐色。卵面有14条放射状纵纹。

(3) 幼虫　体扁圆筒形，初孵幼虫粉红色，成长幼虫体长45~60毫米。头部黑褐色，有不规则的细纹。前胸背板上有紫褐色斑纹一对。体侧为紫红色，有光泽。各腹节腹板色稍淡，各节间为黄褐色，腹面扁平。气门缘边暗褐色。

(4) 蛹及土茧　蛹暗棕色，蛹体长27~38毫米，蛹体稍向腹面弯曲，第2~6腹节背面均具有刺2列，前行刺列较粗，后行刺列较细，第7~9腹节背面只具有前刺列。腹末肛孔外围有刺突三对。土茧长35~55毫米，土褐色，呈长圆筒状，一端较小。土茧是老熟幼虫在化蛹前吐丝缀土混合组成。

2. 发生规律

主产区二年发生一代，跨越三年，以低、中龄幼虫在植株茎秆基部或根内越冬，越冬幼虫第二年4月份开始活动取食，随气温的升高，幼虫不断扩大为害。9~10月份幼虫接近成熟，钻入木质部进行第二次越冬，第三年4月中旬越冬的老熟幼虫开始脱离寄主入土做茧化蛹。5月下旬开始羽化为成虫，6月中旬至8月上旬为幼虫孵化期，盛期在6月下旬至7月上旬。初孵幼虫为害至10月，在根茎内越冬。卵期13~15天，幼虫期655~662天，预蛹期10~20天，蛹期25~32天，成虫期3~6天。

成虫羽化时间为每日15~21时，羽化时可将半截蛹壳带出地面。羽化后的成虫次日凌晨（0~2时）开始交配，次日晚间产卵。每头雌蛾一生能产卵163~786粒。卵堆产或成排块产于茎基老皮的裂缝内。成虫白天隐藏在花墩中下部不动，夜间出来活动。趋光性强。成虫在温度较低时寿命较长，反之寿命较短。

3. 危害状况

幼虫孵化后先群集于老皮下，渐次向下取食，形成弯曲的孔道。3龄幼虫开始蛀入木质部，越冬前进入根茎或根内。幼虫有吐丝习性，老熟幼虫爬出杆茎进入植株周围50~60毫米的土中作一长形斜立土窝吐丝做茧，虫体逐渐缩短，不再活动，在茧内化蛹。

一般为害方式是：幼虫孵化后先群居于金银花老皮下为害，生长到10~15毫米后逐步扩散，但当年幼虫常数头由主干中下部和根际蛀入韧皮部和浅木质部为害，形成广阔的虫道，排出大量的虫粪和木屑，严重破坏植株的生理机能，阻碍植株养分和水分的输导，致使金银花叶片变黄，脱落，8～9月花枝干枯。据调查，10年以上的植株被害率达35%～60%，局部地区达90%以上。

4. 防治方法

（1）加强对金银花的田间管理。柳干木蠹蛾幼虫多喜危害衰弱的金银花墩，幼虫大多从老皮裂缝和伤口等处侵入。因此加强对金银花的抚育管理，适时施肥、浇水，促使金银花生长健壮，以减少此虫入侵的途径，提高抗虫力。

（2）合理剪枝，减少虫口基数，减轻危害程度。

（3）药剂防治

枝干喷药防治初孵幼虫：幼虫孵化盛期用40%氧化乐果乳油1000倍液加0.3%煤油或50%杀螟松乳油1000倍液加0.3%煤油配成药液，重点喷主杆的中下部，老皮的裂缝处，对刚孵化未侵入韧皮部的幼虫及刚侵入韧皮部取食的幼虫有良好的防治效果。但对体长10毫米以上的已蛀入枝杆的幼虫，喷药防治效果不佳。

药液灌根防治幼虫：用40%氧化乐果乳油或50%杀螟松乳油按药：水＝1：1的比例配成药液浇灌根部，即先在花墩周围挖坑，深10～15厘米，每墩灌20毫升左右，视花墩大小适量增减，然后覆土压实。由于药液浓度高，使用时要注意安全。

5. 注意 金银花现蕾期严禁用毒性药物。

（六）金银花尺蠖

金银花尺蠖（Heterolocha jinyinhuaphaga Chu）属鳞翅目尺蛾科，又名“寸寸虫”、“造桥虫”，是危害金银花的一种主要食叶害虫。金银花尺蠖已成为危害封丘县金银花的主要害虫。2004年金银花尺蠖发生面积达1.33万公顷，严重发生面积0.33万公顷，危害严重的地块短时间内金银花叶片全被吃光，仅剩叶脉和叶柄，给金银花生产带来严重损失。

1. 形态特征

（1）成虫 雄蛾体长10～11毫米，翅展11～12.5毫米，触角羽状。雌蛾体长9～11毫米，翅展11～12.5毫米，触角线状。前、后翅外缘和后缘均有缘毛。

（2）卵 椭圆形，底面略平，长0.7毫米，宽0.5毫米。

（3）幼虫 老熟幼虫体长21～25毫米；体灰黑色，头部黑色，前胸黄色，有两排黑斑；胸足3对，黑色，腹足两对，黄色，外侧有不规则黑斑。

（4）蛹 纺锤形，长10～13毫米。初化蛹时灰绿色，渐变为棕褐色，最后变为黑褐色，尾端臀棘8根。

2. 发生规律

金银花尺蠖在河南省封丘县每年发生4代，以蛹在土表枯叶中越冬。越冬蛹在翌年4月上旬开始羽化，4月中旬为羽化盛期，5月下旬至6月上旬、7月上中旬、9月上中旬分别为一、二、三代成虫羽化盛期。成虫多在傍晚羽化，当夜即可交尾产卵，卵期7～10天。卵散产或块产于叶片背面或嫩茎上。初孵幼虫爬行迅速，或吐丝下垂，借风传播。幼虫稍受惊吓纷纷吐丝下垂，很快又沿丝爬回到枝叶上。幼虫老熟后在花丛内、枯叶下或土表1厘米处结茧化蛹。该虫具暴食性，防治应在3龄之前。

3. 危害状况

低龄幼虫在叶背面啃食叶肉，使叶面出现许多透明小斑。3龄幼虫开始蚕食叶片，使叶片出现不规则的缺刻。5龄幼虫进入暴食阶段，危害严重时，能将整株的金银花叶片和花蕾全部吃光。

4. 防治方法

（1）开春后，在花蔸周围一米范围内，挖土灭蛹。亦可用90%的杀虫咪可湿性粉剂一两，拌泥30～40斤，撒在花蔸范围，然后覆土，以杀蛹。但要注意：本品虽然对人畜毒性很低，但仍要注意安全，不能与食品或饲料贮存在一起。

（2）在幼虫发生初期，1～2龄阶段，可用2.5%鱼藤精乳油兑水稀释400～600倍后进行喷雾，但要注意不得与石硫合剂等碱性农药混合使用。

（3）清除地面枯枝落叶，可消灭部分越冬蛹和幼虫，减少越冬虫源。

（4）第1代幼虫危害盛期正是金银花采收季节，幼虫发生初期用80%敌敌畏乳油1000倍液、10%永安可湿性粉剂2000倍液、10%万安可湿性粉剂2000倍液、20%杀灭菊酯2000倍液或95%晶体敌百虫800～1000倍液喷雾防治。尤其对未修剪的金银花应作重点防治，因其遮阴密度大，往往较冬季修剪过的发生数量大、危害重。

（5）在卵孵化高峰期内喷施100亿活芽孢/毫升苏云金杆菌SE（Bt）400～500倍液，在1～3代的羽化期，即每年的5月上旬、7月中旬和9月下旬，对金银花叶片集中喷雾，成虫死亡率一般达到50%以上，也可用2.5%菜喜1500倍液和4.5%高效氯氰菊酯1500倍液喷雾。

（6）生物防治：于1～3代产卵期，即4月中下旬、6月中下旬、9月中下旬释放赤眼蜂。每个卵期可以分两次施放，根据花农的试验，其寄生率可达70%。或用羽化后交尾期前尺蠖虫雌蛾腹部，放在5毫升95%酒精中，密闭浸泡20小时后，倒入研钵，研碎后用滤纸过滤，溶剂补充到原来数量，便成为性信息素的粗提物。以每毫升溶剂中浸泡五头雌蛾为最好的性诱剂量。用普通滤纸或吸水纸裁成5×3厘米长条，卷在20厘米的细铁丝中间，将性信息素粗提物滴在滤纸或吸水纸上，即成诱芯。把诱芯横放在直径17厘米的碗上，碗里放水，水中加入少量洗衣粉，水面与诱芯相距约1厘米，即成简易诱捕器。在每天18时左右将简易诱捕器放在银花墩中间，距地面约30厘米左右，两个诱捕器之间距离一般为2～3米。第二天早晨将诱芯取回室内，放玻璃瓶中密闭保存。诱芯的性诱雄蛾效果，一般可持续8～12天（以5天内效果最好）。用二氯甲烷（分析纯）作溶剂比95%酒精性诱效果还要好。

（7）向玉勇等选用5种药剂（敌敌畏、辛硫磷、溴氰菊酯、毒死蜱和高效氯氰菊酯）的原药和乳油分别对金银花尺蠖幼虫进行了室内毒力测定和田间药效试验。结果表明5种药剂中，高效氯氰菊酯的毒力最大，48h的LC_{50}为0.0193μg/ml；其他依次为毒死蜱、敌敌畏、辛硫磷和溴氰菊酯，48h的LC_{50}分别为0.0276、0.0505、0.0533和

0.0563μg/ml。5种药剂在药后7d的防效均达到80%以上，其中4.5%高效氯氰菊酯乳油和48%毒死蜱乳油的效果最好，其药后7d的防效均为100%。

5. 注意 金银花现蕾期严禁用毒性药物。

（七）银花叶蜂

银花叶蜂（Argesimiles（Vollenhoven））属膜翅目叶蜂科，是近年危害银花较严重的一种害虫，据调查该虫仅危害金银花。

1. 形态特征

（1）成虫　雌虫体长9~10毫米，翅展21~22毫米，雄虫体长7~8毫米，翅展18~19毫米，体蓝黑色，有金属光泽。触角黑色，3节，第3节较长，雄虫第3节的绒毛较雌虫明显。翅半透明，淡褐色，产卵器锯齿状。

（2）卵　乳白色，肾形，长1.2~1.5毫米，宽0.7~0.8毫米。

（3）幼虫　体长22~23毫米，头和前足呈黑色，体桃红色，背中线为一条淡绿色纵带，背侧线为金黄色纵带，气门线淡绿色，体背有许多黑色小毛瘤；前排有3排14个，中后胸有3排16个，腹部有2~6节有3排18个，背中央的毛瘤较大。幼虫5龄，1龄体长3.5毫米，头宽0.4毫米；2龄体长6毫米，头宽0.7毫米；3龄体长8毫米，头宽0.9毫米；4龄体长12.3毫米，头宽1.3毫米；5龄体长17.4毫米，头宽1.7毫米。

（4）蛹　黑褐色，外附长椭圆形的茧。茧长10~14毫米，宽5~8毫米，淡金黄色，分3层，外面两层淡金黄色，内层为白色。

2. 发生规律

银花叶峰以老熟幼虫在土中结茧化蛹越冬。次年3月上旬成虫化羽，飞到有花蜜和有蚜虫的地方取食花蜜和蚜虫分泌的蜜露。成虫晴天活动，尤以12~15时活动最盛，飞翔力较强，可飞离地面2米高度，水平距离10~20米。阴雨天栖息在枝叶下不动。成虫活动3~4日后开始产卵，产卵时雌虫用锯齿状产卵器割开叶面边缘的表皮，将卵1~3粒产于表皮下。每雌虫产卵6~24粒。产卵处的叶边缘组织变成水浸状，后变为黑褐色。成虫寿命3~14天，雌雄性比越冬代为3:1，第3代为1.6:1。卵期5~14天，孵化率84%。幼虫期10~19.5天。幼虫分散危害，主要危害嫩叶，取食后幼虫头、胸、足逐渐变为黑色，体绿色，4龄后体呈桃红色。幼虫蜕皮多在早7时或傍晚。幼虫老熟后沿植株下爬，进入0.5~1厘米深的土层或枯叶中，吐丝成茧，卷缩其中化蛹，各代蛹期为7~19.5天，越冬代蛹期185天。全年以第1和第2代危害严重，但对叶厚、茸毛长而硬的银花品种不危害。

3. 危害状况

幼虫危害叶片，初孵幼虫喜爬到叶上取食，从叶的边缘向内吃成整齐的缺刻，全叶吃光后在转移到邻近叶片。发生严重时，可将全株吃光，使植物不能开花，不但严重影响当年花的产量，而且使次年发叶较晚，受害枝条枯死。

4. 防治方法

(1) 人工防治　发生数量较大时可于冬、春季在树下挖虫茧，减少越冬虫源。在产卵期人工摘除有卵叶片，集中烧毁。

(2) 药剂防治　幼虫发生期喷90%敌百虫1000倍液或25%速灭菊酯1000倍液。

5. 注意　金银花现蕾期严禁用毒性药物。

(八) 绿刺蛾

1. 形态特征　成虫体长10~12毫米，翅展21~27毫米。头部和胸部绿色。触角丝状。前翅绿色，肩角处褐色斑在中室下呈直角，外缘褐色带向内弯，在第一肘脉和第二肘脉间呈齿形。后翅灰褐色。

老熟幼虫体长16~20毫米。头小，缩于前胸下面。体呈黄绿色。前胸背板有1对黑点，背线有双行蓝绿色点纹组成。各体节上有灰黄色肉刺瘤1对，中、后胸及第9~10腹节上的黑瘤特别大。

2. 发生规律　1年发生2代，以幼虫在茧内越冬。5~6月化蛹。成虫成块产卵于叶背。初孵幼虫群集卵壳上，不取食也不活动，2龄后先取食皮蜕，后食卵壳及叶肉，然后分散危害。8~9月间出现第2代成虫，以此代幼虫在枝干结茧越冬。

3. 防治方法　绿刺蛾的越冬茧或在枝干上，或在树冠附近浅土、草丛处，且历时很长，酌情摘茧或挖茧可收到一定效果。绿刺蛾幼虫2龄前群栖危害，易于发现，可摘除消灭。绿刺蛾成虫具趋光性，可设灯诱杀。

在幼虫3龄以前施药，一般触杀剂都有较好的效果，如90%的敌百虫晶体、25%亚胺硫磷乳油、50%杀螟松乳油、80%敌敌畏乳剂、菊酯类杀虫剂等，都可选用。

4. 注意　金银花现蕾期严禁用毒性药物。

(九) 蛴螬

蛴螬是鞘翅目金龟子幼虫的总称。在封丘县轩寨金银花田，以铜绿异丽金龟为主要种类，其次是华北大黑鳃金龟、暗黑鳃金龟、黄褐异丽金龟等。

1. 危害状况

主要咬食根系，造成地上部营养不良、水分供应不上使植株衰退，严重时可使植株枯萎而死。成虫则以花、叶为食。

2. 活动规律

在河南封丘县蛴螬以铜绿异丽金龟为优势种类，占70%左右。铜绿异丽金龟1年1代，以幼虫越冬。春季10厘米土温高于6℃时，越冬幼虫开始活动，3~5月是一个危害小高峰，5月下旬~6月下旬化蛹，6月上旬为蛹盛期，成虫出现始期为6月上旬，盛期为6月中下旬至7月上旬，7月中下旬为卵孵化盛期，孵化幼虫为害至10月中下旬，当10厘米土温低于10℃时，开始下潜越冬。

3. 防治方法

（1）药剂灌根可用50%二嗪农乳油500倍液，或2.5%敌杀死6000倍液，隔8～10天灌根一次，连续灌2～3次。

（2）撒施毒土时，每亩用5%特丁磷颗粒剂2.5～3千克，或50%辛硫磷乳油500克，或蛴螬专用型白僵菌2～3千克，拌细沙或细土25～30千克，于初春或7月中旬在根旁开沟撒入，随即覆土，或结合中耕将药土施入，亦可兼治多种地下害虫。

（3）成虫盛发期用长1米左右的新鲜核桃树枝泡在稀释为50倍的40%乐果乳油溶液中，10小时后取出，于傍晚插入药田内，每亩25～40枝，诱杀金龟子效果较好。

（十）忍冬细蛾

1. 危害状况

忍冬细蛾是金银花主要的潜叶害虫，以幼虫潜入叶内，取食叶片背面的叶绿素组织，仅剩下表皮，严重影响光合作用。

2. 活动规律

该害虫在河南封丘每年发生4代，以幼虫在枯叶、老叶内越冬。3月下旬～4月上旬，越冬幼虫开始活动，4月中下旬化蛹，4月下旬5月上旬羽化为成虫。5月上中旬、6月下旬、7月上旬、8月中下旬、9月下旬10月上旬分别为一、二、三、四代幼虫盛期，亦即危害高峰期。10月中下旬陆续进入越冬期。

3. 防治方法

防治应重点在一、二代成虫和幼虫前期进行，可用25%灭幼脲3号3000倍液喷雾，在各代卵孵盛期用1.8%阿维菌素2500～3000倍液喷雾。

二、主要病害及其防治措施

（一）金银花褐斑病

金银花褐斑病是一种真菌病害。

1. 危害状况

危害叶片，发病后，叶片上出现不规则点状褐斑，中央褐色，边缘暗褐色，并生有暗褐色霉状物，严重时整片叶子枯黄、脱落，引起植株生长衰弱，发病初期叶片上出现褐色小点，以后逐渐扩大成褐色圆形病斑，也有的受叶脉限制形成不规则的病斑，病斑背面有灰黑色霉状物，一张叶片如有2～3个病斑，就会脱落。

2. 发病特点 此病为真菌引起，病菌在病叶上越冬，次年初夏产生分生孢子，分生孢子借风雨传播，自叶背面侵入，一般先由下部叶片开始发病，逐渐向上发展，病菌在高温的环境下繁殖迅速。一般7～8月份发病较重，被害严重植株，易在秋季早期大量落叶。

3. 防治方法

（1）清除病枝病叶，减少病菌来源。

（2）加强栽培管理，增施有机肥料，增强抗病力。

（3）发病前喷施1∶1∶100倍的波尔多液预防本病发生，每隔7～10天1次，连用2～3次。

（4）发病初期喷30%井冈霉素50ppm液预防本病发生，每隔7～10天1次，连用2～3次。

（5）发病初期喷施70%代森锰锌800倍液或5%菌毒清800倍，每隔7～10天喷一次，共喷2～3次。

（6）发病初期用70%甲基托布津可湿性粉剂600倍液均匀喷雾，或70%甲基硫菌灵可湿性粉剂800倍，或扑海因1500～2000倍液，每隔7～10天喷一次，共喷2～3次。注意交替轮换施药，有较好的防治效果。

（7）冬季修剪后，用波美2～3度的石硫合剂进行一次园地消毒可有效控制褐斑病的发生。

4. 注意

（1）波尔多液是植物的一种“保护剂”，主要起防病作用，一般在病害发生前喷药，以达到防重于治的目的；在金银花开花期不能施用，因容易残留污染金银花；波尔多液能与三硫磷、毒杀芬等杀虫剂随意混合（不能久放），既能防病又能治虫。但不能与石硫合剂、乐果、西维因、代森锌等混合使用。

（2）代森锌不可与碱性农药如波尔多液、石硫合剂等混合使用；代森锌加水作喷雾使用，一定要随用随配，不能久放，以免分解失效；代森锌对人畜毒性虽然很低（近于无毒），但对人体粘膜刺激性很大。因此，一定要注意安全，施用时切勿使药液进入眼、口、鼻；代森锌的稳定性差，易受热，遇光分解，也容易吸水，发粘，结团，逐渐分解放出二硫化碳而降低效力。因此本品应密封放在干燥阴凉地方。

（3）银花现蕾期严禁用毒性药物。

（二）金银花白粉病

1. 危害状况

本病主要危害叶片，有时也危害茎和花。叶上病斑初为白色小点，后扩展为白色粉状斑，后期整片叶布满白粉层，严重时发黄变形甚至落叶；茎上部斑褐色，不规则形，上生有白粉；花扭曲，严重时脱落。春季和初夏为发病盛期。

2. 病原菌形态特征 子囊果散生，球形，深褐色，大小65～100微米，5～15根附属丝，长55～140微米，是子囊果直径的0.7～2.1倍，无色、无隔或具一隔膜，3～5次分叉。子囊3～7个，卵形至椭圆形，大小34－58×29－49微米。子囊孢子2～5个，椭圆形，大小16.3－25×8.8－16.3微米。

3. 发病特点 病菌以子囊壳在病残体上越冬，第二年子囊释放子囊孢子进行初侵染，发病后病部又产生孢子进行再侵染。温暖干燥或株间阴蔽易发病。施用氮肥过多，干湿交替发病重。

4. 防治方法

（1）合理修剪，避免枝梢过度拥挤，使树冠内膛通风透光。

（2）春季萌芽前树冠喷施3～5度石硫合剂。

（3）萌芽后喷施0.3～0.5度石硫合剂或400倍硫悬浮剂或200倍的农抗120，或绿亨百奋1000倍液。

（4）75%百菌清可湿性粉剂800倍液喷施，或50%瑞毒霉锰锌1000倍液，或43%好力克悬浮剂18毫升+75%安泰生可湿性粉剂100克加水50～60千克，喷雾防治。每7～10天1次，连喷2～3次。

（5）15%粉锈宁（三唑酮）可湿性粉剂2000倍液进行喷雾防治。

（6）新梢抽发至发病前每亩用75%安泰生粉剂100克加水50～60千克喷雾预防。

（7）有病叶出现时，可及时用60%防霉宝2号水溶粉800～1000倍液或40%达克宁悬浮剂600～700倍液、50%苯菌灵可湿性粉1500倍液喷防。大面积时可用32%乙蒜素酮乳剂1500倍液喷洒防治，15～20天喷1次，效果较好。

5. 注意 金银花现蕾期严禁用毒性药物。

（三）根腐病

初步鉴定该病害由Fusarium oxysporum引起。

1. 危害状况

本病主要危害金银花根系及根茎部位，破坏输导组织，使水分、养分运输受阻，造成整株死亡。该病害在田间多表现为整株发病，一般随种植年限的增加呈加重趋势。轻病株全株叶片整体绿色变浅，叶色发黄，茎基部表皮呈浅褐色，剖视检查维管束基本不变色；随着病情加重，整株颜色变黄愈加明显，中上部叶片受害更重，有的叶缘变褐枯死，茎基部表皮呈黑褐色，内部维管束轻微变色，典型病株花蕾少而小，常减收20%～30%；重病株主干及老枝条上叶片大部分变黄脱落，新抽出的嫩枝条变细、节间缩短，叶片小且皱缩，甚至全株枯死，茎基部表皮粗糙，黑褐色腐烂，维管束褐色。

2. 病菌概况

金银花根腐病菌在20～35℃下均能生长，最适为25℃左右；孢子产生的最适温度为30℃；分生孢子萌发的适温范围为25～30℃；病菌在pH 2～12均能生长，其中以pH 6～9生长较好；孢子萌发的pH值范围为5～10，以pH 9为最适。光照对菌丝生长的影响不显著，但对产孢影响较大，在12小时光暗交替条件下产孢量最大，其次为连续黑暗，连续光照最低。而紫外线对孢子有明显杀伤作用。该病菌生长对pH值适应范围较广，孢子萌发以pH9为最适，可见该菌较耐盐碱。从田间发病情况看该病害在盐碱地发生也较重。

3. 防治方法

（1）瘀土地改良土壤、井溉降低地下水位，及时排水，改变不良施肥习惯，及时防治地下害虫。控制和调节土壤酸碱度。

（2）把发病严重植株刨掉带出院外，并对抗土用200~400倍农抗120消毒。

（3）对有病株在生长季扒土晾根，并用50%可湿性多菌灵500倍液或40%甲基立枯磷400倍液灌根。

（4）在病株周围浇灌波美0.2~0.3度石硫合剂；或撒生石灰，防止蔓延。

夏永刚等采用金银花氨基酸有机无机专用肥在秋季作基肥施用预防根腐病效果较好，防效最高可达58.1%，显著高于一般的复合肥。金银花氨基酸专用肥以菜籽粕、豆粕为基量，配以微生物活化剂（酵素菌等）、植物调理剂（B、Zn、Mn、Ca、Mg）、营养促长剂（尿素、磷酸氨、硫酸钾）等，经工艺处理，混合均匀，喷雾造粒而成。

（四）炭疽病

主要由黑盘孢目真菌所引起。

1. 危害状况

苗期、成株期均可发病，苗期发病引起猝倒或顶枯。成株期发病主要为害叶、叶柄、茎及花果。叶片染病初生圆形或近圆形黄褐色病斑，边缘红褐色明显，后期病部易破裂穿孔。叶柄和茎染病生梭形黄褐色凹陷斑，造成叶柄盘曲或茎部扭曲。危害茎基造成成株倒伏或根茎腐烂。花梗、花盘染病，出现花干籽干现象。果实染病也生近圆形黄色凹陷斑，造成果实变色腐烂。

2. 发病特点 病菌以菌丝在种子软果皮层或附着在种子表面越冬，羊肠头残桩或枯叶也是该病越冬主要场所。此病主要由种子传播，引致上述症状，种子染病带菌成为第二年初侵染源。

3. 防治方法

（1）采用配方施肥技术，施足腐熟有机肥，增施磷钾肥，提高抗病性。

（2）用1：1：100（即硫酸铜：生石灰：水）的波尔多液或65%代森锌500~600倍液喷雾。

（3）可用80%的炭疽福美可湿性粉剂800倍液或70%甲基硫菌灵1000倍液加75%百菌灵可湿性粉剂1000倍，隔7~9天1次，防治1次或2次即可。

（五）锈病

由真菌中的一种担子菌致病。

1. 危害状况

锈病是花卉受真菌寄生而引起的病害的总称。多种花卉上部都可发生。金银花锈病，可危害金银花上部的绿色器官，主要危害叶片和芽。春季展叶后，叶正面出现不明显的小黄点－性孢子，叶背及叶柄上出现黄色稍隆起的小斑点－锈孢子器，突破表皮后散出橘黄色粉状物－夏孢子，秋季叶背面又出现大量的黑色粉粒－冬孢子堆，嫩梢、叶柄、果实等上面的病斑明显隆起。

2. 发病特点 该病菌是单寄生病菌，以菌丝体及冬孢子在病芽、病枝、病叶上越冬。夏孢子在生长季节可反复侵染，借风雨传播，由气孔侵入寄主植物。该病在生长季节皆可发生，以6～7月份发病较重。四季温暖、多雨多雾的年份利于发病，偏施氮肥则加重病害。

3. 防治方法

（1）施有机肥，提高植株的抗病力；选育抗病品种。

（2）喷0.3波美度的石硫合剂，每隔10天左右喷1次，连喷2～3次。

（3）发病初期喷洒75%百菌清可湿性粉剂600倍液或80%敌菌丹可湿性粉剂500倍液，8～9天防治一次，视病情连续防治2～3次。

（六）死棵

近年来，不少地块出现了“死枝”、“死棵”的现象，特别是金银花的老产区司庄、陈桥、獐鹿市死棵、毁园现象更为严重，已经严重威胁着金银花的生产。

1. 危害状况

在早春发芽期，表现为不能正常发芽或发芽过晚，根部死亡、毛细根少、根部维管束变色。夏秋季表现为叶黄、叶小生长不良，落叶早且根系腐烂，逐渐枯死。有的虽不枯死，但抗寒性差，过冬后早春不发芽，即表现为“死枝”或“死棵”。

2. 发病规律

金银花“死棵”是由镰刀菌引起的枯萎病（河南省农科院植保所在死根里培养出了镰刀菌），在金银花第一茬花摘后随着雨季的来临，自身抗病力的下降，镰刀菌借伤口或自然伤口，侵入金银花根部侵染危害，并逐渐表现出症状（叶黄、落叶根系腐烂逐渐枯萎等）。此病发生程度，与气候条件、土壤条件、施肥情况和镰刀菌的数量及树龄有关。如果树龄过长，偏施氮肥，修剪过早或过晚，则发病较重。夏秋季连续阴雨土壤黏重，土壤板结，透气性差，土壤积水或前茬为棉花、果树等作物，则病害发生严重。如封丘县獐鹿市乡为老棉区和苹果产区，果园淘汰后发展成金银花，残存的根系为镰刀菌提供了丰富的食源，该乡金银花发病时间最早，毁园最严重。

3. 防治方法

加强水肥管理，防治叶部病害（白粉病、斑点落叶病），延长叶片功能，合理修剪，培养健壮的树势是夺取金银花的高产措施，也会对金银花死棵起到预防和治疗效果。

（1）轮作倒茬

与树木、棉花、金银花等作物轮作5年以上，可与辣茬蔬菜（如大蒜、大葱、韭菜）或豆科植物间作或轮作。

（2）搞好金银花的栽植工作

新建园应挖40～60厘米见方的坑，下填表层土，有机肥与下层土的混合后填入中间部位，然后栽植金银花给金银花根系创造好的环境。对老园注意清洁田园、中耕松土。

（3）科学施肥

施肥要注意化肥与农家肥的配合施用。施肥时要氮磷钾混合施用，要避免偏施氮肥，适当多施钾肥，提高抗病能力。施肥时注意施肥方法：挖20~40厘米深的沟条施或穴施于树冠垂直投影处，切忌施肥距根过近或一次施用量过大引起烧根，人为造成死棵。

（4）对出现死棵超过1/2的严重地块，应将生长健壮的植株，选择新园及时移栽（一般在10月份或早春修剪后移植）。

（5）对出现零星死棵的地块，应及时拔除病株，清除残留根系，用70%甲基托布津800倍液，灌坑杀菌后移栽新的植株，如不用药剂处理，移栽的植株很难成活。对表现生长不良出现死枝或死棵的植株和相邻植株，可用70%甲托800倍液加入芸薹素内酯灌根，提高生命力，预防传染。

（6）叶面施肥，增强抗病性。结合防病治虫，喷施时加入0.2%~0.4%磷酸二氢钾或生命素500倍液，可提高抗病性，增加产量。

（七）除草剂对金银花的危害

近几年来，随着农田除草技术的普及，农田大量使用除草剂，金银花的生长和结花受到严重影响，并出现大面积死树现象，严重的达到全园毁灭的程度。

1. 金银花受除草剂漂移为害情况

金银花田受农田除草剂漂移为害的种类有一次性漂移和二次性漂移两种，一次性漂移即雾滴及气流在几千米范围内的漂移，主要表现在幼茎叶和生长点上，受害时期与当地农田化学除草同步或稍延迟；二次漂移是除草剂随地面、水面蒸发和随作物蒸腾等作用造成的更大范围的漂移，其外在表现较隐蔽，不易发现，引起慢性进行性死枝死树，受害时间距漂移时间较长，短则几个月，长则几年。金银花受害后，健壮植株或受害轻的植株，新梢生长缓慢，幼叶变小，皱缩，叶边焦枯，花蕾畸形并轻度变色，略呈褐色，经追施尿素等速效性化肥、浇水和规范地解害用药后，多可缓解，基本恢复正常；中等受害植株上述症状程度加重，生长季节表现出树势衰弱，越冬后，翌年早春生长不旺盛，有死枝、黄叶、停长和轻度萎蔫现象，进入夏季，随着气温升高、生命活动加强，树势大部分可恢复、也能正常生长和结花，但产量明显下降，一般下降30%~50%；受害严重的和树势衰弱的树，受害后，症状持续时间较长，新梢大部分停长，生长季节即有黄叶死枝出现，越冬后，发芽不久多数植株逐渐死亡，有的仅剩下基部1个或几个新生枝条，完全丧失生长能力。个别树虽能勉强维持渡过生长季节，但到来年还会死亡。

2. 防治方法

金银花田解决农田除草剂漂移的危害，要从改善土壤环境、提高树体抗逆能力和有效降解土壤中的除草剂两方面着手。

（1）搞好常规管理、提高树体抗逆能力。即搞好土、肥、水管理、及时防治病虫害和合理修剪。在土壤管理上，每年秋季要进行全园深翻，生长季节要多次中耕除草，以增加土壤透气性，以利于土地微生物活动，既可给根系创造良好生长环境条件，又可利用多种微生物降解漂移沉降到土壤中的除草剂；有机肥能加速除草剂降解，要注意增施有机肥，秋季或入冬前667平方米施入有机肥2~3方，施肥方式要沟施与普遍撒施轮换进行；浇水不但可满足金银花生长结花等正常生命活动需要，而且可稀释和淋溶土壤中的除草剂，降低树体上和土壤中的除草剂浓度还有利各种酶类活动加速除草剂的降解，所以入冬前、早春和生长季节要多次浇水。在搞好土肥水管理的同时，还要搞好多种病虫害的防治，及时修剪通过上述措施，保证树体健壮，具有较高的抗逆能力。

（2）在当地农田大量使用除草剂期间，及时采取应对措施。黄河故道地区农田应用除草剂的大致情况是：11月上旬~12月中旬麦田化学除草，年后2月中旬~4月上旬，麦田第二次化学除草；6月上中旬玉米田封闭除草，同时花生、红薯、大豆、蔬菜、果园也大量使用除草剂，6月下旬~7月上旬水稻田进行化学除草。根据农田使用除草的时期，金银花田要采取如下措施：11月上旬以前，全园撒施有机肥并撒施45%的硫酸钾三元复合肥10~15千克，撒后翻耕；12月上旬前后灌足越冬水；然后进行冬季修剪，以减少枝叶对漂移除草剂的吸收和传导；修剪以后树体喷洒0.01%的芸薹素内酯2000倍加多元素螯合叶面肥。在金银花萌芽至新梢迅速生长期（2月中旬~4月中旬）和夏季玉米、水稻化学除草时期（6月上旬~7月上旬），分别浇水3~5次，结合灌水隔次撒施尿素8~10千克；树上喷洒解害药、肥2~4次间隔时间10~15天，组方为：0.18%的复硝酚钠2000倍加20%的海藻精3000倍加多元素螯合叶面肥。

三、金银花病虫害防治原则

以农业防治为基础，农艺措施与化学防治相结合，科学使用无公害农药，严格禁止使用剧毒、高毒、高残留或者具有“三致”（致癌、致畸、致突变）农药，综合运用各种防治措施，减少病虫害所造成的损失。特别注意最后一次施药距采收间隔天数不得少于规定的天数。

金银花病虫害防治，有别于其他农作物，金银花是药食两用，必须坚持以下原则：“预防为主，综合防治”的植保方针，以农业防治为基础，农业措施与化学防治相结合，科学使用高效低毒低残留农药，综合运用各种防治措施，减少病虫害所造成的损失。

（1）严格禁止使用剧毒、高毒、高残留或者具有三致（致癌、致畸、致突变）的农药，药用植物病虫害防治必须保证安全，严防农药残毒。中药材大部分是内服的，严防使用剧毒高残留的农药，以免影响人体健康。金银花花蕾期严禁使用毒性农药，以防中毒和金银花失去价值。中华人民共和国农业部第199号公告规定，在中草药材、果树、蔬菜、茶叶上不得使用和限制使用的农药有：甲胺磷、甲基对硫磷、对硫磷、久效磷、磷胺、甲拌磷、甲基异柳磷、特丁硫磷、甲基硫环磷、治螟磷、内吸磷、克百威、涕灭威、灭线磷、硫环磷、地虫硫磷、蝇毒磷、氯唑磷、苯线磷等19种高毒农药。

（2）部分有机合成化学农药的使用：每种有机合成农药在一种作物的生长期内只允许使用一次。在使用混配有机合成化学农药的各种生物源农药时，混配的化学农药只允许选下面列出的品种。如需使用下面未列出的农药新品种，须报经质量技术监督行政主管部门批准。

敌敌畏，中等毒，允许的最终残留量0.1毫克/千克，最后一次施药距采收间隔时间：10天（蔬菜）；每次常用药用量：80%乳油1500~3000（稀释1000~500倍）；最多使用次数：1次。

乐果，中等毒，允许的最终残留量0.5毫克/千克，最后一次施药距采收间隔时间：15天（蔬菜）；每次常用药用量：40%乳油750~1500；最多使用次数：1次。

敌百虫，低毒，允许的最终残留量0.1毫克/千克，最后一次施药距采收间隔时间：10天（蔬菜）；每次常用药用量：90%固体1500（稀释1000~500倍）；最多使用次数：1次。

杀螟硫磷，中等毒，允许的最终残留量0.2毫克/千克，最后一次施药距采收间隔时间：15天（茶叶）；每次常用药用量：50%乳油3000~4500；最多使用次数：1次。

马拉硫磷，低毒，允许的最终残留量0.1毫克/千克，最后一次施药距采收间隔时间：15天（茶叶）；每次常用药用量：50%乳油2250~4500；最多使用次数：1次。

辛硫磷，低毒，允许的最终残留量0.2毫克/千克，最后一次施药距采收间隔时间：10天（蔬菜）；每次常用药用量：50%乳油3000~4500（稀释1000）；最多使用次数：1次。

抗蚜威，中等毒，允许的最终残留量0.5毫克/千克，最后一次施药距采收间隔时间：10天（叶菜）；每次常用药用量：50%可湿性粉剂150~450；最多使用次数：1次。

氯氧菊酯，中等毒，允许的最终残留量0.5毫克/千克，最后一次施药距采收间隔时间：10天（叶菜）；每次常用药用量：10%乳油150~450；最多使用次数：1次。

溴氰菊酯，中等毒，允许的最终残留量0.2毫克/千克，最后一次施药距采收间隔时间：7天（叶菜）；每次常用药用量：2.5%乳油300~600；最多使用次数：1次。

氰戊菊酯，中等毒，允许的最终残留量0.2毫克/千克，最后一次施药距采收间隔时间：10天（叶菜）；每次常用药用量：20%乳油225~600；最多使用次数：1次。

百菌清，低毒，允许的最终残留量1毫克/千克，最后一次施药距采收间隔时间：30天（叶菜）；每次常用药用量：75%可湿性粉剂1500~3000；最多使用次数：1次。

甲霜灵，低毒，允许的最终残留量0.2毫克/千克，最后一次施药距采收间隔时间：10天（黄瓜）；每次常用药用量：50%可湿性粉剂（甲霜锰锌）1125~1800；最多使用次数：1 次。

多菌灵，低毒，允许的最终残留量 0.2 毫克/千克，最后一次施药距采收间隔时间：10 天（蔬菜）；每次常用药用量：25% 可湿性粉剂（稀释 500 ~ 1000 倍）；最多使用次数：1 次。

甲基托布津，低毒，允许的最终残留量 0.2 毫克/千克，最后一次施药距采收间隔时间：30 天（茶叶）；每次常用药用量：50% 乳剂 1500 ~ 2250，75% 可湿性粉剂 1250 ~ 2250；最多使用次数：1 次。

二甲戊乐灵，低毒，允许的最终残留量 0.2 毫克/千克，最后一次施药距采收间隔时间：叶菜移栽前土壤喷雾，喷后耙匀；每次常用药用量：33% 乳油 1500 ~ 2250；最多使用次数：1 次。

（3）如生产上实属必需，允许生产基地有限度地使用部分有机合成化学农药，并严格按照规定的方法使用。

（4）有机合成农药的最终残留应从严掌握，不得高于国家规定的标准。

（5）最后一次施药距采收间隔天数不得少于规定的天数。

（6）每种有机合成农药在一种作物的生长期内只允许使用一次。

（7）在使用混配有机合成化学农药的各种生物源农药时，混配的化学农药只允许选用指定的品种。

（8）严格控制各种遗传工程微生物制剂的使用。

第五章 金银花的采收、加工和储藏

第一节 金银花的采收

金银花的采摘和干制，关系着产量的高低、质量的好坏，所以应做到采收适时，精采细摘，及时干制，保证质量，以便达到丰产丰收目的。金银花的采收期，一般在5～8月，主要在5～6月。金银花第一茬花蕾采收期，大约经历10天，第二、三、四茬花蕾采收期逐次缩短。由于现蕾期不一致，要分期分批采收。采摘后要立即干制。

一、开花习性和花的发育

（一）开花习性

金银花具有多次抽稍、多次开花的习性。中原地带的开花期，从5月中旬开始到9月底，长达4个月。在不加管理、放任自然生长的情况下，一般第一茬花在5月中、下旬现蕾开放，6月上旬结束，花量大，花期集中。以后只在长壮枝抽生二次枝时形成花蕾，花量小，且花期不整齐。若加强管理，经人工修剪，合理施肥和灌水，则每年可控制其分期，使其较集中地开花3～4次。

（二）花的发育

金银花从孕蕾到开放约需5～8天，大致可分为幼蕾（绿色小花蕾，长约1厘米）→三青（绿色花蕾，长约2.2～3.4厘米）→二白（淡绿白色花蕾，长约3～3.9厘米）→大白（白色花蕾，长3.8～4.6厘米）→银花（刚开放的白色花，长约4.2～4.78厘米）→金花（花瓣变黄色，长约4～4.5厘米）→凋花（棕黄色）等7个阶段，商品中常包括5个不同发育阶段的花。农民根据发育阶段将其分为幼蕾期、三青期、二白期、大白期、银花期及金花期等不同时期。

二、采收时间的确定

经验认为，采收二白期和大白期花蕾入药质量最好。绿原酸含量依次为三青>二白>大白>枝端叶>金花>银花。张燕等测定不同花发育阶段（米花期、青花期、二白期、大白期、银花期和金花期）花的生长，结果表明米花（幼蕾）的长度、单花鲜质量都最小，青花（三青）和二白期上部膨大成棒状，长宽较米花有了一定增加，大白期的单花质量达到最大0.14克。而对于绿原酸和木犀草苷2种有效成分，米花质量分数最小，二白期的绿原酸达到最高，大白期的木犀草苷量达到最高，2种有效成分在银花期和金花期又开始下降。因此，综合考虑金银花在发育几个阶段的产量和质量，二白至大白期采摘最适宜。采摘时间性很强，采摘是否适时，同花蕾产量、花蕾的药用化学成分含量、经济价值、经济效益都有密切的关系，即便是相差半天，甚至2小时也是这样。为此，采摘金银花蕾一定要掌握好时机。

采摘标准：实践经验证明，并经赵忠勤等科技工作者研究确认，最适宜的采摘标准是："花蕾由绿色变白，上白下绿，上部膨胀，尚未开放。"这时的花蕾，按花期划分，这是着生在开头花（开放的花蕾称开头花）以上的第二棚花蕾。

根据五指岭金银花产区的经验和近年来的试验证明，黎明至上午9点以前，采摘花蕾最为适时，干燥后呈青绿色或绿白色，色泽鲜艳，干制率高，平均2.1千克鲜品出干品0.5千克。10点以后采摘的花蕾，由于当天水分散失量小，不能及时干燥，干后大多呈淡黄色，干制率下降；12点钟以后和下午采摘的花蕾，则色泽更差，干制率继续下降，影响金银花的产量和质量。

采摘方法：采摘金银花使用的盛具必须透气，一般使用竹篮竹筐，不用不透气的布包或塑料袋等，以防花蕾身湿或发热发霉变黑等。采摘的花蕾均轻轻放入盛具内，不加压力，以防相互挤压摩擦。擦伤则细胞破坏，组织液中的单宁氧化变黑，影响干品质量。

采摘金银花时间关系到其产量和质量，适时采摘的金银花，大约每4千克鲜花，就可以干燥成1千克干花；若稍有开放的花，要4.25千克鲜花，才能干燥成1千克干花；若全开放的花，要7千克鲜花，才能干燥成1千克干花。如果早晨9点钟以前采的花，干燥后色泽最白；到10点钟以后采的，由于当天不能干燥，大多呈淡黄色。因此，采花以选择晴天，清晨露水刚干时为适宜。但采摘时注意保护植株，只采花蕾，不能连花带枝、叶一齐采下，以免影响植株发育。

三、不同物候期金银花产量与质量

徐迎春等对河南封丘潘店乡屯里村人工栽培的7年忍冬进行了观察，忍冬第一茬花的产量最高，约占全年产量的56.98%，以后各茬花的产量逐渐降低，第二茬花产量占总产量的28.14%，为一茬花产量的49.39%，三、四茬花产量显著降低，仅分别为总产量的8.39%和6.48%。不同物候期花蕾的质量也存在显著差异，以千蕾重计，第一茬花的千蕾重最高，第二和第三茬花差别不明显，第四茬花最低。绿原酸含量也基本符合这一规律，但第四茬花的绿原酸并不是一年内最低的，比第二、三茬花还要高。花蕾的含糖量以第二茬花最高，第一茬花次之，第三茬以后显著降低，第四茬最低。

表 5-1 不同物候期金银花产量与质量

	一茬花	二茬花	三茬花	四茬花
单株产量（g）	454.41	224.43	66.94	51.64
占总产量（%）	56.98	28.14	8.39	6.48
千蕾重（g）	20.15	14.92	15.15	16.58
绿原酸（%）	7.57	5.09	4.83	5.73

四、不同物候期忍冬植株的花芽及枝叶

一般以新生枝开始萌发作为忍冬花芽分化起始时间。通过观察封丘的忍冬新枝萌发至花蕾采收经历的时间，推算各茬花芽分化的历时分别为：2 月 14 日至 5 月 8 日，5 月 10 日至 6 月 17 日，6 月 18 日至 7 月 24 日，7 月 23 日至 8 月 28 甘。第一茬花花芽分化历时明显较后几茬花时间长，为 84 天，其后几茬花分化的时间只有 37 ~ 39 天。

表 5-2 不同物候期忍冬花芽及枝叶

	一茬花	二茬花	三茬花	四茬花
花芽分化历时（天）	84	39	37	37
花枝级次	一级	二级	三级	四级
长枝比例（%）	45	11	6	8
中枝比例（%）	16	26	20	23
短枝比例（%）	25	28	32	37
顶花短枝比例（%）	14	35	42	32
叶面积（厘米^2）	12.75	10.77	7.50	5.68
叶绿素（mg/g）	2.73	2.33	1.92	1.72
绿原酸（%）	4.57	2.69	3.98	5.71

注：长枝 >80 厘米；中枝 40 ~ 80 厘米；短枝 <40 厘米；顶花短枝为顶端着生一簇花，花枝不伸长。

金银花产量由花蕾数量和重量两方面组成。忍冬只在当季抽生的新技上成花，从观察不同物候期着生花蕾的花枝发现，第一茬花枝属于一级分枝，以长、中枝的比例大，有花的节位较多（长枝 >10 节；中枝 6 ~ 9 节），因此花蕾的数量高于后几茬花。其后三茬花枝以短枝、顶花短枝为主，有花的节位少（短枝 3 ~ 5 节；顶花短枝 2 ~ 4 节），花蕾数量低。花蕾的干重则来源于叶片供应的同化物，因此叶片的光合同化功能影响花蕾干重的积累。从不同物候期叶片的发育状况发现，第一茬花枝上的叶片存活时间较长，且较后几茬叶的叶面积大，叶绿素含量高；其后的几茬花枝均为次一级分枝，叶片存活时间较短，叶面积小，叶绿素含量低（如上表）。这些因素决定了供应第一茬花发育所需同化物的“库与源”（第一茬叶）强度较大，因此第一茬花的千蕾重较后几茬花大。

叶片的绿原酸含量在第四茬时最高，第二茬叶最低，第一茬和第三茬居中，说明秋季叶片积累绿原酸明显高于夏季。开发利用金银花叶片中的绿原酸，可考虑采收秋后的叶片或者第一茬花后修剪下的枝条叶片。

五、忍冬各物候期的气候因子

日平均温度达到4℃以上开始萌芽，此后随温度回升，光合有效辐射（PAR）及日照时数的增加，新梢进入旺长和花芽分化。进入5月中旬，日均温达22.98℃、PAR 5.97umolE/m^2/s、日照时数6.94小时时进入第一茬花期。此后经历近4个月的花期至9月中旬以后，由于气温降低，不再抽生新梢及形成花芽。12月初随着气温降至0℃以下，开始进入越冬期，直至次年2月中旬重新萌发新枝，进入下一个生长季。

第一茬花发育期间，气温逐渐同升，但日均温不超过20℃，较适宜新梢的生长和花芽分化；此时降水量很小，气候较干燥，而日照时数逐渐增加，有利于金银花的绿原酸积累。第二、三茬花发育期处于夏季高温多雨季节，不利于枝叶组织充实和花芽分化；而且降水量大，也不利于绿原酸的积累。第四茬花发育期处于秋季，气温回落，降水减少，有利于枝叶生长、花芽发育，也利于绿原酸的积累，因此，第四茬花的绿原酸含量较二、三茬花高。

河南省封丘县潘店金银花萌芽时间为2月14日前后；各茬花采收期：一茬为5月13日~5月29日，二茬花为6月19日~7月3日，三茬为7月25日~8月8日，四茬为8月29日~9月12日。

六、一种金银花采摘器

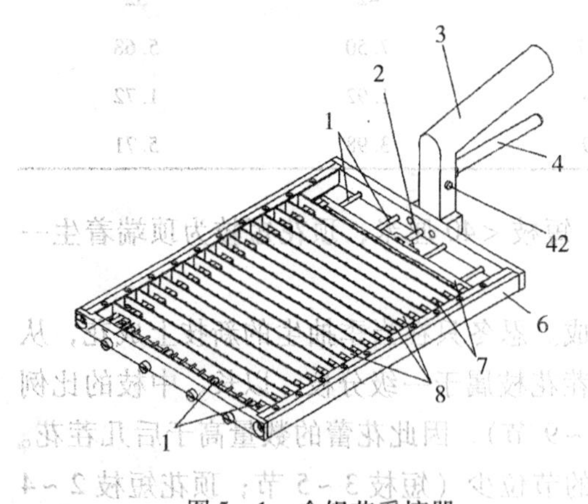

图5－1 金银花采摘器

由张祥汉发明的金银花采摘器，结构中包括一方形或长方形的框架，其特征在于：框架内设置相对框架固定的静夹板，与静夹板平行设置可相对静夹板移动的动夹板，框架上设置固定柄和活动柄，二者通过铰轴铰接，活动柄的结构为中位支撑的杠杆结构，其一端为作为杠杆驱动力臂的手柄，另一端为可驱动静夹板与动夹板并紧或远离的作为杠杆阻力臂的拨杆，铰轴为杠杆支点，动、静夹板设计为多排，本实用新型小巧轻便，可对金银花、枸杞果实进行快速采摘，通过多个动、静夹板的设置，可同时实现批量花朵或果实同时采摘，避免手工单个采摘的弊端，提高工作效率，减轻劳动强度。

图5－1中：1导向柱，2、拉杆，21、滑块，3、固定柄，4、活动柄，6、框架，7、动夹板边框，8、静夹板，42、铰轴还有学者研究出了金银花筛选机，利用筛筒与

分离器相互反向旋转，对带枝叶的金银花产生力，将花叶从枝上分离开；再利用风力将花叶分开达到选花的目的。

第二节 金银花的加工

一、日晒干燥法

（一）场地晾晒法

将采摘的鲜花撒在干净的场地上，越薄越好，不须翻动，一天就能晒干。厚度以不露出地面为宜。可以根据太阳光强弱情况灵活掌握。若太阳光强时，可以厚些。太薄了虽然干燥快，但质量不佳，俗称“煳头”或“油条货”；若阳光弱，撒得厚，则易变黑。但要注意：①花未晒至八、九成干时，切忌翻动，否则会变黑；②翻动时，切忌直接用手翻动（应用其他器具），否则花沾汗手后亦会变黑。如当天未晒干或突然下雨，可移入室内摊晾，天晴又继续晒。

（二）筐晒法

做长2米，宽1米，四周高6～10厘米木架，底部用带托叶鞘的高梁秸或芦苇席（反过来使用）钉好，做成晒盘，将鲜花均匀地撒入筐内约1厘米厚，晒时切忌用手翻动，否则颜色变黑影响质量，翻动时可用干净的高粱秸或木棒，每天3～5次，当天晒不干时可堆起来，最上层用芦席盖上，第二天再晒，直至晒干。

晒制成的干品，以呈现为绿白色质量最佳，色黄者次之，发黑者为劣。干品含水率为5%左右，此时的干品，用手抓起握之有声，一搓即碎，一折即断，这时寸装入塑料袋或其他盛具内贮藏。

此外还有直接阴干的方法干燥金银花，即将金银花鲜品置通风处薄摊晾干。

二、烘干法

晾花和晒花由于不适合大量加工，且质量差、不稳定，所以逐渐被淘汰，生产上主要应用加工方法是烘干法。

烘干法是采回的花蕾放在烘干房内利用加温通风设备人为控制温度，使之干燥的方法，此法不受天气影响，干燥花蕾质量好，目前有热风循环法、小土炕烘干法和明火烘干法等。

（一）明火烘干法

明火烘干法操作简单、干花质量好。缺点是对金银花有二次污染。

1. 烘房、烘架的建造

首先要根据种植面积大小确定烘房规模，一般每亩金银花约需烘房4～5平方米，以每2亩金银花为例建造烘房：烘房长4～5米，宽2～3米，高2～2.5米，烘房为平房，设为一门一窗，顶部设2个排气孔，烘干架顺房的长边一侧或两侧建造，宽0.8米，高2.5米，1米高处为最低层，向上每隔15厘米为一层，共6～10层。房的内部要求光洁。

2. 温度控制

河南省封丘县的花农和技术人员共同创造了四段烘干法。即开始烘干时温度控制在30℃左右，两个小时后，将温度提高到40℃左右，再经5～10小时，温度提高到45～50℃，维持10小时，最后温度提升到55～58℃，最高不得超过60℃，烘干总时间为24小时，温度过高，烘干过急，花蕾发黑，质量下降；温度太低，烘干时间过长，则花色不鲜，呈黄白色，也影响质量。

3. 操作方法

烘干时先将采回的花蕾撒在竹、苇等材料制成的方形浅筐内，置最下层，2～4小时向上移动一次，移至上层后要注意检查是否干燥，达到干燥标准后及时收下贮藏。

干燥的标准：捏之有声，碾之即碎。

（二）金银花快速烘干炮制技术研究

金银花每年春秋两季采摘4～5茬鲜花，现国内外大多沿用传统的晾晒方法干燥，由于花期阴雨天多，鲜花含水量约在70～80%，晾晒时间长，易受天气影响，致使干花产率低，质量差。现介绍一种快速烘干保质方法，能适用于金银花快速烘干过程中的温度、湿度、时间等参数值范围，科学指导、控制整个金银花烘烤过程。其工艺步骤如下：

1. 烘房结构和设施

（1）炕房结构　炕房为平顶小房，内长和高均为2.3米，宽1.5米，随地形建造，以保温、抗风、防雨为原则。墙的一侧留装有玻璃的观察窗1个，内挂干湿球温度计1支。排气窗设在后山墙上部，炕门设在前墙的一侧，宽0.7米，高1.7米，外吊内衬塑料布的草帘。

（2）升温设施　在烘房内近门一侧的墙角，设蜂窝煤球炉1台，明火加温。炉高40厘米，在炉面以上10～15厘米处，设一边厚5厘米，中央稍厚的泥火盖。

（3）通风排湿设施　以炕门草帘卷起代替进气口（炕房宽0.7米，卷起8厘米的进气面积即能满足需要），同时在后窗设一个排气窗（高0.4米、宽0.3～0.35米）。

（4）花架　长1.6米、宽1.3米，前后和两侧分别离墙50、20、10厘米，共设6层。第一层离地面50厘米，层间距30厘米。花架上放活动式盛具。一次投放鲜花30～35千克。炕房和花架的结构，均可根据实际情况和需要而灵活设计。

2. 烘干方法

（1）装花前准备 在烘房装花前先检查其供热、通风、排湿、装花、测控等各部位是否符合技术要求，然后加热50~60℃，使烘房干燥，并检验烘房的功能。

（2）装花 先将手摘的鲜花轻手均匀地撒于花筐内或花架上3~4厘米，注意不要翻动或淋水，以防变色降低干花质量。花筐、花架要透气，易取放，不漏花，坚固。装花时要注意先上后下，先里后外，留出间隙，以利透热排湿，并将含水量大、露水多的鲜花放于烘房底层，以利烘烤均匀。

（3）烘烤 装花前关闭所有通风、排湿设施，点火1~1.5小时，迅速升温至干球温度42~45℃，尽快抑制或杀灭金银花自身的氧化酶，以减少有效成分的丢失和绿原酸的氧化分解代谢。待鲜花开始软化，出汗脱水，干表温度与湿表温度相差1~2℃，房内充满水蒸气时，室内干球温度保持在47~50℃。如温度保持不够，将通风口一部分关闭（每次4~5分钟左右），干表温度与湿表温度相差5~6℃时再打开。2~3小时后鲜花水分大部分蒸发，干表温度与湿表温度相差14~16℃时，升温至55℃时逐渐关闭通风排湿设施，保持温度1~2小时，在干表温度与湿表温度相差16~18℃时停火。

（4）闷芯 火炉停火后，关闭全部通风、排湿及能散热的所有设施1~1.5小时，使金银花花芯中水分闷出，以利久置而不变质。

（5）出药 经过1~5小时的闷芯，花芯中水分已基本排出，到干表温度下降至48~50℃时，打开全部通风、排湿系统迅速排湿、降温，到干表温度38~40℃，打开房门即可出花。

为防止金银花烤糊或色泽过深，或烘烤不透，有效成分降低，要随时观察，严把温度、干湿度差和时间，以及通风、排湿量，并根据情况及时调换鲜花部位，在烘烤过程中的技术要领是“三看三定”和“三严三活”，所谓“三看三定”，就是看金银花的变化，定温度、湿度和时间；看湿度高低，定火力大小；看温度和干湿度差，定通风、排湿量。所谓“三严三活”，就是掌握金银花变化程度要严，时间长短灵活；掌握升温速度要严，火力大小要灵活；控制温度和干湿度差要严，通风排湿的程度要灵活。

快速烘干保质法与普通烘干法及晾晒法相比，干花产率比普通烘干法高0.8%，比晾晒法高1.9%，干花优质率比普通烘干法高33%，比晾晒法高52%；挥发油含量比普通烘干法高0.05%，比晾晒法高0.01%；绿原酸含量比普通烘干法高0.26%，比晾晒法高0.28%。烘干保质法烘出的干花质量好，收率高，外观色泽纯正，手感好且干燥时间缩短10~18小时，每千克干花消耗燃料降低0.45千克和0.66千克。

注意：无论晒花还是烤花，在花蕾干燥前均不能用手触摸或翻动，否则花蕾变黑，降低品质，影响销售。

（三）高温速干加工法

多年来，金银花采摘后，自然晾晒干燥成中药材，在自然晾晒过程中遇到阴雨天易造成霉变，质量低。2000年后，出现了参照香菇烘干技术修建土炕房烘烤金银花茶，烘烤过程最高温度60℃，时间长达20个小时，因时间长，温度低，在干燥过程中金银花有效成份绿原酸有一定损失，影响药材质量。由于低温干燥含水量比较高一般在10～12%之间。储存时易霉变和虫蛀。

目前市场上出现的金银花茶大多都采用低温干燥技术，封装后易霉变和虫蛀。特别是低温干燥的花蕾为生花，作茶饮用后有一定的副作用，出现腹胀、腹泻。

为了提高金银花茶的质量，避免有效成分绿原酸的损失，提高金银花茶的储存时间，袁智国提出金银花茶的高温速干加工方法。

1. 金银花茶的高温速干加工方法，具体步骤如下：

（1）以金银花花蕾为原料，采摘后在室内摊晾3～4小时，进入杀青锅杀青，温度设定为160～250℃，旋转杀青时间为1分钟～2分钟，每小时杀青量为80～120千克。

（2）杀青后的金银花花蕾出锅后，自然冷却降至常温。

（3）干燥：把金银花花蕾放入干燥箱进行干燥，温度控制在80～120℃，时间为8～12分钟。

（4）干燥后的金银花花蕾从干燥箱拿出后，自然冷却至常温，即成金银花茶。

（5）进入三十万级洁净区中，真空包装。

2. 根据权利要求1所述的金银花茶的高温速干加工方法，其特征在于：所述金银花花蕾是金银花二白期花蕾。

3. 本发明具有以下优点

（1）采用高温速干加工方法，从鲜花蕾加工成金银花茶，时间短，加工成本比低温干燥降低成本三分之二。

（2）金银花茶的绿原酸含量4.1～4.2%之间，高出国家药典标准二倍以上。

（3）金银花茶的含水量检测为2～2.5%，手搓成粉，室内常温储存试验三年不霉变，不虫蛀。

（4）高温加工过程中有效的破坏了生物酶，排除叶绿素，金银花茶饮用过程中长达8小时不变色，不伤胃，不腹泻。

（5）加工后色泽青绿微黄，保持了原鲜花的本色，闻知气味清香。

（四）机械化连续烘干方法

庞有伦等采用机械化连续生产，通过蒸汽连续杀青，迅速杀灭金银花的氧化酶，防止褐变，阻止其有效成分绿原酸的氧化分解，并迅速强制风冷冷却，固化外标杀青效果、带走表面水，经杀青和冷却后的金银花进入网带烘干机连续烘干，以保持金银花的花形、色泽与药效的机械烘干方法。其烘干方法步骤如下：

1. 杀青　采摘的金银花鲜花放入连续杀青与冷却机蒸汽杀青段的输送网带上，蒸汽杀青段输送网带的上下方分布两排有数千个细小出孔的蒸汽管道，输送网带以0.01～0.12米/秒的速度带动金银花移动，由蒸汽管道排出的蒸汽从上下两个方向直接熏蒸金银花，从而完成杀青，蒸汽温度70～100℃、压力0.02～0.04Mpa、流量150～300千克/小时。

2. 冷却 杀青后的金银花进入连续杀青与冷却机的强制冷却段，金银花在网带上由网带下方冷风出口吹出的冷风强制冷却，冷风由风机产生，风压0.002～0.004MPa、风量1100～3000立方米/小时。

3. 烘干 经杀青和冷却后的金银花进入网带烘干机的输送网带上，输送网带以0.01～0.12米/秒的速度带动金银花在烘干机内移动，由网带烘干机底部吹入的热风穿过金银花进行烘干，热风由热风炉和引风机产生，热风温度70～130℃、压力0.01～0.04MPa、流量5200～12800立方米/小时。

4. 收集 烘干后的金银花由皮带平输机输送收集，供后续分级和包装工序处理。

采用经输送网带上下连续熏蒸的杀青方式，迅速杀灭金银花的氧化酶，有效阻止金银花的褐变，阻止绿原酸的分解，有效保持金银花的花形、色泽与药效（绿原酸含量）；采用经输送网带下方吹入冷风的强制冷却方式，固化杀青效果，带走杀青后附着在金银花上的表面水；采用由网带烘干机底部吹入热风连续烘干的干燥方式，保证金银花品质的一致性。

三、其他加工方法

（一）炒鲜处理后干燥

将采回的鲜品，即时进行固定，即把鲜品适量放入干净的热烫锅内，随即均匀地轻翻轻炒，至鲜花均匀的萎蔫状，取出晒干、烘干或置于通风处阴干。炒时必须严格控制火候，勿使焦碎。

（二）蒸汽处理后干燥

将鲜花疏松地放入蒸笼内，或摊于竹箦上，分层放入木甑中，于沸水锅中，以蒸盖上汽时计算时间，视其容器大小，蒸3～5分钟，取出晒干或烘干。用蒸汽法时间不宜过长，切忌久蒸，以防鲜花熟烂，改变性味。此法增加了花中水分含量，要及时晒干或烘干，若是阴干，成品质量较差。如果采回的鲜花蕾中，夹有少许绿色者，可将其疏松摊于通风处，放置一时，使其中绿色花蕾经短期后熟再蒸，成品颜色可不受影响。

（三）真空远红外辐射干燥法

真空远红外辐射干燥由于是在低压及无氧的情况下进行非接触低温加热，能够缩短干燥时间，较好地保持物料的性状和减少物料中热敏和易氧化成分的变性。

四、各加工方法与其成品性状比较

直接晒干：①颜色：即时暴晒至干，为黄色绿色相间，但颜色不太稳定，经存放者变为灰褐色，若于干燥中反复受潮者，为棕黑色。②香气：具较浓的金银花特殊清香。③味（嘴嚼感）：味浅，久嚼微苦。④质地：花蕾（朵）饱满，具明显生化感。

直接阴晾干：①颜色：于通风的室内薄摊阴干者，为黄色，绿色相间，其余同晒干者。②香气：具较浓的金银花特殊清香。③味（嘴嚼感）：味浅，久嚼微苦。④质地：花蕾（朵）饱满，具明显生化感。

直接烘干：①颜色：黑色棕色相间，成品颜色稳定。②香气：具金银花清香气。③味（嘴嚼感）：味淡久嚼微苦，略回甜。④质地：花蕾（朵）不太饱满，具熟花感略带油润性。

炒后晒干：①颜色：黄色棕色相间，成品颜色稳定。②香气：具金银花清香气。③味（嘴嚼感）：味淡久嚼微苦，略回甜。④质地：花蕾（朵）不太饱满，具熟花感略带油润性。

蒸后晒干：①颜色：淡棕色，成品颜色均匀，一致，稳定。②香气：具金银花清香气。③味（嘴嚼感）：味淡久嚼微苦，略回甜。④质地：花蕾（朵）均匀地纤细，具明显的熟花感，油润性突出。

利用上述感观性状，可初步辨别其属何种加工方法的成品。有学者对金银花四种传统的加工炮制方法进行比较试验，以确定药材生产中对鲜金银花较好的加工炮制方法。取加工（晒干、阴干、蒸晒、硫熏）后花蕾的样品，于60℃烘至恒重，称取1克，置于浸提瓶中，加95%的乙醇25毫升，在80℃的水浴上提取1小时，倾出提取液，再加95%的乙醇25毫升，重复提取。合并两次提取液，稀释至一定浓度，待测定绿原酸含量用。用绿原酸标准品配制成不同浓度的溶液，用紫外/可见分光光度计上测出光密度，测定波长为330纳米。根据不同浓度所测定的光密度E在直角坐标纸上绘制关于绿原酸浓度（毫克/100毫升）和光密度E的标准曲线。试验测定数据为：阴干法、硫熏法、蒸晒法、晒干法绿原酸含量均值分别为5.64%、4.40%、3.93%、3.47%。结果表明对鲜金银花采用不同的加工方法，花内绿原酸含量有极显著差异；对鲜金银花用阴干的方法加工，花内绿原酸含量最高，和其它三种方法比较都有极显著的差异，硫磺法次之（经硫黄熏蒸后的药材会残留少量的二氧化硫和亚硫酸盐类物质。参照世界卫生组织（WHO）、国际法典委员会（CAC）、联合国粮食及农业组织（FAO）等国际组织的相关规定，并根据中国食品药品检定研究院等单位的长期研究及监测数据，新标准规定金银花及其饮片的二氧化硫残留量不得超过150毫克/千克，少量的二氧化硫进入机体不致造成伤害），晒干法绿原酸含量最低，故提倡在药材生产中，对鲜金银花加工应该用阴干法，而尽量不要采用晒干法。

第三节 金银花的炮制与储藏

一、金银花的炮制

金银花在临床应用中有生用、炒用、炭用三种不同的炮制品，性味和功效有差别，在应用上也各有擅长。现介绍如下：

（一）生药

把鲜品金银花经过日晒、阴干或烘烤等方法制成干品，也指鲜品金银花。因其味甘微苦，性寒，善清解上焦和肌表之毒邪，常用于温热病初期，治疗痈疽疔毒、红肿疼痛。

1. 温病初起 常与连翘、薄荷、淡豆豉等同用，具有清热解毒，疏风解表作用，可用于温病初起，发热微恶风寒，口微渴，如银翘散。

2. 痈疽疔毒 常与蒲公英、紫花地丁、野菊花等同用，能增强清热解毒作用，可用于痈疽疔毒，红肿疼痛，如五味小毒饮。

（二）炒药

把金银花置于锅内，用文火将花炒至深黄色为度。因其味甘微苦，性寒偏平，具清热解毒之功，善走中焦和气分，多用于温病中期或邪热内盛而出现发热、烦躁口渴等。

温病中期：常与黄芩、栀子、石膏、竹茹、芦根等同用，具有清热解毒，透邪外出，和胃止呕作用，可用于邪热壅阻，胃气不和，发热烦躁，胸膈痞闷，口渴干呕，舌红苔燥，脉象滑数。

（三）炭药

用武火清炒（但火力不宜过大），将金银花炒至焦黄色或焦黑，喷水少许，熄灭火星，盛出凉透，贮存备用。因其味甘微苦涩，性微寒，重在清下焦及血分之热毒，主要用于赤痢。

1. 赤痢 常与黄连、赤芍、木香、马齿苋等同用，具有清热理肠，化滞和血作用，可用于湿热中阻，损伤肠络脂膜，下痢脓血，血多于脓，腹痛，里急后重。

2. 疫痢 常与生地黄、赤芍、丹皮、黄连、黄柏、白头翁等同用，具有清热解毒、凉血止痢作用，可用于疫毒侵袭肠胃，与气血搏结，痢下鲜紫脓血，壮热口渴，烦躁不安，甚至神昏谵语。

（四）此外还有煅法

原药置瓦上，用火煅透。此种方法很少使用。

用生药写银花、金银花、二宝花、双花、二花、忍冬花、河南花、山东花；用炒药写炒银花、炒双花、炒忍冬花；用炭药写银花炭、二花炭等。

用量：生药 10～30 克；炒药 10～20 克；炭药 10～15 克。

二、金银花的分级储藏

金银花贮藏的关键是必须充分干燥，密封保存。金银花药材易吸湿受潮，特别是在夏秋两季，空气中相对湿度比较大，此时金银花含水量达到 10% 以上时，就会出现霉变和虫蛀。适宜的含水量为5%左右，因此，金银花在贮藏前必须充分干燥，然后经过风选，去花叶杂质，按等级标准分级，密封保存。较大量药材的保管储藏，应先装入塑料袋内，再放入密封的纸箱中，少量贮存可趁热置于缸坛中密封。产区群众常把晒干后的药材装入塑料带，把缸晒热，将袋装入缸内，埋在干燥的麦糠中，可贮存一年不受虫蛀，并能基本保持原品色泽。薛志平等采用HPLC测定金银花中绿原酸的含量，以初均速法得到其活化能Ea和分解速率常数K，预测有效期。结果显示：金银花在25℃下有效期为1.29年。

国家医药管理局发的国药联材第72号文件《附件》规定了76种药材商品规格标准，其中把金银花分为4个等级。具体标准为：

一等干货：花蕾呈棒状、肥状、上粗下细，略弯曲。表面黄、白、青色。气清香，味甘微苦。开放花朵不超过5%。无嫩蕾、黑头、枝叶、杂质、虫蛀、霉变。

二等干货：花蕾呈棒状、花蕾较瘦，上粗下细，略弯曲。表面黄、白、青色。气清香，味甘微苦。开放花朵不超过15%。黑头不超过3%、无枝叶、杂质、虫蛀、霉变。

三等干货：花蕾呈棒状、上粗下细，略弯曲。花蕾瘦小，表面黄、白、青色。气清香，味甘微苦。开放花朵不超过25%。黑头不超过5%、枝叶不超过1%、无杂质、虫蛀、霉变。

四等干货：花蕾或开放的花朵兼有。色泽不分，枝叶不超过30%，无杂质、虫蛀、霉变。

第四节　金银花贮藏中的主要害虫

在贮藏过程中，引起金银花虫蛀的害虫主要有两类，一类是甲虫类的烟叶甲、药材甲和锯谷盗，这些虫形体小，喜阴湿环境，一般在药材内部危害，危害较轻。另一类是螟蛾类害虫，它能引起金银花有明显的虫蛀孔洞，造成花蕾中空、破碎、丧失香气，危害比较严重。

一、药谷盗（药材甲）（Stegobium paniceum Linnaeus）

（一）形态特征

成虫：体长2~3毫米，长椭圆形，黄褐色至栗色，密被灰黄色细毛，头隐于前胸下，触角腮叶状，前胸背板近三角形，隆起似帽状。鞘翅上有明显的纵行刻点。

幼虫：与烟草虫甲相似，不同处是全体被有稀而短的白色细毛，腹部背面有排列的小短刺。前胸无硬皮板。

（二）生活习惯

一年发生2~4代，通常以幼虫越冬。成虫通常产卵于中药材表面凹褶的部分或碎屑中。成虫善飞，有假死性，喜黑暗，耐干力强，常将中药材蛀成孔穴。幼虫蛀入中药材内部，形成很深的孔道，并在其中化蛹。幼虫能在碎屑和粉末中结成小团危害。药谷盗的繁殖最适温度24℃～30℃。

（三）防治方法

1. 密封、防潮、降氧 药材自身、微生物及有害虫体都消耗氧气，在密封的环境条件下，氧气消耗后不能被补充，缺氧则呼吸作用停止，故能防虫灭虫。一般氧气浓度在8%以下，就能防虫。密封同时能阻挡外界湿气进入，并有降湿作用，保持药材干燥。药材干燥对防霉变和虫蛀都有作用。

2. 日光暴晒，高温杀虫 在夏季选择晴天，将药材摊在干燥的水泥场地上，厚度为3厘米左右，在烈日下暴晒。暴晒时勤加翻动，幼虫可部分被杀死；没死的幼虫隐伏在药材下部的碎屑和粪便中，在下午3时前，可将上层药材收起，清除下部碎屑、粪便、幼虫尸体。连续暴晒2次，可基本控制其危害。

3. 自然冷冻，低温杀虫 如粉斑螟的各个虫期，处在0℃以下低温，历经7天，便自然死亡。故天气寒冷地区，都可利用冬季低温杀虫。其做法是：根据天气预报，选择低温连续时机，于下午4～5时，将带虫药材置于室外干场地，或在严冬的晴天，将贮药仓房门窗全部打开，连续冷冻1周以上，即可达到杀虫目的。

4. 药剂熏蒸 通常使用磷化铝熏蒸，注意避免用氯化苦熏蒸，因氯化苦熏蒸后花蕾易变色发黑。磷化铝有片剂和粉剂两种，片剂每片重3克，主要成分为磷化铝和氨基甲酸铵，可放出1克磷化氢有毒气体。磷化铝有较强的扩散性和渗透性，散气快，有强烈的杀虫作用，是当前主要的化学防治药剂。

（1）*使用方法* 可用塑料帐幕密封药材垛，或将仓库房密封熏蒸。根据药材垛体积或库房容积，设多点投药，药片放在盘皿中，把药材摊开。帐幕熏蒸每立方米体积用药5～7克，仓库熏蒸每立方米容积用药2～3克。当温度在12～15℃时，须密闭5天；16～20℃时，须密闭4天；20℃以上，须密闭3天（不能少于3天）。熏后排毒，先打开下通风口，再打开上通风口，排气通风不少于3天，使用后的磷化铝残渣，应拿到空旷处深埋。

（2）*注意事项* 贮藏磷化铝应防潮，并远离火源及易燃品，操作人员应具有防毒设备。施药要先上后下，先里后外。开筒取药时，不要正对面部。每立方米空气中磷化铝超过26克，温度在25℃时，能自然爆炸，故在常温下每个投放点，不应超过30片。

5. 无虫药材要严加隔离，杜绝传播途径 金银花贮藏的关键是必须充分干燥，花蕾含水量应保持在5%左右，并防止受潮。另外，发生虫害的药材和未发生虫害的药材要分库贮藏，分别放置，严加隔离，杜绝传播。

二、粉斑螟（Epheseia cautdlla Walker）

（一）形态特征

粉斑螟属鳞翅目卷螟科粉斑螟属昆虫。成虫体长6~7毫米，翅展14~16毫米。前翅长三角形、灰黑色，翅面近至翅基部约1/3处，有1条不甚明显的淡色纹横断前翅，纹线至翅后的外缘色泽较重，后翅灰白色。幼虫老熟时，虫体长12~14毫米，头赤褐色，单眼每侧6个，前胸盾板及腹末臀板为褐色至淡黑褐色，其他部分均为乳白色或粉红色。

（二）生活习性

1年发生4代，以幼虫越冬，翌年春暖化蛹，5月中旬前后成虫出现，产卵于药材包装品上。以后成虫相继于6月中、下旬，8月中旬和10月中、下旬出现，幼虫危害期为每年5~10月。幼虫先蛀食花蕾内部花丝、雌蕊，将花蕾蛀食成孔洞，严重时将内部蛀空，甚至全部吃光。幼虫有吐丝结网的习性，将药材缠绕固结成团，隐伏其中危害，成熟幼虫在墙壁角落、梁柱缝隙处或包装品边缘吐丝，做成松软的丝茧，越冬幼虫吐丝结茧，喜成行排列。成虫寿命8~14天，在温度25℃时，从卵到成虫需41~45天。幼虫惧怕高温，在夏季烈日下可被晒死；不耐严寒，在冬季0℃温度下，各虫期经1周则死亡。

（三）防治方法

同药材甲。

三、锯谷盗

（一）形态特征

成虫：体长2.5~3.5毫米，扁长形，深褐色，无光泽。触角棍棒状，11节，前胸背板纵长方形，两侧各有锯齿状突起6个。背面有明显的纵隆基3条，两侧的两条呈弧形。翅鞘被有金黄色细毛，各有纵点刻有约10条和纵细脊纹4条。雄虫后足腿节近端部内侧有一尖齿。

幼虫：成虫后体长约4毫米，长扁形，头淡褐色，胴部灰白色，胸部背面具节，有2个近长方形暗褐色至黑褐色斑，其余各节背面中央横列一半圆形至椭圆形黄褐色斑，无臀叉。

（二）生活习性

一年发生2~5代，多以成虫在中药材的碎屑或细小的中药材中和仓外砖石、杂物下潜伏越冬，少数在仓内各种缝隙中越冬，第 2 年春暖时在仓内繁殖危害。成虫产卵于药材碎屑中，每雌虫产卵 35 ~ 100 粒，多的可达 265 粒。成虫抗寒性强，能飞，但不常飞翔，爬行迅速。成、幼虫食性杂，喜在碎屑、粉屑或其他仓虫危害后的中药材中危害。幼虫行动活泼，有假死性，老熟幼虫在碎屑中化蛹。温度在 25℃ ~ 27℃ 时完成一代需时 25 ~ 30 天，在 27℃ ~ 28℃ 时仅需 22 天。

（三）防治方法

1. 密封、防潮、降氧 同粉斑螟。

2. 日光曝晒，高温杀虫 同粉斑螟。

3. 药剂熏蒸 同粉斑螟。

4. 越冬成虫防治 根据成虫越冬时多数爬至仓外附近的墙缝中、砖石下、树皮缝内、杂物下越冬，翌春再返回仓内的习性，在初冬及早春及时在仓房周围喷药打蛀虫线，以阻隔和杀死越冬成虫。

四、烟草甲（Lasioderma serriorne Fabricius）

（一）形态特征

成虫：体长 2.5 ~ 3 毫米，棕黄色至赤褐色，密生白色细毛，头隐于前胸背板下方，背面看不清头部。触角 11 节，锯齿状。从背面看，前胸背板近半圆形。

幼虫：体长约 4 毫米，淡黄白色，蛴螬形，密生金黄色细毛，前胸硬皮板褐色，胸部多皱纹，末节向腹部弯曲。

（二）生活习性

一般一年发生 6 ~ 8 代，以幼虫在中药材内部蛀成虫室越冬，成虫产卵于中药材的皱缝或凹陷处，成虫善飞，有假死性，白天多潜伏不动，在黄昏或高温潮湿时飞翔。幼虫也喜黑暗，耐饥力强，在中药材内部取食或在外部啮食。幼虫老熟后结半透明茧粘牢在被害中化蛹，也有的不作茧即化蛹。烟草虫甲生长的最适温度为 28℃ ~ 32℃，相对湿度 70% ~ 80%。

（三）防治方法

同药材甲。

第六章　金银花的伪品及其鉴别

第一节　金银花干品常见的问题

一、金银花干品常见的几种毛病

（一）开头花

没有适时采摘，自然开放，黄色。

（二）大布袋

花蕾含苞待放，干燥后白色或黄色。

（三）炸肚花

花蕾唇部裂开，露出花丝。主要是采摘的大布袋或二布袋，在干制过程中又遇长时间低温，继续生长至半开放而被干燥；或者下午 3 ~ 4 时采摘的未完全开放花而被干燥。

（四）黑条花（老黑条）

花体黑色，主要是干燥前，因人触摸、雨淋或炕房内温度高、湿度大、离火近等原因造成的。

（五）风摩花

果枝稠密，刮风时花蕾在果枝上相互摩擦，干燥时花体一侧部分变为黑色。

（六）青条（小青脐）

采摘过早，花条绿色，细而短。

（七）煳头（煳把、煳节）

干品花蕾一端变黑色或黑褐色、深褐色。主要是干燥时日光过强，花蕾受热不均匀或受压形成的。

以上干品中的几种毛病，都影响药材商品的质量，影响商品售价等级，减少经济效益，故在出售前应将这些有毛病的花拣出，并拣出叶片和其他杂质等。最后用簸箕扇出尘土，即可出售。

第二节 几种常见的金银花冒充品

金银花商品中，盘叶忍冬为忍冬科植物盘叶忍冬 *Lonicera tragophylla* Hemsl，苦糖果为忍冬科植物苦糖果 *Lonicera standishil* Jacques，菰腺忍冬为忍冬科植物菰腺忍冬 *Lonicera hypoglacua.* Miq，净花菰腺忍冬为净花菰腺忍冬 *Lonicera hypoglaucassp.* nudiflora Hsuet H. J. Wang，湖北羊蹄甲为豆科湖北羊蹄甲 *Bauhinia hupehana* Craib 的干燥花蕾，北清香藤为木樨科植物北清香藤 *Jasminum lanceolarium* Roxb. 的干燥花蕾，豆科植物湖北羊蹄甲 *Baubinia hupehana* Craib 的干燥花蕾，充作金银花药用者。现对它们的性状及显微特征介绍如下，并与金银花进行比较鉴别。

一、北清香藤

（一）性状

呈长棒状，较均匀，上端稍钝。长 1～2.5 厘米。外表面棕色或黄白色，无毛。花萼短，绿色，裂片小，浅齿状；花冠黄白色或棕色，长约 2 厘米，裂片 4，矩圆形或倒卵状矩圆形，长约 0.7～1 厘米，雄蕊 2。气微，味苦。

（二）粉末显微特征

粉末呈棕褐色。非腺毛极少，一般为单细胞，偶见有多细胞多可达 4 个以上，直径 24～25 微米，壁薄，光滑，先端钝。草酸钙方晶较少，直径 11～18 微米。螺纹导管，直径 10～12 微米。石细胞呈长椭圆形，有的稍有棱角，外壁具棕色小斑点，直径 12～54 微米。花粉粒极多，圆形或椭圆形，直径 47～66 微米，外壁具不规则的条状雕纹，萌发孔 6 个。花冠表皮细胞呈多边形。直径 8～17 微米，可见乳头状突起的纹理。

二、湖北羊蹄甲花蕾

（一）性状

呈长棒状，上部膨大，下部纤细，长 1.5～2.5 厘米。外表面棕褐色，密被棕色短柔毛。萼筒长 1.3～1.7 厘米，裂片 2，花冠棕褐色，花瓣 5 枚，雄蕊 10 枚，子房无毛，有长柄。气微，味苦。

（二）粉末显微特征

花蕾粉末呈黄褐色或黄色。非腺毛极多，均为单细胞，呈披针形，长124～334微米，直径17～36微米，壁不均匀增厚，基部可见短圆形的细胞，先端钝。草酸钙方晶极多，直径11～117微米。花粉粒极多，黄褐色或淡黄色，极面观近三角形，赤道面观呈椭圆形，直径30～58微米，外壁具点状突起的雕纹，萌发孔3个。

三、菰腺忍冬

（一）性状

长0.8～4.3（～5.7）厘米，上部直径0.5～2.2毫米，褐棕色或褐色，密被毛，萼筒类球形，常呈墨褐色，齿有毛。

（二）粉末显微特征

粉末腺毛的腺头盾形或类圆形，红棕色，棕或浅棕色，直径80～176微米，顶面观由8～40个细胞组成，腺柄由1～4个细胞组成，有的胞腔含小簇晶，也有砂晶。

四、净花菰腺忍

（一）性状

花蕾长1.8～3.8（～4）厘米，上部直径1.5～3毫米，浅棕或棕色，无毛或疏生毛，萼筒椭圆形，齿缘有疏毛。

（二）粉末显微特征

粉末厚壁单细胞非腺毛长32～488（～704）微米，直径8～29微米，壁厚3～10微米，胞腔大的不明显，有的螺纹较密，有簇晶。

五、盘叶忍冬

性状：花蕾长5～7厘米，上部直径3～5毫米，黄色或橘黄色，有稀疏毛茸，萼筒壶形，齿钝圆。

六、苦糖果

性状：花蕾呈短棒状，单朵或数朵聚在一起，长0.6～1厘米，上部直径3～5毫米，黄白色或微带紫红色，毛茸较少，基部有的带小萼。

七、毛瑞香花

毛瑞香花为瑞香科植物毛瑞香 *Daphne odora* Thunb Var atrocau Lis Rehd 的花蕾，因

其原植物有毒，一般花蕾不作药用，仅根及茎皮入药且与金银花功效不同。毛瑞香花与金银花的幼小花蕾粗看有相似之处，如不加注意就会被误认为是金银花的幼小花蕾而被混用。

（一）性状

呈棒状或细筒状，常单个散在或数个聚集成束，长0.9～1.2厘米，灰黄色，外被灰黄色绢状毛，基部具数枚早落的苞片，花被筒状，长约10毫米，先端4裂，裂片卵形，长约5毫米，近平展，花盘环状，边缘波状，雄蕊8枚，排列成二轮，分别着生在花筒之上、中部，上下轮雄蕊各4枚，呈互生，雌蕊1枚，花柱硬短，子房上位，长椭圆形，光滑无毛，气微香，味辛苦涩。

（二）粉末显微特征

粉末灰黄色或黄绿色；非腺毛极多，单细胞，稍弯曲，微显疣状突起或不明显，无腺毛；花粉粒黄色，类球形至球形，直径20～40微米，外壁较厚，表面有细小的刺状雕纹，萌发孔不明显；花被裂片边缘细胞乳头状突起较明显。

八、夜香树花

为茄科植物夜香树 *Cestrum nocturnum* L. 的花蕾。

（一）性状

呈细短条形，尖端略膨大，微弯曲，长1.9～2.2厘米，上部直径约2.5毫米，表面淡黄棕色，被稀疏短柔毛，花萼细小淡黄绿色，尖端5齿裂。花冠筒状，花冠裂片5枚，雄蕊5枚与花冠裂片互生，花丝与花冠管近等长，下方约5/6贴生于花冠管上，上方约1/6离生，在分离处有一小分岔状附属物，雌蕊1枚与雄蕊近等长，子房上位，花柱细长，柱头头状，中间微凹，气微香，味淡。

（二）粉末显微特征

粉末浅黄棕色。非腺毛有两种，一种为1～2细胞组成，长68～183微米，直径16～20微米，尖端钝圆，有的有分枝，表面可见有角质纹理，皱波状；另一种1～3细胞组成，长49～263微米，直径17～29微米，细胞壁稍增厚，顶端细胞尖部和两细胞相接处可见纹孔和孔沟；柱头表皮细胞向外突起呈乳头状，下方壁薄，细胞中含有细小的草酸钙砂晶，内侧组织中有石细胞群，石细胞类方形，直径23～35微米，孔沟明显；花粉粒淡黄色，类球形或浅三裂圆形，直径26～31微米，具3个复合萌发孔，其沟的两端几达两极，内孔横长和沟直交分布于赤道面上。

第三节　常见掺假金银花的鉴别

忍冬花蕾为历两千年来传统药用的金银花，其中红腺忍冬 *L. hypoglauca* Miq. 、山银花 *L. confusa* DC. 或毛花柱忍冬 *Lonicera dasystyla* Rehd. 则为近现代扩展的品种，但均为正品。近年来由于金银花广泛应用于食品、药品、化妆品等，特别是自 2003 年 SARS 以来，在卫生部审定的连续几次传染病防治的中药参考方中，使用最多的是金银花，因需求众多，一度供应短缺，使金银花价格大增，且长期居于高位。市场上出现了众多掺假品种。对市场上常见的非忍冬属的金银花冒充品和掺杂物进行介绍。相龙民等对几种常见的掺杂物质进行了探讨，并从性状和理化性质上加以分析，并与金银花加以比较，总结了易于掌握的鉴别方法。

一、掺面粉金银花

用植物面粉溶于水后，均匀喷洒于金银花上，或用面粉直接拌入喷湿的金银花中，以吸收水分、增加重量，或粘附其他增重物。

（一）性状鉴别

色泽暗淡，且有灰白色醭，口尝有淀粉甜味，用手搓后能染手，易霉变，显微鉴定可发现有众多淀粉粒。

（二）理化鉴别

取水洗液加碘试液后，溶液呈蓝紫色。

二、掺糖金银花

在金银花药材表面喷洒高浓度的蔗糖水溶液，拌匀后阴干，或直接把糖粉拌入喷湿的金银花中，以吸水、增重，或粘附其他增重物。

（一）性状鉴别

颜色较深，质脆易碎，极易吸潮霉变，吸潮后有粘手感，口尝有甜感。

（二）理化鉴别

1. 取其水溶液滤过置旋光计中，测定其旋光度为 $[\alpha]_D^{20}$ +66. 5°。2. 水洗液煮沸 30 分钟，缓慢滴入温热的碱性酒石酸钠试液中，有红色沉淀生成。

三、掺白矾金银花

用白矾（硫酸铝钾）溶于水后，均匀喷洒于金银花上，以增加重量。

（一）性状鉴别

外观黄白色，细看有白色结晶小颗粒，质地较重，手握有脆感，手捻发涩，口尝有涩味，其粉末显微观察可见大量的方状结晶。

（二）理化鉴别

1. 取其水洗液加氯化钡试液即生成白色沉淀，分离，沉淀在盐酸或硝酸中均不溶。2. 取其水洗液加醋酸铅试液即生成白色沉淀，分离，沉淀在硝酸铵或氢氧化钠中溶解。3. 取铂丝，用盐酸湿润后蘸取供试品水洗液蒸发残渣，在无色火焰中燃烧，火焰即显紫色。4. 取其水洗液，加热炽灼除去可能杂有的铵盐放冷后，加水溶解，再加 0.1% 四苯硼酸钠溶液与硝酸，即生成白色沉淀。5. 取其水洗液加氢氧化钠试液，即生成白色胶状沉淀，分离，沉淀在过量的氢氧化钠液中溶解。6. 取其水洗液加氨试液至生成白色胶状沉淀，滴加茜素磺酸钠指示液数滴沉淀即显樱红色。

四、掺盐金银花

在金银花药材表面喷洒高浓度的食盐水，拌匀后，阴干，或把细盐拌入喷湿的金银花中，以吸收水分增加重量。

（一）性状鉴别

色泽深暗，用手抓起时有湿感，质地湿重，口尝有咸感，盐多者有细小白色块状结晶。

（二）理化鉴别

1. 取其水洗液加硝酸使成酸性后，加硝酸银试液，即生成白色凝乳状沉淀。2. 取其水洗液置水溶中挥尽溶剂，取残渣于试管中，加等量二氧化锰，混匀，加硫酸湿润，缓缓加热，即发生氯气，能使湿润的碘化钾淀粉试纸显蓝色。3. 取其水洗液加醋酸氧铀锌试液，即生成黄色沉淀。4. 取铂丝，用盐酸湿润后蘸取水洗液蒸发后的残渣，在无色火焰中燃烧，火焰即显鲜黄色。

五、掺滑石粉金银花

用滑石粉“溶于”水后，均匀地喷洒在金银花上，或将滑石粉直接拌入金银花中，以增加重量。

（一）性状鉴别

色淡而亮，表面乳黄，手感滑，能染手，质地较重，用水漂洗后有大量的沉淀，沉淀物的显微观察可见大量的黄白色块状物。

（二）理化鉴别

取100克，掺假品加入500毫升水中洗涤，洗液置水容器中蒸发至干，取残渣约0.2克置铂坩埚中，加等量氟化钙或氟化钠粉末，搅拌，加硫酸5毫升微热，立即将悬有1滴水的铂坩埚盖盖上，稍等片刻，取下坩埚盖，水滴出现白色浑浊。

六、掺石英粉金银花

用石英粉“溶于”水后，均匀喷洒于金银花，或直接拌入金银花，以增加重量。

性状鉴别：质重色淡，在光线直射下有反光晶体粒，口尝牙碜明显。水洗液浑浊有石英砂沉淀。

七、掺泥土金银花

用黄泥“溶于”水中，均匀喷洒于金银花上，或用细土直接搓入金银花中以增加重量。

性状鉴别：有泥土味，口尝牙碜明显，质重色暗，呈不规则棒状、块状。花冠外表无柔毛，手抓起掉在木桌上有明显响声，水洗液浑浊并有泥土沉淀。

八、掺植物茎、叶的金银花

用原植物茎、叶或其他植物茎、叶，打碎成片段状，着淡黄色或不着色，直接拌入金银花中，以增加重量。

性状鉴别：抓在手中拨去正品，细看可见有片段状物片，无花冠、花萼、花蕊等特征，碎段一面呈灰褐色，另一面呈白色，有植物茎枝髓的特征，碎片绿色较薄，有叶脉、叶柄等特征，着色者水洗液色重。测其总灰分超过10.0%，酸性不溶性灰分超过3.0%。

九、掺胡萝卜丝金银花

不法分子将伞形科植物胡萝卜的根加工成细丝，干燥后掺入金银花药材中。

性状鉴别：该掺杂品呈不规则卷曲的条状，有的一端折回重叠，长约4.2厘米，宽约2.2厘米，质地稍软，放在水中浸泡，吸水膨胀成直条，类方柱形，皮部较厚，浅红色，木质部呈黄白色，口尝有胡萝卜的甜味。

十、掺锯木金银花

用较粗长的锯末着淡黄色后，拌入金银花，以增加重量。

性状鉴别：拨开金银花细看可见有0.5~2厘米长不等的淡黄色较硬木纤维末，无花萼、花冠、花蕊等特征。测总灰分及酸不溶性灰分均超过规定。

十一、掺药渣的金银花

用金银花工业提取有效成分后的药渣，晒干后掺入金银花中，以增加重量。

性状鉴别：挑去正品金银花后可见有花冠上部全部裂开，色淡、味净、气尽、质轻的金银花状物。测其总灰分及酸不溶性灰分超过规定。

十二、掺黄豆粉的金银花

在金银花药材中拌入经微炒熟的食用大豆细粉。

性状鉴别：该掺杂品呈黄色，质地稍硬，用手抓起时感觉有粉状物附着，口尝有豆腥味。取细粉，用水合氯醛溶液透化装片后，置显微镜下观察，可见大豆种皮哑铃状支持细胞特征。

十三、掺扁豆花的金银花

将扁豆科植物扁豆的花掺入金银花药材中。

性状鉴别：拨开正品金银花，细看可有杂品扁豆花，为不规则扁平三角形，花序为2~4朵聚生，花萼灰绿色或棕褐色，形如干燥的小虾，体轻，气微香，味甘淡，微酸。

十四、掺贝壳粉的金银花

将贝壳粉用水调匀，喷洒在金银花药材中，拌匀后阴干，以增加其重量。

性状鉴别：细看可见贝壳粉，表面呈暗绿色，手摸有粗糙感，质地硬，放入水中浸泡，有细粉自然脱落下沉水底，轻摇器皿，沉于底部的细粉不随水移动，口尝有沙粒感、海腥气味。

理化鉴别：取本品加稀盐酸少量即泡沸发生二氧化碳气，导入氢氧化钙试液中即产生白色沉淀。

十五、掺芫花的金银花

利用芫花与金银花二者有相似之处，且价格悬殊，将芫花掺入金银花中出售，这种现象已多有报道。芫花为瑞香科植物 *Daphne genkwa* Sieb. et Zucc. 的干燥花蕾，花蕾为弯曲、稍压扁的棒状，长约1厘米，直径约0.3厘米，紫色或灰紫色，上端稍膨大，裂为4片，淡黄棕色，下端较细，灰棕色，密被白色绢毛；质较硬。气微香，久嗅刺鼻，有灼烧感；味微甘，嚼之辛辣。芫花性味辛、苦，温。归肺、胃、大肠经。有毒。泻水逐饮，涤痰止咳。功效与金银花相差甚远，因此在采购、使用金银花时应特别注意鉴别检查。

十六、掺马铃薯丝金银花

将马铃薯切成与金银花相似的丝，晒至8成干时掺入。

性状鉴别：掺伪品表面黄白色，皱缩，外披白霜样物，手摸有粗糙感。潮湿时质柔软，干燥时质脆易断。气微，味淡。

十七、掺提取过的金银花

将有效成分已被提起过的金银花，晾干整理后掺入在熏制的金银花内。

性状鉴别：熏制的金银花形态完好，被毛完整，色白自然。有淡香气，间微有硫磺味，微苦。掺入品其外形上端略开，有的可见破损，颜色淡白，被毛不清、缺少或倒伏。无香气，味极淡。

十八、掺水金银花

多见于出售前喷洒适量水浸润以增重，喷水后手摸有柔软感，易变形且不碎断，此时其掺水量约在 10% 左右；若手握变形或成团，松手后不易松散，其掺水量约在 15% 左右。

十九、着色金银花

用色粉或其它染料溶于水后，均匀喷洒或直接搓入金银花中，以增加重量。

性状鉴别：色泽鲜艳，湿手抓起能染手，严重者可掉黄面，水洗液色重，测其总灰分和酸性不溶性灰分超过规定。

二十、综合掺假金银花

其为综合造假掺伪方法，是用上述几种材料掺假，先用淀粉水、糖水、泥砂、滑石粉、石英粉等作为增重剂，然后加着色剂调至与正品色泽相似，以达到增加重量和提高价格的目的。

性状鉴别：在各种掺假品种中最难鉴别，必须采取前述各法的综合措施加以确认。①水试法：其水洗液色重，浑浊并且有较多沉淀物。②火试法：A. 蘸其水洗液蒸发残渣置无色火焰上呈离子反应。B. 测定总灰分及酸不溶性灰分均超出规定。③离子鉴定法：取水洗液作 Na^+、K^+、Cl^-、Al^{3+}、SO_4^{2-} 定性试验。有的呈阳性。④直观鉴别法：口尝有甜、咸或牙碜等感觉，手摸有的粘手、硬脆等，拨开正品后细看有掺杂物，且无花的特征。

有文献报道一般杂质较少的金银花，水洗液澄清或基本澄清，减失重量在 20% 以下；而掺杂的金银花，水洗液浑浊，有的象泥浆水一样，减失重量在 30% ~60% 之间。

快速鉴别金银花质量方法：

1. 看外观和颜色　外观整齐，都是花蕾，无破损无虫蛀，杂质较少，无开头（开花），颜色青白的金银花为上品。有胡萝卜丝等杂质，花蕾粘连甚至发霉变色的为劣质品或掺假品。

2. 闻气味 质量上乘的金银花，拿起来放到鼻子下面闻，有一种有浓浓的芳香味。

3. 靠手感 握一把成品的金银花，用手轻轻去握，握之顶手者为佳。轻翻动可见秧茎、叶片、胡萝卜丝、细小颗粒状物脱落沉淀为劣质品或掺假品。

4. 尝 金银花的成品放入口中，口感清香，有种浓浓的中药味的为上品。有甜味，是掺入红糖。有咸味是掺入盐。

第四节 金银花的生药学鉴别

一、金银花的理化鉴定

金银花花蕾含绿原酸、异绿原酸、木犀草素、木犀草素－7－葡萄糖甙、肌醇及皂甙等抗菌成分。《中国药典》对鉴别方法和检查标准都作了明确的规定。

（一）取本品0.5克，加甲醇5毫升，放置12小时滤过液为供试品，照薄层层析法吸取供试品溶液10～20毫升点于含有羧甲基纤维素钠为粘合剂的硅胶H薄层板上，以醋酸丁酯、甲酸、水（7：2.5：2.5）振摇后分取的上层液为展开剂。展开后取出晾干，在紫外光灯（365毫米）下检视。

（二）取本品少量用80℃温水浸出3次，浸液减压浓缩酸化后用乙酸乙酯萃取，萃取液中和后用水萃取，减装蒸干即得。在醋酸或硼酸溶液中与亚硝酸钠反应显亮黄色，加过量氢氧化钠溶液则转为鲜红色。

二、金银花显微特征

金银花显微特征鉴别是区别其他品种的主要方法。花蕾表面制片：①腺毛多见，一种头部呈倒圆锥形，顶部平坦，侧面观约10～33细胞，排成2～4层，直径48～108微米，柄2～5细胞，长70～700微米；另一种头部呈类圆形或扁圆形，约6～20细胞，直径24～80微米，柄2～4细胞，长24～80微米。②厚壁非腺毛单细胞，稀2细胞，长约45～990微米，直径14～37微米，壁厚5～10微米，微具疣状突起，有的具角质螺纹；另外，薄壁非腺毛极多，甚长，弯曲或皱缩。③草酸钙簇晶直径6～45微米，以萼筒组织中最为密集。④花粉粒类球形，直径60～92微米，表面有细密短刺及圆颗粒状雕纹，具3孔沟。（见图6－1）

粉末制片

粉末呈黄棕色。花粉粒极多；厚壁非腺毛极多；较小腺毛完整者可察见。此外，可见气孔，副卫细胞5～9个；花冠裂片、柱头顶端表皮细胞呈乳头突起；花粉囊内壁细胞具螺状、条状或点状增厚；花柱碎片有管状分泌细胞，内含金黄色物（见图6－2）

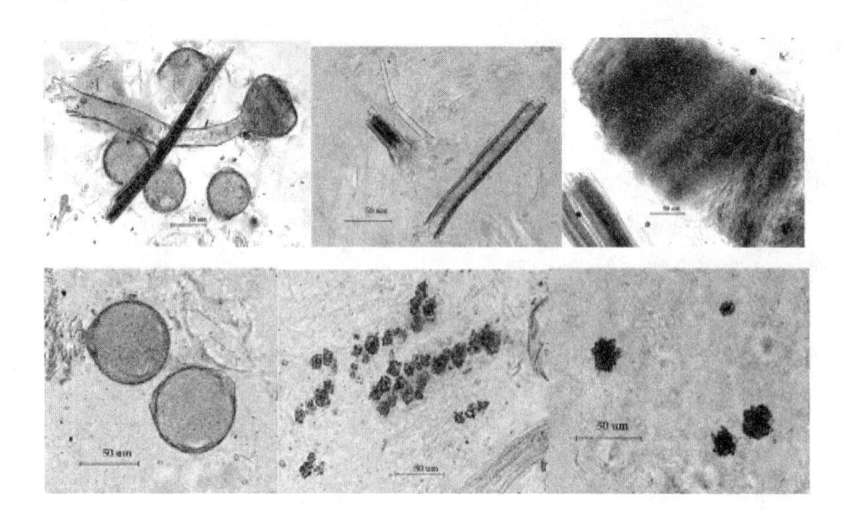

图6－1　金银花粉末显微特征

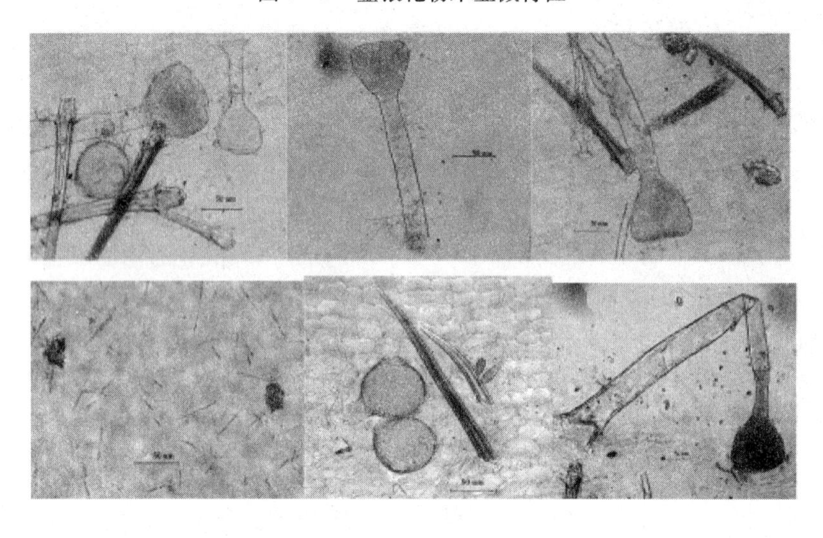

图6－2　金银花表面制片显微结构

三、金银花薄层色谱鉴别

取本品粉末0.2g，加甲醇5mL，放置12h，滤过，取滤液为供试品溶液。另收绿原酸对照品，加甲醇制成每1mL含1mg的溶液，作为对照品溶液。照薄层色谱法试验，分别吸取供试品溶液各10～20μL，对照品溶液10μL，分别点于同一硅胶H薄层板上，以乙酸丁酯－水（7∶2.5∶2.5）的上层溶液为展开剂，展开，取出，晾干，在紫外光灯（365nm）下检视。供试品色谱中，在与对照品色谱相应的位置上，显相同颜色的荧光斑点（见图6－3）

四、荧光鉴别

荧光灯下观察金银花，原生药为鲜黄色荧光，花丝为蓝色荧光，花药为橙色荧光，雌蕊为紫色荧光。

附：忍冬藤茎

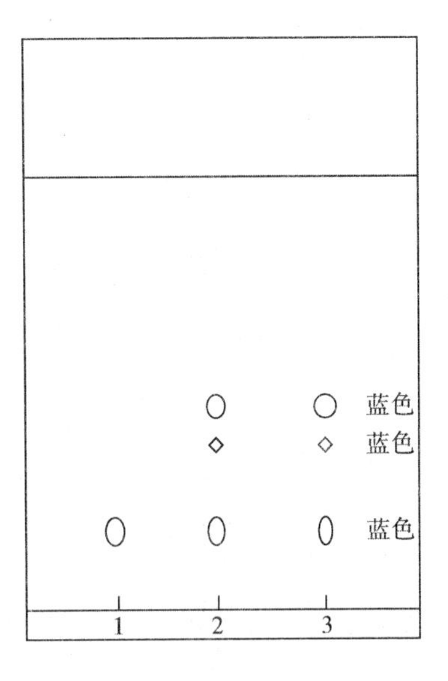

图 6-3 薄层色谱图

1. 绿原酸 2. 样品 3. 金银花对照材

忍冬藤为忍冬 Lonicera japonica Thunb. 的干燥茎枝，亦名金银藤、鸳鸯藤、鹭鸶藤、老翁须、左缠藤、金钗股、通灵草等。气味甘、温，无毒，叶含绿原酸、异绿原酸、忍冬甙、木犀草素，茎含鞣质、生物碱等。李时珍说："忍冬茎、叶及花，功用皆同。昔人称其治风、除胀、解痢、逐湿为要药，而后世不复知用；后世称其消肿、散毒、治疮为要药，而昔人并未言及，乃知古今之理，万变不同，未可一辙论也。"

忍冬藤茎呈细长圆柱状，常卷络成束，直径 1.5~6 毫米，节部有明显的对生的叶痕或有分枝痕。表面淡棕红色至暗红色，有细纵纹，有淡黄色毛茸，小枝密被短柔毛，外皮部易成圈剥落而露出灰白色的内皮部；剥落的外皮（落皮层）常可撕裂作纤维状，节明显，质坚韧，折断面纤维性，断面黄白色，中心空，叶多卷曲，破碎不全，淡黄绿色至棕绿色，两面均被短柔毛。气微，味微具凉感。鲜叶及茎枝含多种黄酮衍生物，有忍冬甙、忍冬黄酮，功效与花类同，常用于风湿热痹、关节红肿热痛。茎以枝条均匀、带红色外皮、嫩枝稍有毛、质嫩带叶者为佳。

忍冬藤的显微鉴别：茎横切面：①较细的茎枝，表皮及皮层均较压缩，有时可见到具壁疣的单细胞表皮毛。②中柱鞘显微连成完整的环层，纤维性大，壁较薄，木化，胞腔亦大。较老的茎在中柱鞘纤维层以内发生数列大形木栓细胞以致中柱鞘纤维层及其外的皮层、表皮等均被隔断而为全部成环状脱落（即落皮层）。③真心皮部细胞排列颇整齐，老茎中则有真心皮纤维束，断续地环状排列。真心皮射线的细胞中往往含有草酸钙簇晶。④形成层呈环。⑤木质部全由木花细胞组成。导管类圆形而大，散列，余全为木纤维。⑥髓部细胞圆形，木花，中央呈空洞。

第七章　金银花的化学成分

一、金银花主要活性成分

（一）有机酸类

金银花主要活性成分为有机酸类，包括绿原酸、异绿原酸及其它有机酸。其中绿原酸有7种异构体，分别为3，5－二咖啡酸酰奎宁酸，1，3－二咖啡酸酰奎宁酸，4，5－二咖啡酸酰奎宁酸，3，4－二咖啡酸酰奎宁酸，3－阿魏酰奎宁酸，4－阿魏酰奎宁酸，5－阿魏酰奎宁酸。其它有机酸有肉豆蔻酸、棕榈酸、咖啡酸和原儿茶酸等，大部分为咖啡酸的衍生物。

有文献报道：①同一时期的金银花叶中绿原酸类有效成分约为花的60%～70%，并以8～9月的金银花叶含量最高。②用紫外分光光度法测定了忍冬不同部分绿原酸的含量。结果表明：忍冬各部位中都有一定的绿原酸，但含量高低不同，依次为花＞叶＞茎＞根，且叶中的绿原酸含量较高，是花的69.63%，大大超过了根茎，而河南、山东等地金银花叶的绿原酸含量几乎赶上甚至超过了金银花，并在实验中发现金银花叶的加工条件影响其绿原酸的含量。③采用薄层色谱测得金银花越冬老叶中绿原酸含量约为药用金银花的1.41倍、忍冬藤的9.08倍。

（二）黄酮类化合物

主要含有木犀草素、忍冬苷、槲皮素等。高玉敏等从金银花中分离出4个黄酮类化合物，分别鉴定为木犀草素7－O－α－D－葡萄糖苷、木犀草素7－O－β－D－半乳糖苷、槲皮素3－O－β－D－葡萄糖苷和金丝桃苷。黄丽瑛等从金银花氯仿提取物中分离得到5－羟基－3'，4'，7－三甲基黄酮和Corymbosin。还含有环烯醚萜甙裂环马钱素（secologanin）、獐牙菜甙（sweroside）、马钱素（loganin）、马钱酸（loganic acid）、新环烯醚萜甙、常春藤皂甙配基（hederagenin）、齐墩果酸、川续断皂甙乙（disacoside B）、黄褐毛忍冬甙甲（fulvotomentoside A）、α－常春藤皂甙（α－hederin）、无患子皂甙B（supindoside B）。目前从忍冬属植物中分离得到30多个黄酮类化合物。

王柯等采用高效液相色谱法对河南封丘县金银花4个部位（花、叶、茎的表皮和茎）中的木犀草素和木犀草苷进行含量测定，结果显示：封丘的金银花植物中，木犀草素存在于金银花的花、叶和茎的表皮中，而茎中没有检测到木犀草素；木犀草苷仅存在于金银花的花和叶中，茎的表皮和茎中没有检测到木犀草苷。金银花中的木犀草素含量：叶＞茎的表皮＞花，但含量都较少；木犀草苷含量：叶＞花，木犀草苷在金银花的叶中含量较多。

（三）挥发油

通过气质联用的方法从挥发油中分析出了150个成分，由36个碳氢化合物、28个醇、21个醛、12个酮、38个酯、及15个混合物组成，主要为单萜及倍半萜类化合物。主要成分有芳樟醇（linalool）、棕榈酸、双花醇（shuang－hua－chun）、香树烯、苯甲酸甲酯、香叶醇（geraniol）、β－苯乙醇、苯甲醇、异双花醇、α－松油醇（α－terpineol）、丁香油酚（eugenol）、金合欢醇、蒎烯、1－己醇、异黄双花醇和香荆芥酚等。金银花的干花与鲜花成分差异较大。鲜花挥发油成分以芳樟醇为主，含量高达14%以上，其他成分多为低沸点不饱和萜烯类成分，而干花挥发油成分以棕榈酸为主，一般占挥发油的26%以上，芳樟醇含量仅在0.30%以下。可能由于芳樟醇是低沸点化合物，在干燥加工过程中损失造成。

（四）三萜皂苷类

陈敏等从金银花中分离出一个新的含有6个糖基的三萜皂苷，2个双咖啡酸酰奎尼酸酯化合物。茅青等分离得到3个三萜皂苷，分别为灰毡毛忍冬皂苷甲、灰毡毛忍冬皂苷乙和川续断皂苷乙。贾宪生等从金银花正丁醇萃取物中分离到4个三萜皂苷类成分，其中三个与茅青等从灰毡毛忍冬中所分离的皂苷相同，另一个为木通皂苷D。娄红祥等分离出3个三萜皂苷类经鉴定，分别为3－O－α－L－吡喃鼠李糖基（1→2）－α－L－吡喃阿拉伯糖基常春藤皂苷元－28－O－β－D－吡喃木糖基（1→6）－β－D－吡喃葡萄糖酯，3－O－α－L－吡喃阿拉伯糖基常春藤皂苷元－28－O－α－L－吡喃鼠李糖基－1（1→2）－［β－D－吡喃木糖基－（1→6）］－β－D－吡喃葡萄糖酯和3－O－α－L－吡喃鼠李糖基－（1→2）－α－L－吡喃阿拉伯糖基常春藤皂苷元－28－O－α－L－吡喃鼠李糖基－1（1→2）－［β－D－吡喃木糖基－（1→6）］－β－D－吡喃葡萄糖酯。

（五）无机元素

金银花含有Fe，Mn，Cu，Zn，Ti，Sr，Mo，Ba，Ni，Cr，Pb，V，Co，Li，Ca等微量元素。张重义等对不同生态环境，河南封丘等地区金银花的微量元素进行了定量分析。

表7－1 不同产地金银花药材中微量元素含量 $ug \cdot g^{-1}$

产地	Ba	Co	Cr	Cu	Mn	Ni	P	Pb	Sr	Ti	Zn	K	Na	Al	Fe	Mg	Ca
河南封丘	11.8	0.15	0.95	13.5	27.9	1.8	2640	0.31	34.9	7.9	13	22720	14.4	211	476	2520	2850
河南新密	10.8	0.25	0.63	15.3	32.5	2	4010	0.33	11.1	3.5	20.8	22580	0.3	146	290	2530	4550

续表

产地	Ba	Co	Cr	Cu	Mn	Ni	P	Pb	Sr	Ti	Zn	K	Na	Al	Fe	Mg	Ca
山东平邑	22.3	0.23	0.96	14.7	52.5	8.1	3690	0.23	24.7	4.9	22.6	22260	0.3	65.6	286	2760	3800
江苏南京	9.6	0.21	2.1	16.8	61.4	6.2	3460	0.52	12.3	5.2	25.9	33310	2.2	81.9	364	2830	4200
云南昆明	28.7	0.38	7.7	20.47	52.5	5.16	3041	10.95	25.05	29.47	30.71	29168	41.48	352.8	274.2	2770	6716
广西桂林	11.1	0.31	7.48	12.54	78.8	2.5	3702	1.31	6.61	7.89	30.93	31392	51.56	236.0	138.0	3662	6572

中药中微量元素的选择性富集和微量元素的络合物对疾病部位特异亲合的药理作用已证实，分析药材微量元素的含量与富集状况，对研究道地药材形成具有重要意义。6个产地金银花中微量元素含量之间的差异比较明显，但由于土壤（地质）的不均衡分布导致某种元素的变异较大，就平均数比较，道地药材中锶和铁的含量分别是非道地药材的2.4，1.36倍。非道地药材铬和铅的含量明显高于道地产区，F检验达显著水平，道地药材金银花中锶和铁的含量高（与非道地产区的药材中的平均数比较），铬和铅的含量低，可作其标识特征之一。较低的铬和铅，表明道地药材的安全性好，说明传统的道地药材产区形成有其一定的科学道理。

崔旭盛等用ICP－AES技术，测定并分析冠菌素和茉莉酸甲酯处理对金银花矿质元素含量、累积量和比例的影响。结果首次明确：（1）冠菌素处理可以使金银花K、Mg、Na、Zn、B、Si含量分别提高5.82%，2.55%，155.2%，5.3%，116.1%，142.2%；P、Ca、Fe、Mn含量降低3.99%，19.20%，38.89%，35.96%；（2）茉莉酸甲酯处理后金银花K、Na、Zn、B、Si含量增加4.46%，137.9%，6.09%，9.89%，89.24%；P、Ca、Mg、Fe、Mn含量分别降低9.82%，20.3%，8.5%，42.00%和36.80%；（3）冠菌素和茉莉酸甲酯处理后金银花K：P和Na：Zn均升高，Ca：Mg，Fe：Mn，B：Si均降低。

（六）其它

忍冬花蕾中还含有肌醇、β－谷甾醇等。

二、金银花中绿原酸的提取方法及分离方法

（一）绿原酸的基本提取方法

1. 水提法 取适量干燥的金银花粉末在80℃的水浴下加热3次，每次1小时，将提取液在60℃下减压浓缩。

2. 醇提法 取适量干燥的金银花粉末用不同浓度的乙醇浸泡24小时后，在60℃下回流3次，每次1小时。将提取液在60℃下减压浓缩。

3. 超声波提取法 该方法是在结合上述方法的基础上，仅借助超声波提高绿原酸的提取率。Mason等通过对50多种草药的处理研究发现，超声提取与传统提取相比能在低温短时间内获得较高提取率，而且对有效成分有很好的选择性。Vinatoru等对超声

辅助提取中草药活性成分的提取规律进行了研究，表明超声不仅能促进材料浸润过程和水化过程，还能粉碎超声场中的粉末颗粒，从而提高有效成分的提取效率和速率。

4. 超高压提取法 张守勤等在开展了超高压提取金银花有效成分的研究，工艺流程为：原料金银花粉碎，加入溶剂成悬浮液，超高压处理（依照最优操作参数进行），滤除药渣，得提取液，之后浸膏（提取液经浓缩或干燥）或者进行进一步的分离纯化。

（二）绿原酸的基本分离方法

1. 石硫醇法 本法常用于绿原酸粗品的提取。取金银花加 15 倍的水，煎煮 1 小时，过滤，药渣再加 10 倍水煎煮 30 分钟，过滤，合并水煮液并浓缩至药材量的 4 ~5 倍，加 20% 石灰乳调 pH 至 12，使绿原酸形成难溶于水的钙盐，过滤后，沉淀物加 2 倍量乙醇混悬，用 50% 硫酸调 pH 值至 3.0，充分搅拌，过滤，滤液用 40% NaOH 溶液中和至 pH 为 7.0。过滤，将滤液浓缩干燥，得绿原酸粗品。

2. 异戊醇法 金银花在 80℃温浸 3 次，每次 1 小时浸液合并，过滤，减压浓缩至 1∶1（相对密度为 1.15 ~1.20，70℃测）。浓缩液用盐酸调 pH 为 2.0，以 2 倍量异戊醇分 2 次提取，提取液以 5% NaOH 溶液调 pH 为 6.5，分取水层，此时绿原酸转入水相，将水相浓缩后即得绿原酸粗品。

3. 醋酸乙酯法 早期的文献报道是醇提水沉，精制纯化时采用醋酸乙酯法。改此工艺为水煮醇沉法，优点是可以节约大量乙醇原料，降低成本，便于批量生产。同时改良醋酸乙酯法的转移率（86.2%）高于异戊醇和石硫醇法，醋酸乙酯的毒性又小于异戊醇，因此认为从金银花中提取绿原酸的纯化工艺，以改良醋酸乙酯法为优。

4. 一步提取法 以乙酸乙脂和 0.05 摩尔/升 HCl 组成的混合溶剂作萃取剂，从金银花中一步提取绿原酸，并研究了乙酸乙脂的体积分数、温度、提取时间对提取绿原酸的影响，确定最佳实验条件为：60℃、乙酸乙脂体积分数为 0.8，浸取时间 3 小时。提取物与金银花质量比为 3.21%，绿原酸质量分数为 86.3%。

5. 铅沉法 将金银花用氯仿或乙醚回流脱脂，然后用浓度为 95% 乙醇回流提取，提取液浓缩成膏后，加入硅藻土混合均匀，加入热水，搅拌溶解，滤去不溶物，向滤液中加入饱和中性乙酸铅溶液至不再产生沉淀为止。用离心收集沉淀并用水洗涤。将沉淀悬浮于水中通入 H_2S 气体至 PbS 沉淀为止。用抽滤法除取 PbS。滤液用乙酸乙酯反复萃取，合并萃取液，浓缩。将浓缩液放入冰箱冷藏室静置，绿原酸粗品析出。

6. 醇沉法 将金银花用 10 倍量和 8 倍量水煎煮提取两次，每次 2 小时，浓缩至 1∶1，加入乙醇使其醇浓度达 80% 左右，使提取液中的蛋白质、粘液质等杂质沉淀析出，静置过滤，滤液浓缩至干即得绿原酸粗品。此法可使提取物中的绿原酸含量从 15% 提高到 20% 左右。采用分步醇沉的方法，得到的提取物中的绿原酸含量比一次醇沉法的要高一些。

7. 超滤法 绿原酸的提取合并液，离心，取上清液倒入储液罐中，连接超滤器，控制一定的压力，进行超滤。

8. 树脂柱层析分离法 将绿原酸的水提取液用聚酰胺或D101等树脂进行吸附，选择适当的洗脱条件，洗脱后用乙酸乙酯对洗脱浓缩液进行纯化，制得较高纯度的绿原酸。

阙斐等采用Sephadex LH－20进行了金银花中绿原酸分离的研究，利用天然澄清剂（ZTC＋1）对绿原酸提取液进行絮凝处理，再通过SephadexLH－20层析柱进行分离纯化。结果证明该工艺简便、高效，可用于绿原酸单体制备。

三、金银花绿原酸的制备方法

罗亚东等发明一种绿原酸制备方法采用水提－液液萃取法将金银花有效成分绿原酸分离纯化方法，金银花用热水浸提，水提液浓缩，液相萃取，用水溶性有机溶剂与盐溶液和水溶性复合物按比例组成双水相体系，然后把总提取物浸膏溶解在双水相体系中进行分配，使之达到浸膏在两相中的平均浓度为30－50%的分配平衡，再用与两水不相溶的萃取剂进行萃取，分出萃取液，先把极性小于绿原酸的杂质去掉，余下双水相再用另一萃取剂进行萃取，后经脱色、结晶和干燥得到绿原酸产品，其工艺操作过程为：

1. 预处理 将原料金银花经除杂，粗破碎或剪段后备用。

2. 水提 将预处理的金银花加入提取设备中，按原料与水1∶3的比例加入水，并加入抗氧化剂，加热保温提取三次，控制温度为60～70℃，保温时间为0.5～1.5小时，合并提取液。

3. 浓缩 将提取液导入浓缩设备进行减压浓缩，控制温度为≤60℃，真空度为≥0.08MPa，浓缩成7.5～8.5波美度的浸膏。

4. 萃取 将浓缩的浸膏加入萃取设备中，加入原料金银花的重量100～200倍的乙醇，并加入无机盐，搅拌，静置0.5～1.5小时形成两相，得到上相萃取液，加入水难溶和水溶的两相萃取剂萃取，分离萃取液，下部分溶液加入水溶萃取剂萃取，得到水溶相萃取液。

5. 脱色 将上步萃取液经过活性碳脱色，过滤得到纯化萃取液。

6. 结晶 将上步纯化萃取液加入微量丙酮结晶，得到结晶绿原酸，并蒸馏过滤液回收有机溶剂。

7. 干燥 真空干燥，控制温度为60℃，真空度为0.08MPa，得到高纯度绿原酸产品。

提示：液液萃取法，是复合物辅助的无机盐水溶液—水溶性有机溶剂—水难溶性有机溶剂的三相萃取体系。原料金银花，包括金银花干或鲜的花、叶和枝杆中的一种或多种。抗氧化剂，包括亚硫酸氢钠和EDTA，使用量为万分之0.5～2.0，调节溶液ph值为3.2。水难溶萃取剂，包括石油醚、乙酸乙酯、丁醇中的一种或多种复合物，加入量为原料金银花的重量的1～1.5倍。水溶萃取剂，包括乙醇、甲基聚丙二醇、聚乙二醇、聚氧乙烯醇、聚乙烯吡咯烷酮、轻丙基葡聚糖、甲基纤维素、葡聚糖及其衍生物中的一种或多种复合物，加入量为原料金银花的重量的0.2～0.4%。无机盐，为水溶性无机盐，包括硫酸铵、磷酸钾、磷酸氢钾和氯化钠中的一种或多种复合物，加入量为原料金银花的重量的3.5～4.5%。搅拌，为离心分相均匀搅拌。提取设备、浓缩设备和萃取设备，包括采用不锈钢、搪瓷和铝合金制作的反应罐、反应釜和反应锅中的一种或多种设备。

四、金银花中黄酮化合物的提取方法及分离纯化

（一）金银花中黄酮化合物的提取方法

1. 溶剂法 一般多用水或乙醇为溶剂，加热提取。提取液再用乙酸乙酯、乙醚等萃取，除去杂质，极性小的物质多分配在有机层。

2. 碱提取、酸沉淀法 黄酮类一般易溶于碱水，酸化后又可沉淀析出，但用的酸碱不宜过浓过强，以免强碱在加热时破坏黄酮，也防止在酸化时生成烊盐，使析出的黄酮又复溶解，影响吸收率。

3. 吸附法 聚酰胺对黄酮类是比较理想的吸附剂，因其具有多个酰胺基，在水溶液中与酚羟基通过氢键结合而被吸附，一些不被吸附的化合物则随水流去。

4. 超声波提取法 超声提取是物理过程，在整个浸提过程中无化学反应发生，不影响大多数药物有效成分的生理活性，且提取物有效成分含量高。其方法是金银花用水浸泡，超声波提取，抽滤，将滤液定容，测定吸光度值，然后查标准曲线计算总黄酮类物质的含量。

（二）金银花中黄酮化合物的分离纯化

用以上方法提取的金银花的提取物为黄酮以及其他一些杂质，因此要对其进行纯化分离。黄酮类化合物的分离纯化方法很多，有柱层析、薄层层析、铅盐沉淀、硼酸络合、pH值梯度萃取以及近年来应用的高效液相色谱（HPLC）、液滴逆流层析法等等。

五、金银花中挥发油的提取方法及分离纯化

（一）水蒸汽蒸馏法

将金银花预先用水湿润，然后通过热水蒸气使挥发油经冷凝器流出；或在蒸馏器内安装一个多孔隔板，样品置于隔板上，器底的水不与样品接触进行加热蒸馏，蒸出挥发油。

（二）溶剂提取法

利用低沸点的有机溶剂如石油醚、乙醚等与金银花在连续提取器中加热提取，提

取液于低温蒸去溶剂，则残留挥发油，此法所得的挥发油粘度很大，因为金银花中其他成分也同时被有机溶剂提出，因此还须进一步精制。

六、一种应用膜过滤技术制备金银花提取物的方法

刘志远等发明一种应用膜过滤技术制备金银花提取物的方法，步骤以下：1. 煎煮提取：取金银花药材，加水进行煎煮1～2小时，滤取药液，药渣再加水煎煮0.5～1小时，滤取药液，弃去药渣；合并两次药液，将药液浓缩至相对密度1.0～1.1，冷却至室温得煎煮液；2. 粗分离：将煎煮液离心分离，转速4000～6000转/分钟，离心10～20分钟，取上清液，进行微滤膜分离（规格为0.42～0.65micron或50000～30000ONMWC），控制流速为5～10毫升/分钟，并用蒸馏水或纯化水进行洗滤，合并滤液，得粗提物；3. 精制：将粗提物进行超滤膜分离（规格为1000－3000ONMWC），控制流速1～5毫升/分钟，并用蒸馏水或纯化水进行洗滤，合并滤液，减压浓缩，真空干燥，即得金银花提取物。

提示：水采用纯化水、蒸馏水或注射用水。第一次煎煮的加水量为煎煮药材重量的8wt～18wt倍量水，第二次煎煮的加水量为煎煮药材重量的6wt～12wt倍量水。微滤膜分离中洗滤次数为2～5次；超滤膜分离中洗滤次数为2～5次。

七、主要有效化学成分的鉴别方法

（一）绿原酸含量测定实例（高效液相色谱法）

1. 试剂、仪器与药材 Waters 2695－2996等高校液相色谱系统，Empower工作站，含四元梯度泵、自动进样器、BPZ11D型电子分析天平。对照品为绿原酸，水为重蒸水，醋酸、浓盐酸为分析纯。

供试品溶液的制备：本品粉末（过7号筛）约1克，精密称定，加50毫升甲醇，称重，超声处理（功率250W，频率35kHz）30分钟。放凉后称重，用甲醇补足重量，取上清液，0.22微米微孔滤膜滤过，即可。

2. 色谱条件 Kromasil－C_{18}（4.6毫米×250毫米，5微米）色谱柱。流速1.0毫升/分钟，检测波长为280纳米，柱温为30℃，进样体积10微升，流动相采用甲醇－水（含0.2%醋酸）系统梯度洗脱：0～20分钟，10%～30%；20～60分钟，30%～50%；60～65分钟，50%～60%。理论塔板数以绿原酸计不低于1000。

3. 标准曲线绘制 取绿原酸对照品溶液分别进4微升、8微升、10微升、15微升、20微升、25微升、30微升、40微升、50微升，按上述色谱条件测定峰面积，以峰面积分值为纵坐标（Y），进样量（微克）为横坐标（X），得出回归方程和线性范围。

4. 精密度测定 ①对照品精密度试验：精密吸取上述绿原酸对照品10微升，连续进样6次，测定峰面积，得出RSD。②供试品精密度试验：精密吸取供试品液10微

升，连续进样6次，测定绿原酸峰面积，得出RSD。

5. 稳定性考察 ①对照品稳定性考察：取绿原酸对照品10微升，分别于0、8、16、24、48小时测定绿原酸的峰面积，得出在48小时内的RSD值，判断对照品是否稳定。②供试品稳定性考察：取同一批试品溶液10微升，分别于0、8、16、24、48小时测定绿原酸的峰面积，得出在48小时内的RSD值，判断处理后的样品是否稳定。

6. 重复试验 取同一批样品5份，按供试品溶液的制备方法制备合并的供试品溶液，按上述色谱条件测定含量，测出绿原酸的含量及RSD值。

7. 回收率试验 取已知含量的金银花，精密称取样品6份，分别精密加入一定量绿原酸对照品按供试品溶液的制备方法制成供试品溶液，按上述色谱条件进样，测出峰面积，计算含量。

8. 供试品中绿原酸的测定 按照上述方法和色谱条件，对金银花供试品溶液进行含量测定，平均测定5份，用外标一点法计算含量。

9. 供参考点 为了获取最佳的提取效率，对供试品溶液的制备方法做了比较试验，分别采用30%、50%和70%的甲醇溶液进行提取，研究发现用50%甲醇提取效果好，而且杂质干扰少；同时采用不同提取方式（如热回流、冷浸、超声提取）和不同的提取时间（30分钟、45分钟和60分钟），通过测定比较最终确定50%甲醇超声30分钟。结果表明。该提取条件效果佳，操作简便易行。试验要对流动性、波长等条件进行摸索，其中甲醇－水（0.1%磷酸）与乙腈－水（0.1%磷酸）分离较好；280纳米波长大部分色谱峰能在图谱中真实体现，可供大家参考使用。

10. 崔永霞等用HPLC色谱法对河南不同产地金银花进行绿原酸的含量测定。结果如下

表7－2 药材中绿原酸的含量 mg

名称	峰面积	样品中绿原酸的量	绿原酸含量（%）
封丘县	1861995	18.23	3.65
密县	1922087	18.82	3.76
郑州	200267	1.961	0.39
对照品	1174529	0.00	0.00

由结果可见，郑州市内种植的金银花仅为观赏品，基本上不作为药材入药，亦不是规范化种植和栽培，其中绿原酸的含量低于1.5%（药典标准），而封丘县和密县的金银花中绿原酸的含量均高于其他产地的（其他产地绿原酸的含量仅从文献报道中查证），这与传统所说封丘金银花道地药材相吻合。

（二）黄酮类：槲皮素及木犀草素（反相高效液相色谱法）

王丽婷等采用高效液相色谱法同时测定金银花及叶中黄酮类物质。

1. 色谱条件 色谱柱为Zorbax 80A，Extend－C_{18}柱（250毫米×4.6毫米，5微米）；流动相为甲醇：0.02%磷酸（50：50）；流速为1.0毫升/分钟；检测波长350纳

米；柱温30℃；进样量10.0微升。

2. 对照品和供试品溶液的制备 ①对照品溶液的制备 准确称取槲皮素对照品0.0300克，用甲醇溶解并定容于50毫升容量瓶，配制成0.60毫克/毫升的溶液。取该溶液1.00毫升，用甲醇稀释并定容至10毫升，即得浓度为0.06毫克/毫升的槲皮素对照品溶液。记为溶液A。以相同的方法制备浓度为0.057毫克/毫升的木犀草素对照品溶液。记为溶液B。取1毫升溶液A和1毫升溶液B，混合均匀，得到溶液C。②供试品溶液的制备 称取5克经过干燥粉碎的金银花，用100毫升甲醇在40℃超声提取30分钟，过滤，减压浓缩，浓缩液用石油醚除杂，然后用甲醇定容至25毫升容量瓶，即得到金银花的供试品溶液。

3. 色谱分离 在上述色谱条件下，取溶液C进样，得到槲皮素和木犀草素的色谱图，同样条件下，得到金银花供试品溶液的色谱图。

4. 线性考察 取槲皮素溶液A和木犀草素溶液B，分别将它们用甲醇稀释，得一系列不同质量浓度的对照品溶液后进样，以对照品溶液的浓度C（单位：微克/毫升）为横坐标，峰面积积分值Y为纵坐标，得槲皮素和木犀草素对照品溶液的回归方程。

5. 精密度实验 在上述色谱条件下，取同一浓度对照品溶液，重复进样5次，测定峰面积，计算槲皮素和木犀草素的RSD。

6. 重复性实验 取同一批金银花3份，按上述方法制备供试品溶液并进行含量测定。计算花中槲皮素和木犀草素含量的RSD。

7. 稳定性实验 同一供试品溶液，分别于0，1，2，3，5，12，24小时进样，测定峰面积，计算花中槲皮素和木犀草素含量的RSD。

8. 回收率实验 取3份已测知含量的金银花供试品溶液均1.00毫升，以高中低3浓度水平加入适量的槲皮素和木犀草素对照品溶液，测定其含量，计算加样回收率和RSD。

9. 样品分析 取3份金银花，按上述制备方法制备成供试品溶液后进样，在上述色谱条件下测定，计算含量。

在实验时，用甲醇超声提取金银花中的黄酮类化合物，然后过滤，减压浓缩，浓缩液用石油醚除杂后定容检测，这样得到的色谱峰形较好，杂质峰较少，比直接将浓缩液定容检测效果要理想。采用反相高效液相色谱法直接对金银花的黄酮类物质槲皮素和木犀草素进行分离与测定，此方法简便快速，结果可靠。

李伟等采用HF－LPME－UHPLC－MS同时分析金银花中芦丁、金丝桃苷和槲皮素三种黄酮成分的含量，应用中空纤维液相微萃取技术作为前处理方法：聚丙烯中空纤维为支架，乙酸乙酯为有机溶剂，pH 3.0的KH_2PO_4溶液为给出相，pH 8.5的$NaHCO_3$溶液为接收相，搅拌速度为1000rpm，萃取时间为50min。用UHPLC－MS作为检测手段。法学验证结果表明该法灵敏、准确、提高了检测度和富集倍数，可用于检测金银花中的黄酮物质。

（三）芳樟醇（气相色谱法）

方琴等采用气相色谱法测定金银花中芳樟醇的含量。

1. 色谱条件的选择 Agilent HP－5 毛细管色谱柱（30 米×0.32 毫米×0.25 微米）；程序升温，柱温初始 50℃，以每分钟 10℃升温至 80℃，保持 10 分钟；进样口温度 240℃；检测器温度 240℃，FID 检测；载气为氮气，流速 2.0 毫升/分钟；分流进样，分流比 15∶1；理论塔板数按芳樟醇峰计算不少于 20000。

2. 内标物的选择 取樟脑对照品适量，精密称定，加无水乙醇制成含樟脑 0.4 毫克/毫升的内标溶液。

3. 对照品溶液的制备 取芳樟醇对照品适量，精密称定，加无水乙醇制成含芳樟醇 0.4 毫克/毫升的溶液，精密吸取芳樟醇对照品溶液 1 毫升及内标溶液 1 毫升置 10 毫升量瓶中，加无水乙醇稀释至刻度，摇匀即得。

4. 供试品溶液的制备 取金银花粗粉 40 克置圆底烧瓶中，加入 10 倍量水在挥发油提取器中，加入 3 毫升石油醚（60～90℃）提取约 6 小时，收集石油醚液，用适量的石油醚冲洗挥发油提取器内壁，合并石油醚液，定容于 10 毫升量瓶中，摇匀。精密吸取上述溶液 9 毫升，置 10 毫升量瓶中，再精密加入 1 毫升内标溶液，摇匀，即得。

5. 线性关系考察 精密称取芳樟醇对照品 114.7 毫克置 100 毫升量瓶中，加无水乙醇溶解并稀释至刻度，摇匀，再精密吸取上述溶液 0.5、1、2、4、8 毫升，分别置 10 毫升量瓶中，精密加入 1 毫升内标溶液，加无水乙醇稀释至刻度，摇匀，照气相色谱法（中华人民共和国药典规定）测定。以芳樟醇峰面积 Ai 与内标峰面积 As 的比值（Ai/As）为纵坐标 Y，浓度（C）为横坐标 X，绘制标准曲线。

6. 精密度试验 取浓度为 229.4 微克/毫升的对照品溶液，连续进样 6 针，得出样品中芳樟醇峰面积 Ai 与内标峰面积 As 的比值（Ai/As）的平均值、RSD 值。

7. 稳定性试验 取同一金银花药材供试品溶液，在 12 小时内每 2 小时测 1 次，共测 5 次。分别计算芳樟醇峰面积 Ai 与内标峰面积 As 的比值、RSD 值。

8. 重复性试验 取同一金银花药材 5 份，照上述芳樟醇含量测定方法测定，得出芳樟醇的平均含量、RSD 值。

9. 加样回收试验取已知含量的金银花药材进行加样回收率试验。取金银花粗粉 20 克，共 5 份，分别加入芳樟醇对照品溶液，按上述中芳樟醇含量测定方法测定。

（四）木犀草苷（高效液相色谱法）

1. 色谱条件与系统适用性试验 以十八烷基硅烷键合硅胶为填充剂；以乙腈为流动相 A，以 0.5% 冰醋酸溶液为流动相 B，按下表进行梯度洗脱；检测波长为 350 纳米。理论板数按木犀草苷峰计算应不低于 2000。

表7－3　色谱条件

时间（分钟）	流动相A（%）	流动相B（%）
0～15	10→20	90→80
15～30	20	80
30～40	20→30	80→70

2. 对照品溶液的制备　精密称取木犀草苷对照品适量，加70%乙醇制成每1毫升含40微克的溶液，即得。

3. 供试品溶液的制备　取本品细粉（过四号筛）约3克，精密称定，置具塞锥形瓶中，精密加入70%乙醇50毫升，称定重量，超声处理（功率250W，频率35kHz）1小时，放冷，再称定重量，用70%乙醇补足减失的重量，摇匀，滤过，取续滤液，即得。

测定法：分别精密吸取对照品溶液与供试品溶液各10微升，注入液相色谱仪，测定，即得。

本品按干燥品计算，含木犀草苷（C21H20O11）不得少于0.10%。

（五）异绿原酸（高效液相色谱法、紫外分光光度法）

钟方晓采用高效液相及紫外分光光度法测定金银花中绿原酸和异绿原酸含量。

1. 高效液相色谱法

①色谱条件：WatersNavepak C_{18}柱，Navepak C_{18}预柱，流动相为甲醇－乙腈－0.4%磷酸溶液（15：15：70），流速1.0毫升/分钟，检测波长327纳米，柱温25℃。②对照品的制备：精密称取五氧化二磷真空干燥24小时的异绿原酸对照品10毫克，置25毫升棕色量瓶中，加50%甲醇至刻度，摇匀，制成每毫升含40微克的高效液相用对照品溶液。③供试品溶液的制备：取已处理好的金银花样品0.5克，精密称定，置具塞三角烧瓶中，加入50%甲醇50毫升，称定重量，超声30分钟，擦干外壁水分，放冷，再称定重量，用50%甲醇补足减失的重量，摇匀，滤过，精密量取续滤液5毫升，置25毫升量瓶中，加50%甲醇至刻度，摇匀，进行高效液相法测定。④测定法：分别精密吸取对照品溶液与供试品溶液各10微升，注入液相色谱仪，测定，即得。⑤计算公式：含量% = $(SC_0/4WS_0)\times 100\%$（其中：S－样品峰面积，S_0－对照品峰面积，C_0－对照浓度，W－样品重量（毫克），1/4－为测定常数）

2. 紫外分光光度法

①对照品溶液的制备：精密称取五氧化二磷真空干燥24小时的异绿原酸对照品10毫克，置25毫升棕色量瓶中，加50%甲醇至刻度，摇匀，制成每毫升含40微克的储备液，精密量取此储备液1毫升于50毫升量瓶中，加50%甲醇至刻度，摇匀，制成每毫升含8微克的紫外分光光度法的对照品溶液。②供试品溶液的制备：取已处理好的金银花样品0.5克，精密称定，置具塞三角烧瓶中，加入50%甲醇50毫升，称定重量，超声30分钟，擦干外壁水分，放冷，再称定重量，用50%甲醇补足减失的重量，

摇匀，滤过，精密量取续滤液0.5毫升，置25毫升量瓶中，加50%甲醇至刻度，摇匀，进行紫外分光光度法测定。③计算公式：含量% = $(2.5 \cdot AC_0/WA_0) \times 100\%$（其中：A－样品吸收度，$A_0$－对照品吸收度，$C_0$－对照浓度，W－样品重量（毫克），2.5－为测定常数）

八、2010年版《中华人民共和国药典》中金银花检查要求

（一）水分检查（甲苯法）

1. 仪器装置 500毫升的短颈圆底烧瓶；水分测定管；直形冷凝管。使用前，全部仪器应清洁，并置烘箱中烘干。

2. 测定法 取供试品适量（约相当于含水量1～4毫升），精密称定。置500毫升的短颈圆底烧瓶中，加甲苯约200毫升，必要时加入干燥、洁净的沸石或玻璃珠数粒，将仪器各部分连接，自冷凝管顶端加入甲苯，至充满水分测定管的狭细部分。将短颈圆底烧瓶置电热套中或用其他适宜方法缓缓加热，待甲苯开始沸腾时，调节温度，使每秒钟馏出2滴。待水分完全馏出，即测定管刻度部分的水量不再增加时，将冷凝管内部先用甲苯冲洗，再用饱蘸甲苯的长刷或其他适宜的方法，将管壁上附着的甲苯推下，继续蒸馏5分钟，放冷至室温，拆卸装置，如有水黏附在水分测定管的管壁上，可用蘸甲苯的铜丝推下，放置，使水分与甲苯完全分离（可加亚甲蓝粉末少量，使水染成蓝色，以便分离观察）。检查水量，并计算供试品中的含水量（%）。（附注：用化学纯甲苯直接测定，必要时甲苯可加水少量，充分振摇后放置，将水层分离弃去，经蒸馏后使用。）

3. 水分不得过12.0%。

（二）总灰分测定

1. 总灰分测定法 测定用的供试品须粉碎，使能通过二号筛，混合均匀后，取供试品2～3克（如须测定酸不溶性灰分，可取供试品3～5克），置炽灼至恒重的坩埚中，称定重量（准确至0.01克），缓缓炽热，注意避免燃烧，至完全炭化时，逐渐升高温度至500～600℃，使完全灰化并至恒重。根据残渣重量，计算供试品中总灰分的含量（%）。如供试品不易灰化，可将坩埚放冷，加热水或10%硝酸铵溶液2毫升，使残渣湿润，然后置水浴上蒸干，残渣照前法炽灼，至坩埚内容物完全灰化。

2. 总灰分不得过10.0%。

（三）酸不溶性灰分测定

1. 酸不溶性灰分测定法 取上项所得的灰分，在坩锅中小心加入稀盐酸约10毫升，用表面皿覆盖坩锅，置水浴上加热10分钟，表面皿用热水5毫升冲洗，洗液并入坩埚中，用无灰滤纸滤过，坩埚内的残渣用水洗于滤纸上，并洗涤至洗液不显氯化物

反应为止。滤渣连同滤纸移置同一坩埚中，干燥，炽灼至恒重。根据残渣重量，计算供试品中酸不溶性灰分的含量（%）。

2. 酸不溶性灰分不得过3.0%。

崔永霞等对河南不同产地的金银花进行了灰分和酸不溶性成分的测定。

①测定方法　取封丘（洗与未洗）、密县、郑州金银花粉碎使能够全部通过2号筛，混合均匀后取样品约3克，精密称定，置炽灼至恒重的坩埚中，称定重量，缓缓炽热，注意避免燃烧，至完全炭化时逐渐升高温度至550℃，使完全灰化并至恒重。根据残渣重量，计算供试品中总灰分的含量。利用上面所得灰分，在坩埚中注意加入稀盐酸约10毫升，用表面皿覆盖坩埚，置水浴上加热10分钟，表面皿用热水5毫升冲洗，洗液并入坩埚中，用无灰滤纸滤过，坩埚内的残渣用水洗于滤纸上，并洗涤至洗液不显氯化反应为止。滤渣连同滤纸移至同一坩埚中，干燥，炽灼至恒重根据残渣重量，计算供试品中酸不溶性灰分的含量。

②测定结果如下：

表7-4　河南不同产地的金银花灰分和酸不溶性灰分测定结果　g

样品	药重	瓶重	灰分	灰分（%）	酸不溶性灰分	酸不溶性灰分（%）
封丘县洗	2.9916	49.6526	0.1907	6.4	0.0133	0.44
封丘县未洗	3.0159	50.4400	0.2496	8.3	0.069	2.28
密县	3.0503	48.0025	0.1892	6.2	0.0363	1.19
郑州	3.0144	50.2689	0.2683	8.9	0.089	2.95

从上述检查结果中可以看出，仅在河南产的金银花因其地理环境不同对灰分的含量产生了很大的影响，封丘金银花地处黄河滩，风沙较大，故洗与不洗酸不溶性灰分差别较大。

（四）重金属及有害元素测定（铅、镉、砷、汞、铜测定法）

1. 原子吸收分光光度法

本法系采用原子吸收分光光度法测定中药材的铅、镉、砷、汞、铜，除另有规定外，按下列方法测定。

①铅的测定（石墨炉法）

测定条件：参考条件：波长283.3纳米，干燥温度100~120℃，持续20秒，灰化温度400~750℃，持续20~25秒；原子化温度1700~2100℃，持续4~5秒，背景校正为氘灯或塞曼效应。

铅标准储备液的制备：精密量取铅单元素标准溶液适量，用2%硝酸溶液稀释，制成每1毫升含铅（Pb）1微克的溶液，即得（0~5℃贮存）。

标准曲线的制备：分别精密量取铅标准储备液适量，用2%硝酸溶液制成每1毫升分别含铅0纳克、5纳克、20纳克、40纳克、60纳克、80纳克的溶液。分别精密量取1毫升，精密加含1%磷酸二氢铵和0.2%硝酸镁的溶液1毫升，混匀，精密吸取20微升注入石墨炉原子化器，测定吸光度，以吸光度为纵光标，浓度为横坐标，绘制标准曲线。

供试品溶液的制备：A法：取供试品粗粉0.5克，精密称定，置聚四氟乙烯消除罐内，加硝酸3～5毫升，混匀，浸泡过夜，盖好内盖，旋紧外套，置适宜的微波消解炉内，进行消解（按仪器规定的消解程序操作）。消解完全后，取消解内罐置电热板上缓缓加热至红棕色蒸气挥尽，并继续缓缓浓缩至2～3毫升，放冷，用水转入25毫升量瓶中，并稀释至刻度，摇匀，即得。同法同时制备试剂空白溶液。B法：取供试品粗粉1克，精密称定，置凯氏烧瓶中，加硝酸－高氯酸（4∶1）混合溶液5～10毫升，混匀，瓶口加一小漏半，浸泡过夜。置电热板上加热消解，保持微沸，若变棕黑色，再加硝酸－高氯酸（4∶1）混合溶液适量，持续加热至溶液澄明后升高温度，继续加热至冒浓烟，直至白烟散尽，消解液呈无色透明或略带黄色，放冷，转入50毫升量瓶中，用2%硝酸溶液洗涤容器，洗液合并于量瓶中，并稀释至刻度，摇匀，即得。同法同时制备试剂空白溶液。C法：取供试品粗粉0.5克，精密称定，置瓷坩埚中，于电热板上先低湿炭化至无烟，移入高温炉中，于500℃灰化5～6小时（若个别灰分不完全，加硝酸适量，于电热板上低温加热，反复多次直至灰化完全），取出冷却，加10%硝酸溶液5毫升使溶解，转入25毫升量瓶中，用水洗涤容器，洗液合并于量瓶中，并稀释至刻度，摇匀，即得。同法同时制备试剂空白溶液。

测定法：精密量取空白溶液与供试品溶液各1毫升，精密加含1%磷酸二氢铵和0.2%硝酸镁的溶液1毫升，混匀，精密吸取10～20微升，照标准曲线的制备项下的方法测定吸光度，从标准曲线读出供试品溶液中铅（Pb）的含量，计算，即得。

②镉的测定（石墨炉法）

测定条件：参考条件：波长228.8纳米，干燥温度100～120℃，持续20秒，灰化温度300～500℃，持续20～25秒；原子化温度1500～1900℃，持续4～5秒，背景校正为氘灯或塞曼效应。

镉标准储备液的制备：精密量取镉单元素标准溶液适量，用2%硝酸溶液稀释，制成每1毫升含镉（Cd）0.4微克的溶液，即得（0～5℃贮存）。

标准曲线的制备：分别精密量取镉标准储备液适量，用2%硝酸溶液制成每1毫升分别含铅0纳克、0.8纳克、2.0纳克、4.0纳克、6.0纳克、8.0纳克的溶液。分别精密量取10微升，注入石墨炉原子化器，测定吸光度，以吸光度为纵光标，浓度为横坐标，绘制标准曲线。

供试品溶液的制备：同铅测定项下供试品溶液的制备。

测定法：精密吸取空白溶液与供试品溶液各10～20微升，照标准曲线的制备项下方法测定吸光度（若供试品有干扰，可分别精密量取标准溶液、空白溶液和供试品溶液各1毫升，精密加含1%磷酸二氢铵和0.2%硝酸镁的溶液1毫升，混匀，依法测定），从标准曲线上读出供试品溶液中镉（Cd）的含量，计算，即得。

③砷的测定（氢化物法）

测定条件：采用适宜的氢化物发生装置，以含1%硼氢化钠的0.3%氢氧化钠溶液（临用前配制）作为还原剂，盐酸溶液（1→100）为载液，氮气为载气，检测波长为193.7纳米，背景校正为氘灯或塞曼效应。

砷标准储备溶液的制备：精密量取砷单元素标准溶液适量，用2%硝酸溶液稀释，制成每1毫升含砷（As）1微克的溶液，即得（0～5℃贮存）。

标准曲线的制备：分别精密量取砷标准储备液适量，用2%硝酸溶液制成每1毫升分别含砷0纳克，5纳克，10纳克，20纳克，30纳克，40纳克的溶液。分别精密量取10毫升，置25毫升量瓶中，加25%碘化钾溶液（临用前配制）1毫升，摇匀，加10%抗坏血酸溶液（临用前配制）1毫升，摇匀，用盐酸溶液（20→100）稀释至刻度，摇匀，密塞，置80℃水浴中加热3分钟，取出，放冷。取适量，吸入氢化物发生装置，测定吸收值，以峰面积（或吸光度）为纵坐标，浓度为横坐标，绘制标准曲线。

供试品溶液的制备：同铅测定项下的供试品溶液的制备中的A法或B法制备。

测定法：精密吸取空白溶液与供试品溶液各10毫升，照标准曲线的制备项下，自“加25%碘化钾溶液（临用前配制）1毫升”起，依法测定，从标准曲线上读出供试品溶液中砷（As）的含量，计算，即得。

④汞的测定（冷吸收法）

测定条件：采用适宜的氢化物发生装置，以含0.5%硼氢化钠和0.1%氢氧化钠的溶液（临用前配制）作为还原剂，盐酸溶液（1→100）为载液，氮气为载气，检测波长为253.6纳米，背景校正为氘灯或塞曼效应。

汞标准储备液的制备：精密量取汞单元素标准溶液适量，用2%硝酸溶液稀释，制成每1毫升含汞（Hg）1微克的溶液，即得（0～5℃贮存）。

标准曲线的制备：分别精密量取汞标准储备液0毫升、0.1毫升、0.3毫升、0.5毫升、0.7毫升、0.9毫升，置50毫升量瓶中，加4%硫酸溶液40毫升、5%高锰酸钾溶液0.5毫升，摇匀，滴加5%盐酸羟胺溶液至紫红色恰消失，用4%硫酸溶液稀释至刻度，摇匀，取适量，吸入氢化物发生装置，测定吸收值，以峰面积（或吸光度）为纵坐标，浓度为横坐标，绘制标准曲线。

供试品溶液的制备：A法：取供试品粗粉0.5克，精密称定，置聚四氟乙烯消解罐内，加硝酸3～5毫升，混匀，浸泡过夜，盖好内盖，旋紧外套，置适宜的微波消解炉内进行消解（按仪器规定的消解程序操作）。消解完全后，取消解内罐置电热板上，于120℃缓缓加热至红棕色蒸气挥尽，并断续浓缩至2～3毫升，放冷，加4%硫酸溶液适量、5%高锰酸钾溶液0.5毫升，摇匀，滴加5%盐酸羟溶液至紫红色恰消失，转入10毫升量瓶中，用4%硫酸溶液洗涤容器，洗液含并于量瓶中，并稀释至刻度，摇匀，必要时离心，取上清液，即得。同法同时制备试剂空白溶液。B法：取供试品粗粉1克，精密称定，置凯氏烧瓶中，加硝酸－高氯酸（4：1）混合溶液5～10毫升，混匀，瓶口加一小漏斗，浸泡过夜，置电热板上，于120～140℃加热消解4～8小时（必要时延长消解时间，至消解完全），放冷，加4%硫酸溶液适量、5%高锰酸溶液0.5毫升，摇匀，滴加5%盐酸羟铵溶液至紫红色恰消失，转入25毫升量瓶中，用4%硫酸溶液洗涤容器，洗液合并于量瓶中，并稀释至刻度，摇匀，必要时离心，取上清液，即得。同法同时制备试剂空白溶液。

测定法：精密吸取空白溶液与供试品溶液适量，照标准曲线制备项下的方法测定。从标准曲线上读出供试品溶液中汞（Hg）的含量，计算，即得。

⑤铜的测定（火焰法）

测定条件：检测波长为324.7纳米，采用空气－乙炔火焰，必要时选择氘灯或塞曼效应进行背景校正。

铜标准储备液的制备：精密量取铜单元素标准溶液适量，用2%硝酸溶液稀释，制成每1毫升含铜（Cu）10微克的溶液，即得（0～5℃贮存）。

标准曲线的制备：分别精密量取铜标准储备液适量，用2%硝酸溶液制成每1毫升分别含铜0微克，0.05微克，0.2微克，0.4微克，0.6微克，0.8微克的溶液。依次喷入火焰，测定吸光度，以吸光度为纵坐标，浓度为横坐标，绘制标准曲线。

供试品溶液的制备：同铅测定项下供试品溶液的制备。

测定法：精密吸取空白溶液与供试品溶液适量，照标准曲线的制备项下的方法测定。从标准曲线上读出供试品溶液中铜（Cu）的含量，计算，即得。

王晓梅等采用表面活性剂十六烷基三甲基溴化铵（CTAB）建立CdTe量子点和罗丹明B（RhB）的FRET体系，利用FRET探针测定金银花中的微量铜含量，该法灵敏度高，操作简便，测定结果令人满意。

2. 电感耦合等离子体质谱法

本法系采用电感耦合等离子体质谱仪测定中药材中的铅、砷、镉、汞、铜。

仪器由等离子体电离部分和四级杆质谱仪组成。等离子体电离部分由进样系统、雾化器、雾化室、石英炬管、进样堆等组成，质谱仪部分由四级杆分析器和检测器等部件组成。

标准品储备液的制备：分别精密量取铅、砷、镉、汞、铜单元素标准溶液适量，用10%醋酸溶液稀释制成每1毫升分别含铅、砷、镉、汞、铜为1微克，0.5微克，1微克，1微克，10微克的溶液，即得。

标准品溶液的制备：精密量取铅、砷、镉、铜标准品储备液适量，用10%硝酸溶液稀释制成每1毫升含铅、砷0纳克，1纳克，5纳克，10纳克，20纳克。含镉0纳克，0.5纳克、2.5纳克，5纳克，10纳克。含铜0纳克，50纳克，100纳克，200纳克，500纳克的系列浓度混合溶液。另精密量取汞标准品储备液适量，用10%硝酸溶液稀释制成每1毫升分别含汞0纳克，0.2纳克，0.5纳克，1纳克，2纳克，5纳克的溶液，本液应临用配制。

内标溶液的制备：精密量取锗、铟、铋单元素标准溶液适量，用水稀释制成每1毫升含1微克的混合溶液，即得。

供试品溶液的制备：取供试品于60℃干燥2小时，粉碎成粗粉，取约0.5克，精密称定，置耐压耐高温微波消除罐中，加硝酸 5 ~ 10 毫升（如果反应剧烈，放置至反应停止）。密闭并按各微波消解仪的相应要求及一定的消解程序进行消解。消解完全后，冷却消解液低于 60℃，取出消解罐，放冷，将消解液转入 50 毫升量瓶中，用少量水洗涤消解罐 3 次，洗液合并于量瓶中，加入金单元素标准溶液（1 微克/毫升）200 微升，用水稀释至刻度，摇匀，即得（如有少量沉淀，必要时可离心分取上清液）。

除不加金单元素标准溶液外，余同法制备试剂空白溶液。

测定法：测定时选取的同位素为 63Cu、75As、114Cd、202Hg 和 208Pb，其中 63Cu、75As 以 72Ge 作为内标，114Cd 以 115In 作为内标，202Hg、208Pb 以 209Bi 作为内标，并根据不同仪器的要求选用适宜校正方程对测定的元素进行校正。

仪器的内标进样管在仪器分析工作过程中始终插入内标溶液中，依次将仪器的样品管插入各个浓度的标准品溶液中进行测定（浓度依次递增），以测量值（3 次读数的平均值）为纵坐标，浓度为横坐标，绘制标准曲线。将仪器的样品管插入供试品溶液中，测定，取 3 次读数的平均值。从标准曲线上计算得相应的浓度，扣除相应的空白溶液的浓度，计算各元素的含量，即得。

3. 重金属及有害元素含量　铅不得过百万分之五；镉不得过千万分之三；砷不得过百万分之二；汞不得过千万分之二；铜不得过百万分之二十。

崔永霞等人对河南不同产地的金银花重金属及砷盐经行了检测。见下表：

表 7－5　重金属及砷盐检查结果　ppm

样品	重金属（以铅计）	砷盐
封丘县洗	<10	<2
封丘县未洗	<10	<2
密县	<10	<2
郑州	<10	<2

上表可知，砷盐检查结果：将供试品生成的砷斑与标准砷斑相比较，颜色均浅于标准砷斑，且颜色深浅依次为郑州 > 封丘县未洗 > 封丘县洗 > 密县。

重金属测定结果：将样品管与对照品管同置白纸上，自上向下透视，样品管与对照管比较，颜色均浅于对照品管，且颜色深浅依次为郑州 > 封丘县洗 > 封丘县未洗 > 密县。

第八章　金银花的药理作用

金银花具有多种药效成分，具有抗菌、抗病毒、抑制溃疡、增强免疫功能等作用。下面简单介绍金银花的药理作用。

一、抗氧化作用

金银花灌胃后，大鼠血清中 T-AOC、GSH-PX、GSH 和 SOD，与灌胃前和对照组相比均有明显增高，MDA 含量减低，NO 和 NOS 变化不明显，提示金银花有提高体内抗氧化能力的作用。金银花茎中黄酮类化合物对猪油的氧化具有明显的抑制作用，这主要是因为黄酮类化合物具有多酚结构，能够提供活泼的氢质子与油脂氧化产生的自由基结合成稳定的产物，从而阻断油脂的自动氧化过程，同时，其提取物对 O_2^- 和 ·OH自由基的消除有明显的效果。用超声波处理和直接水煮制备金银花水提液，采用碘量法、番红褪色光度法和 NBT 法分别测定两种水提液对 H_2O_2、·OH 和 O_2^-·的清除作用。结果两种提取液均对 H_2O_2的清除作用较弱，但具有浓度原效应关系；超声波处理的提取液对·OH 的清除作用随提取液浓度的增加而增强，水煮处理的提取液中以 1：50 的浓度对·OH 的清除作用最强；二者对 O_2^-·有较强的清除作用，且作用的趋势和能力一致，在加入量不超过 250 微升时，其清除率随加入量的增加呈线性上升，以后基本不再增加。表明金银花水提液对·OH 和 O_2^-·具有较强的清除作用，可作为抗氧化剂进一步开发。

二、抗菌作用

体外实验表明，金银花煎剂及醇浸液对金黄色葡萄球菌、白色葡萄球菌、溶血性链球菌、肺炎杆菌、脑膜炎双球菌、伤寒杆菌、副伤寒杆菌、大肠杆菌、痢疾杆菌、变形杆菌、百日咳杆菌、绿脓杆菌、结核杆菌、霍乱弧菌等多种革兰阳性和阴性菌均有一定的抑制作用。水浸剂比煎剂作用强，叶煎剂比花煎剂作用强。其中，金银花提取物对金黄色葡萄球菌、大肠杆菌、枯草杆菌、青霉、黄曲霉和黑曲霉的抑菌浓度分别为 30%、60%、50%、80%、80% 和 60%（相当于绿原酸含量为 7.926、15.852、13.210、21.136、21.136 和 15.852 毫克/100 毫升）。口腔病原性微生物体外抑菌试验表明，金银花水提液对引起龋齿病的变形链球菌和放线黏杆菌及引起牙周病的产黑色素类杆菌、牙龈炎杆菌及伴放线嗜血菌均显示较强的抑菌活性，其中浓度在6.25 毫克/毫升以下者占所有菌株的 73.9%，浓度 12.5 毫克/毫升时抑菌率为 87%，其中变形链球菌、放线粘杆菌和产黑色素类杆菌对金银花相对比较敏感。金银花与连翘合用，抗菌范围还可互补，与青霉素合用，能增强青霉素对耐药性金黄色葡萄球菌的抗菌作用。各种细菌对其敏感性，各家报道不一，一般而言，对沙门菌属作用较强，尤其对伤寒及副伤寒杆菌在体外有较强的抑制作用。高浓度时对志贺菌属均可抑制，低浓度时则对志贺痢疾杆菌作用较强，对舒氏痢疾杆菌次之，对弗氏痢疾杆菌几乎无效。金银花的水煎剂、水浸液和提纯液，用平板打洞法，对致龋齿的变形链球菌，具有较好的杀菌和抑菌作用，抑菌效果随浓度增大而明显增强，提纯液最佳，水煎剂其次。金银花在体外对人型结核菌有某些抑制作用。另有报道，金银花经加热炮制后，其绿原酸含量有所下降，但其抑菌作用未见相应下降，相反对痢疾杆菌、变形杆菌的抑制作用还有所加强，说明绿原酸并非金银花唯一抑菌成分。水浸剂在体外对铁锈色小芽胞癣菌、星形奴卡菌等皮肤真菌有不同程度的抑制作用。有研究发现灰毡毛忍冬和正品金银花对金葡菌感染的小鼠均有保护作用，并且灰毡毛忍冬对金葡菌感染的小鼠有明显的保护作用。

三、抗血小板聚集作用

金银花及其所含的有机酸类化合物通过抑制 ADP 诱导血小板的激活，而抑制血小板聚集，主要机制为：①抑制诱导剂引起的血小板聚集；②抑制血小板膜 GPⅡb/Ⅲa 受体活性功能，GPⅡb/Ⅲa 是血小板聚集的共同通路，阻断 GPⅡb/Ⅲa 即可消除一切聚集剂引起的血小板聚集；③生物抗氧化作用，金银花中有机酸能与过氧自由基快速反应，避免血小板的活化；④可能是通过保护血管内皮细胞免受过氧化损伤和抑制血管内皮功能减退，阻止血小板激活的第 1 步而阻断血小板的聚集。

四、抗病毒作用

金银花中活性成分绿原酸具有一定的抗病毒作用，对呼吸道最常见、最主要的合胞病毒和柯萨奇 B 组 3 型病毒具明显的抑制作用。金银花醇提取液、水提取液和水超声提取液均能显著增强体外细胞抗腺病毒感染的能力，其中醇提取物抗病毒感染能力最强。木犀草苷具有很强的抗呼吸道合胞体病毒的活性，IC_{50}为 5.2 微克/毫升，治疗指数为 48.1，高于阳性对照药病毒唑；而木犀草素具有中等强度的抗呼吸道合胞体病毒的活性，IC_{50}为 20.8 克/毫升，治疗指数为 10.7。另外木犀草苷具有一定强度的抗副流感 3 型病毒的活性，IC_{50}为 41.7 微克/毫升，治疗指数为 6.0。金银花对伪狂犬病病毒（Pseudo rabiesvirus，PRV，疱疹病毒科，线状，双股 DNA 病毒）有一定的抑制效果。利用 CPE 抑制试验测定出金银花体外对 PRV 的直接杀灭浓度为 3.90 毫克/毫升，最小阻断浓度为 1.95 毫克/毫升。与黄芪 1：1 联合使用，其抑制作用增强，对 PRV 的直接杀灭浓度为 1.95 毫克/毫升，最小阻断浓度为 0.93 毫克/毫升，而黄芪单独使用对 PRV 的抑制作用不显著。金银花提取物对禽流感病毒（Newcastle disease，AIV，线状，单股，负链 RNA 病毒）具有抑制作用，与黄芪联用抑制作用增强。金银花提取物体外对 AIV 的直接杀灭浓度为 7.81 毫克/毫升；最小阻断浓度为 3.90 毫克/毫升；黄芪提取物单独使用对 AIV 的抑制作用不显著，与金银花联合使用，对 AIV 的直接杀灭浓度为 0.98 毫克/毫升，最小阻断浓度 1.95 毫克/毫升。用 HUT78 - SIV 系统进行抗艾滋病病毒实验，结果表明金银花具有抗猴免疫缺陷病毒（Simian immunodeficiency virus，SIV，逆转录病毒科，单股，正链 RNA 病毒）的作用，在 1：3200 的实验浓度下病毒的抑制率为 23.88%；抗艾滋病病毒（HIV）亦显示中等活性，药物活性值 EC_{50}3.69 微克/毫升，IC_{50}329 微克/毫升。

另外，近年研究证明金银花中含有的二咖啡酰奎宁酸（dicaffeoylquinic acids，DCQ）对乙型肝炎病毒（Hepatitis B virus，HBV，部分双链，环状，嗜肝性 DNA 病毒）抗原表达、病毒 DNA 复制及 DNA 聚合酶活性有较强的抑制作用。采用鸭肝病毒感染鸭的实验模型，给予 DCQ 第 7 天时血清病毒 DNA 水平开始下降，第 14 天时明显降低，停药 5 天后病毒 DNA 仍维持在较低水平，效果明显优于阿昔洛韦。DCQ 对 AIDS 病毒 HIV - I 的作用实验表明，在培养细胞和培养组织中 DCQ 能抑制 HIV - 1 的复制及整合酶的催化活性，作用位点在整合酶，而且对整合酶的抑制作用不可逆。人工合成的 DCQ 类似物对培养组织中的 HIV - 1 复制也有明显抑制作用。

金银花成分绿原酸浓度 0.05 毫克/毫升，0.1 毫克/毫升，0.4 毫克/毫升，0.8 毫克/毫升时，可分别体外抑制合胞病毒、柯萨奇 B3、腺病毒 7 型、腺病毒 3 型和柯萨奇 B5 型。表明绿原酸对常见呼吸道病毒有较强的抑制作用。

五、抗炎解热作用

腹腔注射金银花提取液 0.25 克/千克，能抑制角叉菜胶所致的大鼠足肿胀，对蛋清所致的足肿胀也有抑制作用。大鼠腹腔注射金银花提取液 8 克/千克，1 日 2 次，连续 6 天，对巴豆油肉芽囊肿的炎性渗出和肉芽组织形成有明显的抑制作用。早期报道金银花具有明显的解热作用，但用霍乱菌苗等给家兔静注致热，未证实灌服金银花煎剂 5 克/千克有解热作用。金银花还对人的γ - 球蛋白的 Cu^{2+} 热变性作用有显著抑制效果。以金银花为主要成分的抗菌消炎片显示，对蛋清引起的大鼠足跖肿胀有明显抑制作用，大剂量组在致炎后 0.5、1、2 和 4 小时作用明显，肿胀率与对照组比较差异有显著性；小剂量组在致炎后 0.5、1 和 2 小时作用较明显，肿胀率与对照组比较差异有显著性。该药对小鼠网状内皮系统吞噬功能也有明显促进作用。金银花能抑制大鼠宫颈白介素 IL - 1β 和前列腺素 PGE_2、肿瘤坏死因子 TNF - α 过表达，能减轻宫颈黏膜坏死，对大鼠宫颈炎具有一定疗效。金银花水提物对内毒素致大鼠发热有抑制作用，22.5g/kg 剂量效果显著。

六、降血脂、血糖作用

大鼠灌服金银花 2.5 克/千克能减少肠内胆固醇吸收，降低血浆中胆固醇的含量。体外实验金银花可与胆固醇相结合。金银花提取液在体外对 α - 淀粉酶和 α - 葡萄糖苷酶的活性均有一定的抑制作用。

七、抗生育作用

金银花经乙醇提取后，以水煎浸膏对小鼠、犬和猴进行试验，结果表明，小鼠腹腔注射及对孕期20～22天的犬静滴，金银花乙醇提取物均有较好的抗早孕作用，且随剂量增加而增强。对孕期3个月的猴，羊膜腔给药也有抗早孕作用。腹腔注射金银花提取物（600毫克/千克）有终止小鼠的早、中、晚期妊娠作用。

八、保肝利胆作用

金银花中的三萜皂苷对 CCl_4 引起的小鼠肝损伤有明显的保护作用，并明显减轻肝脏病理损伤的严重程度。金银花所含绿原酸能增进大鼠胆汁分泌，黄褐毛忍冬总皂苷皮下注射，能显著对抗 CCl_4、对乙酰氨基酚（扑热息痛）及D－半乳糖胺所致肝中毒小鼠血清谷丙转氨酶升高，降低肝脏甘油三酯含量，明显减轻肝脏病理损伤程度。

九、对免疫系统作用

金银花具有促进白细胞和炎性细胞吞噬功能，并能降低豚鼠T细胞a－醋酸萘酯酶（ANAE）百分率，降低中性粒细胞（PMN）体外分泌，具有恢复巨噬细胞功能，调理淋巴细胞功能，显著增强IL－2的产生等作用。同时表明，金银花不但能改善受损细胞免疫能力，也调解了受抑制的淋巴细胞分泌细胞因子的功能，不但对特异性和非特异性的细胞免疫，而且对特异性体液免疫功能也有较好的调解作用。从分子水平探讨金银花对大鼠免疫功能的影响，结果服用金银花后能显著提高巨噬细胞吞噬率及吞噬指数，当金银花用量达到2.5克/千克体重时，能增强机体的淋巴细胞转化率，以及增强 Th_1 细胞分泌IL－2、IFN－γ、TNF－α。表明金银花水煎剂可明显增强机体的免疫功能。用MTT法体外观察金银花多糖在不同浓度对小鼠脾淋巴细胞增殖的影响。结果显示金银花多糖在浓度10～250μg/ml时可显著促进小鼠脾淋巴细胞的增殖，以浓度100μg/ml时作用最为明显。

十、抗过敏作用

在热不稳定PCA（被动皮肤过敏反应）中，采用OVA（卵清蛋白）致敏小鼠可使OVA特异性IgE升高。高、中浓度金银花水提物组小鼠耳廓注入同种抗血清后，其耳廓浸液的OD值低于对照组，提示金银花可能通过降低特异性IgE而有抗过敏作用，但低浓度组作用不明显。在热稳定PCA反应中，各组OD值均无明显改变，即金银花水提物对特异性 IgG_1 无明显影响。热不稳定和热稳定PCA实验，提示金银花水提物可能通过减少抗OVA特异性IgE抗体的产生，从而对抗I型变态反应。另外，金银花高、中浓度组对过敏小鼠小肠炎症有明显缓解作用（小肠HE染色），对OVA介导的小肠肥大细胞脱颗粒和聚集现象也有缓解（甲苯胺蓝染色），提示抑制肥大细胞的组织胺释放可能是金银花水提物的抗炎机制之一。金银花35%乙醇提取物的水溶液具有显著的预防过敏活性。

十一、中枢兴奋作用

经电休克，转笼等实验方法证明，口服绿原酸后，可引起大鼠、小鼠等动物中枢神经系统兴奋，其作用强度为咖啡因的1/6，两者合用无相加及增强作用。

十二、抗内毒素作用

腹腔注射金银花注射液7.5克/千克能使接受LD_{50}的绿脓杆菌内毒素或绿脓杆菌的小鼠存活率达半数以上；静注金银花蒸馏液6克/千克对绿脓杆菌内毒素中毒的家兔有治疗作用，能改善其所引起的白细胞减少和体温降低。

十三、消除耐药质粒

越来越多的病菌表现出对某种抗生素具有一定的耐药性，如临床分离的绿脓杆菌90%以上菌株携带有耐药质粒（R质粒），甚至有的病菌表现出对多种抗生素具有耐药性，为临床治疗带来一定困难。其耐药机理可能与R质粒的存在与传播有关。金银花水煎剂对去污染小鼠感染绿脓杆菌P29株R质粒具有消除作用，消除率为8%，所得多数消除子主要表现对单一抗生素恢复敏感性（对庆大霉素耐药性的丢失），少数消除子表现为多重耐药性的丢失（卡那霉素、庆大霉素、四环素和链霉素耐药性的丢失）；而体外试验没有发现消除R质粒的作用。对绿脓杆菌PAll株R质粒体内的消除作用显示，金银花提取液作用24小时没有获得消除子，但随着药物作用时间延长消除率明显增加，48小时消除率为1.6%、72小时消除率为18.9%，平均消除率为12.5%。

十四、肺损伤保护作用

金银花对流感造成的小鼠肺损伤的肺指数抑制率达到了17.51%，病理切片也显示给予金银花后小鼠肺损伤的范围明显缩小、程度减轻。

十五、其他作用

绿原酸有兴奋大鼠离体子宫平滑肌的作用。金银花中黄酮类化合物木犀草素对NK/LY腹水癌细胞体外培养有抑制生长的作用。

十六、急性毒性

小鼠皮下注射本品浸膏的LD_{50}为53克/千克。绿原酸有致敏原作用，可引起变态反应，但口服无此反应，因绿原酸可被小肠分泌物转化成无致敏活性的物质。

第九章 金银花的应用

第一节 金银花在临床、制剂开发中的应用

金银花多用治温热病、各种疮痈肿毒，以及热毒血痢诸证。金银花甘寒而气清香，既能清气分、血分之邪热火毒，又能通营达表，消肿溃坚，解痈疡之毒，其清解之中兼能宣透，为治温热病、外感风热、疮痈肿毒之要药。本品炒炭能凉血止痢。

一、金银花单品使用的临床应用

（1）感染性疾病的预防与治疗　单用金银花用于治疗流感、麻疹、水痘、流行性腮腺炎等。

（2）呼吸系统感染　单用金银花用于治疗咽喉炎、支气管炎、扁桃体炎等。尤其适用于红、肿、热、痛的急性发作期。

（3）五官科疾病　用于治疗中耳炎、蜂窝织炎等。眼科疾病治疗常用金银花煎汁外洗。

（4）清热解毒祛暑　夏季常用金银花开水冲泡代茶，具有很好的清热解毒祛暑效果，可用于口舌生疮、牙龈肿痛、皮肤疔疖、红疹等火气、热毒之证。解暑金银花产品内服的有金银花露，外用的含金银花的花露水、沐浴露等。

（5）美容养颜保健　《御香缥缈录》一书中记载，慈禧尤其喜欢用金银花泡茶，每日茶碗里必有几朵金银花漂浮在上面。她睡觉前敷完“鸡子清”面膜，用肥皂和清水洁面后，还会再涂上一层金银花蒸馏液。因为刚敷完“鸡子清”面膜后，脸上很容易紧绷，金银花蒸馏液能让皮肤松弛下来，但其主要功能在于能阻止皱纹伸长和扩大。

（6）皮肤病治疗　治疗皮炎、红斑、荨麻疹、瘙痒症、顽癣等，金银花常是内服外洗的要药。一般可治疗新生儿红疹（痱子）、湿疹、小儿夏季疖肿，也为青春期祛痘常用，并对斑秃、脱发治疗有效。雒春香等采用金银花煎液外洗治疗婴儿湿疹50例，结果表明：金银花煎液外洗疗效明显优于对照组葡萄糖酸氯己定软膏外涂疗效，且未见不良反应发生。

（7）消化系统疾病治疗　金银花具有清热解毒、祛暑、止痢的功效，为夏季防治肠道传染病、食物中毒等引起的泻泄、痢疾的常用佳品。用金银花研末，每日早晚餐前口服，可治疗幽门螺杆菌相关的消化性溃疡病。

二、金银花临床运用

（1）外感发热，口渴，或兼见肢体酸痛 ①金银花，或金银花藤30克，水煎，代茶饮用。②金银花15克，菊花10克，茉莉花3克，用沸水冲泡，代茶饮用，即可防治。平素火大者，常饮此茶有降火功效。③取金银花30克，薄荷6克，麦冬10克，鲜芦根30克，先煎金银花、芦根、麦冬，沸后煮15分钟再下薄荷，煮2分钟，取汁液，调入冰糖饮用。

（2）急性扁桃体炎、咽喉肿痛、咽喉充血 ①金银花25克，黄芩15克，山豆根25克，桔梗15克，甘草15克，竹叶10克，水煎服。②金银花20克，甘草3克，水煎服，每日1剂。③金银花15~30克，山豆根9~15克，甘草9克，硼砂1.5克（冲服）。将上药（除硼砂外）一同加水煎煮后去渣取汁，然后用此煎液冲服硼砂。每日1剂，分两次服下。④金银花30克，麦冬10克，甘草5克，泡茶饮。⑤金银花15克，栀子花5枚，甘草6克，浸泡于5000毫升鲜蜂蜜内，1周后食蜜。

（3）预防乙脑、流脑 ①金银花10克，大青叶10克，板蓝根10克，连翘10克，贯众10克，甘草10克，水煎服，每天一剂，连服5~7天。②金银花、连翘、大青叶、芦根、甘草各10克，水煎代茶饮，每日1剂，连服3~5天。

（4）急性细菌性痢疾 金银花10克，黄芩10克，黄连3克，水煎服，每日1剂。或取金银花焙枯存性，白痢以红砂糖水，赤痢以白蜜水调服，每次服15克，1日2次。此外银花藤60克水煎服，每日1剂，治菌痢、肠炎亦有良效。

（5）婴幼儿腹泻 将金银花炒至烟尽，研为细末，加水保留灌肠，每日2次。半岁以下，每次用1克，加水10毫升；半岁至1岁用1.5克，加水15毫升；1~2岁用2~3克，加水20~30毫升。

（6）胆道或伤口感染 金银花30克，连翘、黄芩、大青根、野菊花各15克，水煎服，每日1剂。

（7）泌尿系感染、小便频数、尿道疼痛、热涩不利 ①金银花、天胡荽、金樱子根、白茅根、海金沙藤各15克，水煎服，每日1剂。②金银花15克，车前草30克，旱莲草30克，益母草30克。每日1剂，水煎，分2~3次服。热重于湿者加大金银花用量；湿重于热者加大车前草用量；尿路结石加金钱草；急性肾炎加石苇。③金银花15克，板蓝根15克，鱼腥草10克，车前草、泽泻、瞿麦各12克，海金沙9克，甘草6克。每日1剂，水煎，分二次服。

（8）疔疮及一切肿毒，无论已溃、未溃 ①金银花连茎叶60克，水煎服，1日1剂；并以药渣敷患处。或银花藤90克，生甘草6克，水煎服，每日1剂，重者2剂；另将银花藤研烂。用少量酒调敷患处四周。②金银花莲枝、叶（锉）60克，黄芪120克，甘草30克。上细切，用酒一升，同入壶内闭口，重汤内煮三二时辰，取出去渣，顿服。

（9）颌面部化脓炎症 金银花、连翘各15克，玄参、竹叶各10克，水煎服，每日1剂。

(10) 阑尾炎 ①金银花60～90克，蒲公英30～60克，甘草10～15克。每日1剂，早晚两次煎服。②金银花90克，当归60克，生地榆30克，麦冬30克，玄参30克，黄芩6克，薏米仁5克，甘草10克，水煎服，每日1剂。③以金银花离子透入法，1次/天，30分钟/次，10～20次为1疗程。④三叶鬼针草（鲜草）60克，金银花30克，蜂蜜60克。分两次服，每日1剂。

(11) 深部脓肿 金银花、野菊花、海金沙、马兰、甘草各10克，大青叶30克，水煎服，每日1剂。

(12) 急性乳腺炎 ①乳腺炎初起，乳房红肿疼、发热恶寒，局部未溃破者。金银花30克，蒲公英15克，连翘9克，赤芍9克，浙贝6克，花粉6克，鹿角霜15克，皂刺9克，山甲9克，香附9克，陈皮9克，当归尾9克。一日一剂，水煎分二次服。②乳腺炎破溃，久不收口者。金银花15克，熟地9克，白芍6克，当归9克，川芎6克，党参9克，白术9克，生黄芪18克，赤茯苓9克，甘草6克。一日一剂，水煎分二次服。③金银花、野菊花、海金沙、马兰、甘草各10克，大青叶30克，水煎服。每日1剂。④金银花30克，生甘草15克，皂刺12克，鹿角片10克，加白酒50毫升，水煎煮。⑤金银花、当归、黄芪（蜜炙）、甘草各二钱半。上作一服，水煎，入酒半盏，食后温服。⑥金银花16克，蒲公英12克，土贝母9克，生甘草6克，水煎服。⑦金银花90～120份，青皮180～220份，连翘90～110份，牛蒡根70～100份，牛蒡籽50～80份。

(13) 子宫颈糜烂 ①金银花粗粉1000克，40%酒精1500毫升。先浸48小时后，滤液煎至400毫升。每日1～2次，外搽局部。②金银花浸膏100克，明胶50克。用棉签涂金银花流浸膏于子宫颈管发炎处，然后取金银花明胶一块贴在子宫颈口患处。③金银花、甘草等份，共研细末。睡前。用阴道棉签蘸药粉，塞于子宫颈处，次日晨取出，10次一疗程。

(14) 杨梅疮 金银花30克，甘草6克，黑料豆60克，土茯苓12克，水煎服，每日1剂。

(15) 荨麻疹 ①鲜金银花30克，水煎服或用没银煎液（含银花、没药）。②金银花藤30克，虎耳草10克，路路通30克，水煎服，每日1剂。

(16) 出血性麻疹 金银花、紫草、赤芍、丹皮、生地各9克，生甘草4.5克。水煎服。

(17) 传染性肝炎 银花藤60克，水煎服，每日1剂。15天为1疗程，休息1～3天，根据病情需要，可再服。

(18) 疮疡痛甚 金银花连枝叶（锉），黄芪120克，甘草30克。细切，用酒1000毫升，同入罐内，闭口，煮5小时左右，取出，去渣，顿服。

(19) 风湿性关节炎 银花藤9克，桑枝9克，水煎服9克。

(20) 毒蕈（蘑菇）中毒 ①将金银花的鲜嫩茎叶，用冷水洗净后，嚼服。②金银花30克，甘草15克，水煎服。或鲜忍冬藤120克，捣汁服或浓煎服。

（21）皮肤瘙痒　金银花20克炖猪小肠，每日服3次，连服5天。

（22）红眼病　鲜金银花30克，野菊花30克，黄柏30克，水煎，熏洗眼睛，每日2次。

（23）高血压　金银花30克，白菊花30克，山楂30克，水煎服。

（24）热淋　①金银花20～30克，蒲公英30～60克，滑石20～30克，甘草6克，煎汤服。②银花炭30克，白芍15克，白扁豆花10克，煎汤服。

（25）尿痛、尿频　金银花60克，白糖120克，同蒸，频频饮服。

（26）刀伤　鲜金银花叶适量，捣烂敷于患处，或研末撒于患处。

（27）舌炎　金银花、夏枯草各9克，水煎当茶饮。

（28）一氧化碳中毒　金银花30克，生萝卜600克，水煎，加红糖适量服。

（29）梅核气　金银花25克，胖大海10克，白芷15克，花粉15克，连翘20克，清夏15克，莱菔子15克，苏梗15克，厚朴15克，甘草10克。水煎服，早晚各服一次。

（30）鼻窦炎　①金银花9克，研细为末，取少许吸入鼻中，1日数次。②金银花、野菊花、黄芪各15克，蒲公英、苍耳子、白芷、当归、辛夷花各12克，紫花地丁10克，每日1剂，水煎分2次服。③金银花、野菊花、黄连各15克，蒲公英、苍耳子、白芷、当归、辛夷花各12克，紫花地丁10克，水煎浓缩，滴鼻，每次2滴，每日5次。

（31）皮肤手足癣　①金银花15克，苦参30克，秦艽15克，枳壳9克，甘草9克，蛇床子15克。水煎，浸洗患处，2～3次/天，每次约30分钟。②乌梅25克，金银花50克，第一次煎30分钟，第二次煎25分钟，将两煎所得滤液约20～30毫升过滤去渣。用棉签蘸此液涂搽患处，每日5次。③张晓丽等研究了金银花浸泡疗法对服用索拉非尼后并发手足皮肤反应（HFSR）患者的疗效，在给予金银花浸泡干预治疗后，HFSR其发生率有明显差异，实验组HFSR发生率35%，对照组HFSR发生率75%。严重程度也明显得到控制，实验组（Ⅱ、Ⅲ度）HFSR发生率15%，对照组（Ⅱ、Ⅲ度）HFSR发生率50%。

（32）口腔溃疡　①金银花（干花）50克，再用100℃沸开水500毫升浸泡15分钟。吸含漱液后仰头，使含漱液流到咽喉部，停30秒，然后再让含漱液在口腔内滞留2～3分钟，然后缓慢吐出，也可少量吞服，连续使用7天。②金银花15克，青黛10克，水煎取汁，频频含漱。

（33）菌痢　①银花炭40～50克，秦皮，地榆，水煎服。②金银花配伍黄连、黄芩或配伍紫皮大蒜、茶叶、甘草。③金银花20克，煎汤，红痢以白蜜水调服，白痢以红砂糖调服。

（34）1059、1605等有机磷农药中毒　金银花60～90克，明矾6克，大黄15克，甘草60～90克，水煎冷服，每剂服1次，每日2剂。

（35）夏季防暑抗温，清热解毒　金银花、生甘草适量，开水浸，作茶饮。

（36）急慢性咽喉炎　金银花、麦冬、桔梗、乌梅、甘草各10克，开水浸泡，作茶饮。

（37）痤疮　①新生儿痤疮：金银花50克，马齿苋30克，苦参、地肤子、生地龙、麸苍术、白鲜皮、蛇床子、苍耳子、黄柏各20克，药浴加炉甘石外涂。②重用金银花治疗痤疮：金银花50g，黄芩、白芷、连翘各9g，生甘草6g，1剂/d，水煎2次，分2次服。③重用金银花治疗痤疮：金银花60g，地丁30g，野菊花15g，黄芩、知母、白芷、赤芍、大力子、连翘、生甘草各9g内服。

（38）肛裂　生甘草10克，金银花10～20克（或金银花藤30克），煎汤坐浴，一日二至三次。

（39）流行性腮腺炎　①金银花30克，连翘15克，板蓝根15克，水煎服。外用鲜花捣敷。②金银花、连翘、大力子、山栀、板蓝根、马勃、蒲公英、桔梗，水煎服。③金银花、蒲公英各25克，甘草15克，水煎服。

（40）防治猩红热　金银花10～15克，连翘5克，杭菊花5克，水煎服，每天一剂，连服10天。

（41）防治白喉　金银花10克，生地15克，玄参15克，连翘10克，甘草3克，水煎服。

（42）病毒性肺炎　①金银花15克，桑白皮25克，杏仁15克，生甘草8克，黄芩15克，桔梗8克，牛蒡子15克，薏苡仁20克，水煎服。②小儿肺炎：金银花、鱼腥草各5～15克，连翘、桔梗、紫菀、蚤休、桔红各5～10克，杏仁、车前子各3.5～10克，薄荷、甘草各3.5～7.5克，每日一剂，每日4次。③金银花、连翘、大青叶各15克，蚤休、桔梗、麦冬、甘草各6克，车前子12克，胆南星1克，玄参9克，随症加减，水煎服，1～1.5岁，每日服半剂，1.5～3岁，每日服1剂，每日4次服。

（43）小儿便秘　金银花、菊花各18克，甘草8克，水煎服。

（44）口疮　①金银花10克，当归10克，黄芪10克，甘草3克，水煎服。②小儿鹅口疮：金银花10克，乌梅5克，甘草5克。

（45）百日咳　①金银花15克，乌梅9克，水煎服。②金银花15克，乌梅9克，风化芒硝9克，青黛6克。水煎服。③金银花9克，乌梅15克，冰糖30～60克，梨50克（如无梨，甘蔗亦可代替）水煎服。

（46）钩端螺旋体　①每次金银花5克，九里光15克，每日四次。②预防：金银花、连翘各30克，白茅根60克，黄芩18克，藿香12克。在接触疫水期内，每日1剂，分3次煎服。治疗：上方减去白茅根30克，加栀子15克，淡竹叶（或竹叶卷心）12克，通草9克，加水煎取汁，每隔4小时服一次，退烧后，可每隔6小时服一次。每次150毫升，连服3～5日。

（47）麦粒肿　①蒲公英30克，金银花15克（儿童及体弱者酌减）第一煎内服，第二煎熏洗。②板蓝根50克，金银花、紫花地丁、大青叶、蒲公英各25克，每日1

剂，水煎服。

（48）脚湿气瘙痒、溃破　忍冬藤100克，荷叶30克，煎水熏洗。

（49）手足口病　①西药常规对症治疗的同时，配合中药汤剂口服（金银花、连翘、芦根、蝉蜕、薏苡仁、黄芩等），每日水煎取180～200毫升，分3～4次口服。②丝瓜络20～30份，川贝20～25份，前胡15～25份，金银花15～20份，蒲公英10～15份，紫花地丁20～30份，桑白皮25～35份，白芷10～20份，黄芪10～15份。

（50）在防治SARS中的应用　①金银花20克，连翘15克，板蓝根20克，川藿香10克，防风10克，贯众15克，甘草3克，1剂/天，连服7天，可预防SARS病的流行。②金银花20克，板蓝根20克，大青叶20克，贯众20克，野菊花20克，甘草20克，1剂/天，连服7天为1疗程也可用于对SARS病毒的预防和治疗。③中国中医药管理局公布的防治处方之一（健康人群服用），取金银花、连翘各15克，蝉衣、僵蚕各10克，鲜芦根20克，薄荷6克，生甘草5克，水煎代茶饮，连续服用7～10天。④与非典型肺炎病例或疑似病例有接触的健康人群，用金银花、生黄芪、板蓝根、贯众、生薏米仁各15克，柴胡、黄芩、苍术、藿香、防风各10克，生甘草5克，水煎服，每日2次，连续服用10～14天。

（51）治太阴暑温，汗后余邪未尽，头感微胀，视物不清　鲜银花6克，鲜荷叶边6克，西瓜翠衣6克，鲜扁豆花一枝，丝瓜皮6克，鲜竹叶心6克。上药用水二杯，煮取一杯，一日二次分服。

（52）恶露不尽　以金银花炭、配伍益母草、炒黄芩等组成银黄汤，水煎服1剂/天。一般用药2～10剂，平均5～6剂即愈。

（53）银屑病　金银花、生槐花、白茅根、土茯苓等组成的银花解毒汤，水煎服。

（54）小儿痱毒　①金银花或茎、叶，煎水外洗。②金银花、大青叶、野菊花各20克，苦参10克，煎水盆浴，每日2次，每次20～30分钟。

（55）小儿麻痹症　凤尾草、臭菖蒲、豨莶草、爬山虎、苍耳草、艾叶、苏叶、醒头草、金银花、马鞭草、绒麻草、辣蓼草、野菊花、臭母猪梢各适量（计约鲜草500克，干草250克），共加水煮沸，滤液倾倒盆内，加醋100毫升，用棉物覆盖熏蒸，水温后给小儿洗澡。

（56）杨梅结毒　①金银花一两，甘草30克，黑料豆60克，土茯苓120克，水煎，日1剂，尽量饮。②金银花25克，土茯苓15克，白鲜皮12克，黄芪30克，羌活12克，连翘20克，当归15克，黄芩12克，北豆根6克，鱼腥草25克，白花蛇舌草30克。随症加减：小便淋沥，湿热下注加黄柏、泽泻；腰膝酸软，无力，加杜仲、山茱萸；头晕耳鸣加枸杞、菊花；取处方量药材，净选后，加水适量煎煮，第1次、第2次均为0.5h，滤除残渣，滤液浓缩至400ml，口服，每日2次，每次200mL。

（57）脚气作痛（筋骨引痛）　金银花为末，每服三钱，热酒调下。

（58）瘀血作痛　金银花一两，水煎服。

（59）急性亚急性湿疹　金银花、黄柏、连翘、蛇床子各9克，苦参、黄连、白矾各6克，加水1500毫升，煎至500毫升，去渣取汁，洗患处，每日1剂，洗2~3次。治疗期间，禁用清水和肥皂洗患处，避搔抓，忌辛辣刺激性食物。

（60）痈肿溃疡　①金银花30克，花粉、皂刺各12克，白芨、贝母、知母、山甲珠、半夏各6克，乳香3克，煎服。②金银花30克，马齿苋60克，大黄10克，水煎，滤取药液熏洗患处，同时配合内服方，金银花、生地各25克，黄连10克，水煎服，每日1剂。

（61）外伤感染性骨髓炎　金银花30克，连翘24克，地丁、野葡萄根各15克，黄芩9克，丹皮6克。水煎服。

（62）血栓闭塞性脉管炎（热毒型）　金银花、玄参各30克，当归15克，甘草9克，煎服。

（63）肾炎　①风热型肾炎：取金银花、白茅根、益母草各30克，竹叶10克。将上药加水煎煮后去渣取汁，每日一剂，分两次服下。一般患者用药3~20天后即可使水肿消退。②急性肾炎：金银花15克，金钱草15克，海金砂15克，连翘9克，水煎服。

（64）痔疮　金银花、红花、黄芩各30克，大黄6克，芒硝60克，加水浸泡10分钟，再煎煮25分钟后，倒入盆中熏洗肛门，稍冷后坐浴，每日1剂，熏洗2次。

（65）慢性支气管炎　金银花，石膏各30克，黄芩20克，麻黄、黄芪、甘草、冬瓜仁各15克，射干、苏子各10克，水煎服。

（66）慢性中耳炎　银花15克，生大黄15克，黄连6克，半枝莲20克。将上药加水300毫升煎成100毫升，去渣澄清备用。用时以吸管吸取药液，滴入耳内，待滴满时侧耳流出，并用干棉签吸干耳内液。每天早、中、晚各滴洗1次。

（67）急性结膜炎　金银花30克，野菊花30克。将上药加水适量，煎煮30分钟，去渣取汁，取1小杯药汁，对患眼先熏后洗，然后将剩余药汁全部倒入泡足器中，泡足3O分钟，每天1次，3天为1个疗程。

（68）自汗、盗汗　金银花15克，玉米须200克（干品100克），车前子20克。将上药加水煎煮30分钟，去渣取汁，与热水同入泡足器中，每晚泡足30分钟。10天为1个疗程。

（69）糖尿病足　金银花20克，紫丹参3O克，乳香15克，没药15克。将上药加水煎煮30分钟，去渣取汁，与50℃热水一同倒入泡足器中，药液须浸至膝关节，每晚泡病足30分钟。20天为1个疗程。

（70）祛痘　金银花、马齿苋、蒲公英等，研成粉末，加水调成糊状，涂在脸上即可。一般是一周2次，每次10分钟左右，做1~3个月，对祛除青春痘很有效。

（71）慢性前列腺炎　金银花50克，蒲公英30克，丹参20克，连翘、滑石、茯苓、车前子、益母草、当归、败酱草、王不留行籽各15克，赤芍12克，穿山甲9克，甘草6克，水煎，熏洗会阴，温度适合时坐浴，10日为1个疗程。

（72）外阴瘙痒　金银花50克，苦参、蛇床子、枯矾各30克，川椒15克，煎汤半盆，趁热先熏洗后坐浴，每日2次，外阴破溃者应去川椒，若为霉菌感染，加百部、朴硝、硼砂各30克，若为滴虫感染，加鹤虱30克，生半夏、乌梅各15克，山楂20克，若为老年性患者，加艾叶20克，当归、红花各15克。

（73）甲沟炎、指头炎　大黄100克，金银花50克，共研细末，以米醋调匀为浆糊外敷用，每天换药4～5次为宜。

（74）牙龈肿痛　金银花15克，白糖5克，水煎服。

（75）防治暑疖　金银花30克，野菊花15克，甘草5克，水煎服。

（76）痈疽发背初起　金银花250克，当归100克煎煮，口服。

三、金银花临床联用

（1）+青霉素　与金银花联用可增强对耐药性金黄色葡萄球菌的抑制作用，提高疗效。

（2）+黄芩　与金银花有协同性抗菌作用。

（3）+连翘、蒲公英　与金银花伍用可增强清热解毒作用。连翘与金银花伍用扩大抑菌范围，增强抑菌效力。

（4）+安乃近　与金银花、黄芩提取物制成小儿解热肛门栓剂，具有广谱抗菌、抗病毒、抗真菌和解热作用。

（5）+肾上腺素　金银花所含绿原酸可轻微增强肾上腺素和去甲肾上腺素的升压作用。

（6）+地榆　与金银花伍用可增强止血、凉血作用。

（7）+黄芪　与金银花伍用可解毒消肿、托疮排脓和促进肉芽生长。

（8）+乌头碱中毒　应用金银花可减少阿托品用量并提高疗效。

（9）-海螵蛸　其钙质可与金银花中绿原酸相络合，影响吸收，降低疗效。

（10）-滑石　其镁离子可与金银花有效成分相络合，影响吸收，降低疗效。

四、常用金银花制剂

金银花是我国传统的常用大宗药材之一，在非典时期发挥了重要作用，以金银花配方的中药制剂也是人们家用的常备药品。现代医药工作者根据方剂配伍原则和经方已开发多种金银花中药制剂，扩大了其临床应用。目前金银花的中药剂型很多，有传统的汤剂、颗粒剂、合剂，也有散剂、茶剂、注射剂、含漱液、胶囊剂、凝胶剂、喷雾剂、片剂等。

（1）金银花含漱液（医院制剂）　①组成：金银花、甘草、竹叶、茅根、菊花各15克。功能主治：清热解毒，疏散风热，泻火，清热生津。用于预防鼻咽癌放疗所致的口咽并发症口干，咽痛、口咽炎等。用法用量：每日含漱6～10次，每次保留2～3分钟。②组成：金银花30克，蒲公英30克，薄荷10克（后下）。功能主治：清热解毒，疏散风热，利咽等。用于治疗口腔炎症及口腔异味。

（2）祛风解毒颗粒（医院制剂） 组成：土茯苓30克，金银花、蒲公英各15克，白鲜皮、泽泻各12克，防风、蝉蜕、地肤子、丹参、芍药、甘草各10克。功能主治：疏风清热，除湿解毒止痒。用于治疗荨麻疹。用法用量：26克/次，每日早晚各1次，温开水冲服。

（3）扁炎口服液（医院制剂） 组成：金银花、玄参、黄芩等中药。功能主治：养阴、生津、清热、解毒等功效而达到消肿利咽的作用。

（4）百日咳糖浆（医院制剂） 组成：金银花1.5千克，矮地茶1千克，枇杷叶1千克，桔皮1千克，杏仁1千克，桔梗1千克，蔗糖6.5千克，尼泊金5克，共制成10000毫升。功能主治：止咳平喘，润肺化痰。用法用量：口服，每次10～20毫升，每日3次，小儿酌减。

（5）喉疾灵冲剂（医院制剂） 组成：金银花、连翘、地黄、番泻叶、黄芩、麦冬、牡丹皮、知母、射干、山豆根。功能主治：清热解毒，滋阴降火，生津止咳，活血化瘀。用于治疗急性咽炎。用法用量：一次15克，每日3次，疗程7天。

（6）金平感颗粒（研究所制剂） 组成：金银花、虎杖等。功能主治：抗流感病毒。

（7）清热消炎合剂（医院制剂） 组成：金银花30克，板蓝根15克，连翘15克，蒲公英30克，紫花地丁30克，败酱草20克，赤芍12克，延胡索20克，白及10克。功能主治：清热解毒，消痈散结，凉血利咽。用于腮腺炎，扁桃体炎，淋巴腺炎，慢性咽炎，慢性肠炎等。

（8）清利合剂（医院制剂） 组成：金银花、生地、当归、黄芩、赤芍、牡丹皮、生石膏等12味中药材。功能主治：清热解毒，利湿止痒。用于治疗面部激素皮炎、湿疹等症。

（9）清咽糖浆 组成：胖大海35克，金银花70克，桔梗70克，腊梅花70克，薄荷70克，麦冬70克。功能主治：清热解毒，清咽消炎，润肠通便。用于热结大肠，咽喉肿痛，咽炎。用法用量：口服，每次10～20毫升，每日3次。

（10）清热解毒口服液（注射液、片、软胶囊） 组成：金银花、生石膏、玄参、生地、栀子、连翘、龙胆、麦冬、知母、板蓝根、甜地丁、黄芩。功能主治：清热解毒。用于热毒壅盛所致的发热面赤、烦躁口渴、咽喉肿痛；流感、上呼吸道感染见上述症候者。用法用量：口服液，口服，10～20毫升/次，3次/天。儿童酌减，或遵医嘱。注射液，肌内注射，一次2～4毫升，一日2～4次。片剂，口服，一次4片，一日3次，儿童酌减。软胶囊，口服，一次2～4粒，一日3次，或遵医嘱。

（11）咽喉茶 组成：金银花5克，栀子5克，胖大海1枚，玄参3克，木蝴蝶3克，麦门冬3克，甘草3克，青果3克。功能主治：养阴清热，滋阴增液，生津利咽，化痰止咳，泻热通便。用法用量：开水冲泡以代茶饮。每日1剂。

（12）银黄口服液（片、颗粒、胶囊、含化片、注射液） 组成：金银花提取物、黄芩提取物。功能主治：清热解毒，消炎。用于上呼吸道感染，急性扁桃体炎，咽炎。

用法：口服液，口服，一次 10～20 毫升，一日 3 次，儿童酌减。片剂，口服，一次 2～4片，一日 4 次，用温开水送服。颗粒剂，口服，一次 1～2 袋，一日 2 次，用开水冲化服。胶囊剂，口服，一次 2～4 粒，一日 4 次。含化片，每次一次 2 片，一日 10～20 片，分次含服或遵医嘱。注射剂，肌内注射，每次 2～4 毫升，每日 1～2 次。

(13) 玉叶解毒冲剂　组成：金银花、玉叶金花、野菊花、岗梅、积雪草、山芝麻等。功能主治：清热解毒，辛凉解表，利湿。用于外感风热引起的感冒咳嗽，咽喉炎，尿路感染等治疗。

(14) 舒感颗粒　组成：金银花、山芝麻、桑叶、射干、柴胡、连翘、玄参等中药。功能主治：用于风热症之感冒，上呼吸道感染等症。

(15) 复方疮疡搽剂　组成：金银花、大黄、五倍子、柯子、当归、黄柏、乌梅等组成。功能主治：清热解毒，敛疮止血，抗菌消炎。用于治疗各种疮疡、外伤出血、痈、肿、疔、疖等症。

(16) 复方金银花止咳糖浆　组成：金银花、桔梗、黄芩、啤酒花、654－2、非乃根、尼伯金乙醋、白糖、香精0.1 毫升，制成100 毫升。功能主治：镇咳祛痰、平喘消炎。用于治疗上呼吸道感染、感冒引起的咳嗽、急性支气管炎、慢性支气管炎发作、咽炎等呼吸系统疾病。

(17) 喉舒冲剂 1 号　组成：金银花、牛蒡子、连翘、赤芍、板蓝根、黄芩、玄参、防风等。功能主治：清热解毒、疏风解表。用于治疗急性咽炎。用法用量：每日 1 剂，分 2 次，早晚各 1 次冲服（小儿减半）。

(18) 双黄连口服液、颗粒（注射液、滴注液、片、气雾剂、糖浆、胶囊）　组成：金银花、黄芩、连翘。功能主治：清热解毒，辛凉解表，抗菌消炎。用于治疗急性扁桃体炎、咽炎、小儿病毒肺炎和泌尿道感染等。用法用量：口服液，口服，一次 20 毫升，一日 3 次，小儿酌减或遵医嘱。颗粒剂，口服，一次 5 克，一日 3 次。6 月以下小儿，一次 1～1.5 克；6 个月～1 岁，一次 1.5～2 克；1 岁～3 岁，一次 2～2.5 克；3 岁以上酌量增加或遵医嘱，用开水冲服。注射液：静脉注射，每次 10～20 毫升，每日 1～2 次。静脉滴注，每次 1 千克体重 1 毫升；肌内注射，每次 2～4 毫升，每日 1～2 次；滴注液，静脉滴注，每次每千克体重 10 毫升，一日 1 次，或遵医嘱。片剂，口服，一次 4 片，一日 3 次，用温水送服。气雾剂，口腔吸入，一日 3 次。糖浆剂，口服，一次 10 毫升，一日 3 次。胶囊剂，口服，一次 4 粒，一日 3 次，小儿酌减或遵医嘱。

(19) 解毒软胶囊　组成：金银花、石膏、连翘、栀子、黄芩、龙胆草、板蓝根、玄参、知母、麦冬等。功能主治：清热疏风，消肿利咽，滋阴润燥，祛湿。用于治疗急性咽炎。用法用量：口服，3 次/天，3.6 克/次。临床疗效：治疗急性咽炎 60 例，治愈 48 例，有效 10 例，总有效率 96.7%。

(20) 小儿解表颗粒　组成：金银花、连翘、牛蒡子（炒）、蒲公英、黄芩、防风、紫苏叶、荆芥穗、葛根、牛黄。功能主治：宣肺解表，清热解毒。用于风热感冒，恶寒发热，头痛咳嗽，鼻塞流涕，咽喉痛痒。用法用量：开水冲服，1~2岁，一次4克，一日2次；3~5岁，一次4克，一日3次；6~14岁，一次8克，一日2~3次。

（21）小儿热速清口服液（糖浆） 组成：金银花、连翘、柴胡、黄芩、水牛角、板蓝根、大黄、葛根。功能主治：清热解毒，泻火利咽。用于小儿外感高热，头痛，咽喉肿痛，鼻塞，流涕，咳嗽，大便干结。用法用量：口服液，口服，1岁以内一次2.5~5毫升，1~3岁一次5~10毫升，3~7岁一次10~15毫升，7~12岁一次15~20毫升，一日3~4次，糖浆用法用量同口服液。

（22）抗感颗粒（胶囊） 组成：金银花、赤芍、绵马贯众。功能主治：清热解毒。用于外感风热引起的发热，头痛，鼻塞，喷嚏，咽痛，全身乏力，酸痛等症。用法用量：颗粒剂，开水冲服，一次10克，一日3次；小儿酌减或遵医嘱。胶囊剂，口服，一次2粒，一日2次。

（23）金银花露（合剂） 组成：金银花。功能主治：清热解毒。用于暑热口渴，疮疖，小儿胎毒。用法用量：蒸馏液，口服，一次60~100毫升。合剂，口服，一次15毫升，一日2~3次。

（24）金银花糖浆 组成：金银花、忍冬藤。功能主治：清热解毒。用于发热口渴，咽喉肿痛，热疖疮疡，小儿胎毒。用法用量：口服，一次15~30毫升，一日2~4次，小儿酌减。

（25）金梅清暑颗粒 组成：金银花、乌梅、淡竹叶、甘草。功能主治：清暑解毒，生津止渴。用于夏季暑热，口渴多汗，头昏心烦，小便短赤，并防治痧痱、中暑。用法用量：开水冲服，一次15克，一日2次。

（26）金青感冒颗粒 组成：金银花、大青叶、板蓝根、鱼腥草、薄荷、淡豆豉、淡竹叶、陈皮、甘草。功能主治：辛凉解表，清热解毒。用于感冒发热，头痛咳嗽，咽喉肿痛。用法用量：开水冲服，一次7克，一日3次，小儿酌减。

（27）金青解毒丸 组成：金银花、大青叶、淡竹叶、薄荷、荆芥、板蓝根、甘草、鱼腥草。功能主治：辛凉解表，清热解毒。用于感冒发热，头痛咳嗽，咽喉疼痛。用法用量：口服，一次1~2丸，一日1~2次。

（28）金参润喉合剂 组成：金银花、玄参、地黄、连翘、桔梗、射干、板蓝根、甘草、冰片、蜂蜜、尼泊金乙酯。功能主治：养阴生津，清热解毒，消痰散结，利咽止痛。主治喉痹阴虚症或痰热症所致的咽喉肿痛，咽痒，咽部有异物感等症，以及慢性咽炎见有上述症状者。用法用量：口服，一次20毫升，一日4次，20天为一个疗程，可服1~2个疗程。

（29）金蓝气雾剂 组成：金银花、板蓝根、射干、冰片。功能主治：清热解毒，利咽开音。适用于属风热证之急性咽炎，喉炎。用法用量：用时将本品倒置，喷头圆孔对准口腔，急性咽喉炎当发“啊”声时，按阀门上端喷头，使药液喷入口腔；急性喉炎，当发出“依”声时按阀门上端喷头，使药液喷入口腔，一次喷4~5下，一日5~6次，或遵医嘱。

(30) 金嗓开音丸 组成：金银花、连翘、玄参、板蓝根、赤芍、黄芩、桑叶、菊花、前胡、苦杏仁（去皮）、牛蒡子、泽泻、胖大海、僵蚕（麸炒）、蝉蜕、木蝴蝶。功能主治：清热解毒，疏风利咽。用于风热邪毒引起的咽喉肿痛，声音嘶哑，急性、慢性咽炎、喉炎等。用法用量：口服，大蜜丸，一次 1 ~ 2 丸；水蜜丸，一次 60 ~ 120 粒，一日 2 次。

(31) 金菊感冒片 组成：金银花、野菊花、板蓝根、五指柑、三叉苦、岗梅、豆豉姜、石膏、羚羊角、水牛角浓缩粉。功能主治：清热解毒。用于风热感冒，发热咽痛，口干或渴，咳嗽痰黄等症。用法用量：口服，一次 4 片，一日 3 次；预防量，一次 2 片，一日 2 次，连服 3 ~ 5 天。

(32) 金菊五花茶冲剂 组成：金银花、木棉花、葛花、野菊花、槐花、甘草。功能主治：清热利湿，凉血解毒，清肝明目。用于大肠湿热所致的泄泻、痢疾、便血、痔血以及肝热目赤，风热咽痛，口舌溃烂。用法用量：开水冲服，一次 10 克，一日 1 ~ 2次。

(33) 金花消痤丸 组成：金银花、栀子（炒）、黄芩（炒）、大黄（酒制）、黄连、桔梗、薄荷、黄柏、甘草。功能主治：清热泻火，解毒消肿。用于肺胃热盛所致的痤疮（粉刺），口舌生疮，胃火牙痛，咽喉肿痛，目赤，便秘，尿赤黄等症。用法用量：口服，一次 4 克，一日 3 次。

(34) 金牡感冒片 组成：金银花、牡荆根、贯众、三叉苦、葫芦茶、山甘草、薄荷油。功能主治：疏风解表，清热解毒。用于外感风热，憎寒壮热，头痛咳嗽，咽喉肿痛。用法用量：口服，一次 4 片，一日 3 次。小儿酌减。

(35) 金芪降糖片 组成：金银花、黄芪、黄连。功能主治：清热益气。主治气虚兼内热之消渴证。症见口渴喜饮，易饥多食，气短乏力等。用于轻、中型非胰岛素依赖型糖尿病。用法用量：饭前半小时口服，一次 7 ~ 10 片，一日 3 次。或遵医嘱。

(36) 金贝痰咳清颗粒 组成：金银花、浙贝母、前胡、苦杏仁、桑白皮、桔梗、射干、麻黄、川芎、甘草。功能主治：清肺止咳，化痰平喘。适用于咳嗽，痰黄粘稠，喘息等痰热证候者，以及慢性支气管炎发作见上述症状者。用法用量：用开水冲服，一次 1 袋，一日 3 次。或遵医嘱。

(37) 银翘伤风胶囊 组成：金银花、连翘、牛蒡子、桔梗、芦根、薄荷、淡豆豉、甘草、淡竹叶、荆芥、牛黄。功能主治：辛凉解表，清热解毒。用于外感风热，温病初起，发热恶寒，高热口渴，头痛目赤，咽喉肿痛。用法用量：口服，一次 4 粒，一日 3 次。

(38) 金石清热颗粒 组成：金银花、石膏、柴胡、连翘、荆芥、知母、牡丹皮、甘草。

功能主治：解表清热。用于风热感冒，症见发热、恶风、汗出、咽喉肿痛、咳嗽、头痛、鼻塞、流涕等。用法用量：用开水冲化服，一次一袋，一日 3 次。

(39) 银花抗感片 组成：金银花、牡荆根、贯众、三丫苦、葫芦茶、山甘草。功能主治：清热解毒。用于伤风感冒，恶寒发热，头痛咳嗽，咽喉肿痛。用法用量：口服，一次4片，一日3次，小儿酌减。

(40) 银花感冒冲剂　组成：金银花、连翘、防风、桔梗、甘草。功能主治：清热，解表，利咽。用于感冒发热，头痛，咽喉肿痛。用法用量：用开水冲服，一次1袋，一日3次。

(41) 银翘双解栓　组成：金银花、连翘、黄芩、丁香叶、羊毛脂。功能主治：疏解风热，清肺泻火。主治外感风热或兼有肺热，症见发热或微恶风寒，咽喉肿痛，咳嗽，痰白或黄，脉浮数或滑数。用法用量：肛门纳药，一次1粒，一日3次，儿童用药酌减。应在排便后纳入肛门，以利药物迅速吸收。

(42) 银蒲解毒片　组成：金银花、蒲公英、野菊花、紫花地丁、夏枯草。功能主治：清热解毒。用于风热型急性咽炎，症见咽痛，充血，咽干或有灼热感，舌苔薄黄等；湿热型肾盂肾炎，症见尿频短急，灼热疼痛、头身疼痛、小腹坠胀、肾区叩击痛等。用法用量：口服，每次4~5片，一日3~4次，儿童酌减。

(43) 清热银花糖浆　组成：金银花、菊花、白茅根、通草、大枣、甘草、绿茶叶。功能主治：清热解毒，通利小便。用于温邪头痛，目赤口渴，湿热郁滞，小便不利等。用法用量：口服，一次20毫升，一日3次。

(44) 健儿清解液　组成：金银花、菊花、连翘、苦杏仁、山楂、陈皮。功能主治：清热解毒，祛痰止咳，消滞和中。用于口腔糜烂，咳嗽咽痛，食欲不振，脘腹胀满等症。用法用量：口服，一次10~15毫升，婴儿一次4毫升，5岁以内8毫升。6岁以上酌加，一日3次。

(45) 苦甘冲剂　组成：金银花、苦杏仁、黄芩、浙贝母、麻黄、薄荷、蝉蜕、桔梗、甘草。功能主治：疏风清热，宣肺化痰，止咳平喘。用于风热感冒及风温肺热引起的恶风，咳嗽，咳痰，气喘等症。用法用量：开水冲服，一次8克，一日3次，小儿酌减或遵医嘱。

(46) 金青玄七丸（散、膏）　组成：金银花、毛冬青、玄参、当归、甘草、三七、五加皮。功能主治：活血通脉，消肿止痛，清热解毒，托毒生肌。用于治疗血栓闭塞性脉管炎。用法用量：水丸每粒约0.2克，每次30~40粒，1日2次口服，30天为1个疗程，共2个疗程。外浴法：上方药1/5量的药末，用纱布包装成袋（100克/袋），每次1袋，沸水煮15分钟后倒入大塑料桶内加满热水，洗液要达到没膝深度，待水温在30℃左右时将患肢放入药水中洗浴40分钟，每日1次，疗程随主方。外敷法：若有溃烂发黑坏死处，以蟾酥粉适量合凡士林膏外敷伤口，每日换药1次，以疮口愈合为度。

(47) 儿童清热口服液　组成：金银花、蝉蜕、石膏、滑石、黄芩、大黄、赤芍、板蓝根、广藿香、羚羊角片。功能主治：清热解毒，解饥退热。用于内蕴付热，外感时邪引起的高热不退，烦躁不安，咽喉肿痛，大便秘结等症。用法用量：口服，1~3岁，一次10毫升；4~6岁，一次20毫升；一岁以内酌减。4小时口服一次，热退停服。

(48) 退热解毒注射液　组成：金银花、连翘、柴胡、牡丹皮、蒲公英、金钱草、夏枯草、石膏。功能主治：清热解毒。用于病毒感染，原因不明的高热，急、慢性炎症，用法用量：肌内注射，一次2~4毫升，一日2次。

(49) 大卫冲剂　组成：金银花、连翘、黄芩、柴胡、紫苏叶、甘草。功能主治：清热解毒，疏风透表。用于感冒发热，头痛，咳嗽，鼻塞流涕，咽喉肿痛等症，对病毒性感冒，高热者尤为适用。用法用量：口服，开水冲服，一次12克，一日3次，小儿酌减。

(50) 长城感冒片　组成：金银花、连翘、牛蒡子、芦根、桔梗、荆芥穗油、薄荷脑、淡豆豉、甘草膏、羚羊角粉、羌活。功能主治：清热散风，解表退热。用于流行性感冒，发冷发热，四肢酸懒，头痛咳嗽，咽喉肿痛，瘟毒发颐，两腮赤肿。用法用量：口服，一次5片，一日2~3次，儿童酌减。

(51) 风热清口服液　组成：金银花、熊胆粉、青黛、桔梗、瓜蒌皮、甘草。功能主治：清热解毒，宣肺透表，利咽化痰。用于外感风热所致的发热，微恶风寒，头痛，咳嗽，流涕，口渴，咽痛，以及急性上呼吸道感染见上述症候者。用法用量：口服，一次10~20毫升，一日3~4次，三天为一个疗程。重症加量，儿童酌减，或遵医嘱。

(52) 仙方活命片　组成：金银花、穿山甲、防风、陈皮、天花粉、甘草、浙贝母、当归尾、白芷、皂荚刺、乳香、没药、赤芍。功能主治：清热解毒，散瘀消肿，化脓生肌。用于火毒壅盛，痈疽疮疡，红肿热痛，脓成不溃。用法用量：口服，嚼碎后服用，一次8片，一日1~2次。

(53) 孕妇金花丸（片）　组成：金银花、栀子（姜制）、当归、白芍、川芎、地黄、黄芩、黄柏、黄连。功能主治：清热安胎。用于孕妇头痛，眩晕，口鼻生疮，咽喉肿痛、双面赤肿，牙龈疼痛，或胎动下坠，小腹作痛，心烦不安，口干咽燥，渴喜冷饮，小便短黄等症。用法用量：水丸，口服，一次6克。片剂，口服，一次4片，一日2次。

(54) 加味银翘片　组成：金银花、连翘、忍冬藤、桔梗、甘草、地黄、淡豆豉、牛蒡子、淡竹叶、荆芥、栀子、薄荷。功能主治：辛凉透表，清热解毒。用于外感风热，发热头痛，咳嗽，口干，咽喉疼痛。用法用量：口服，一次4片，一日2~3次。

(55) 抗感冒颗粒（口服液）　组成：金银花、板蓝根、大青叶、葛根、白芷、菊花、连翘、黄芩、栀子、茵陈、贯众。功能主治：清热解毒，凉血消肿。用于风热感冒，痄腮，及病毒引起的流感。临床应用：颗粒剂，口服，用开水冲服，一次10克，一日3次。重症一日4~6次。小儿酌减，或遵医嘱。口服液，口服，一次10毫升，一日3次。

(56) 复方金银花合剂　（《浙江省医院制剂规范》收载品种）组成：金银花、甘草等11味中药组成。功能主治：清热解毒，理气养阴。用于慢性咽炎，口腔炎及呼吸道感染等的治疗。

（57）狼疮丸　组成：金银花、连翘、蒲公英、黄连、生地黄、大黄（酒制）、甘草、蜈蚣（去头尾足）、赤芍、当归、丹参、玄参、桃仁（炒制）、红花、蝉蜕、浙贝母。功能主治：清热解毒，凉血，活血化瘀，增加细胞免疫功能，提高机体抗病能力，降低循环免疫复合物。用于系统性红斑狼疮，系统性硬皮病，皮肌炎，脂膜炎，白塞病，结缔组织病。用法用量：口服，小蜜丸，一次10克；大蜜丸，一次2丸；水蜜丸，一次5.4克；一日2次。系统性红斑狼疮急性期，一次服药量加一倍，一日3次。

（58）清血内消丸　组成：金银花、连翘、栀子（姜制）、拳参、大黄、蒲公英、黄芩、黄柏、木通、玄明粉、赤芍、乳香（醋制）、没药（醋制）、桔梗、瞿麦、玄参、薄荷、雄黄、甘草。功能主治：清热祛湿，消肿败毒。用于脏腑积热，风湿毒热引起的疮疡初起，红肿坚硬，憎寒发热，二便不利。用法用量：口服，一次6克，一日3次，用白开水送服。

（59）清热暗疮丸（片）　组成：金银花、大黄浸膏、穿心莲浸膏、牛黄、蒲公英浸膏、珍珠层粉、山豆根浸膏、栀子浸膏、甘草。功能主治：清热解毒，凉血散瘀，泻火通腑。用于治疗痤疮，疖痈等。用法用量：浓缩丸，口服，一次2~4丸；片剂，口服，一次2~4片，一日3次，小儿酌减。

（60）复方金银花冲剂　组成：金银花、连翘、黄芩。功能主治：清热解毒，凉血消肿。用于风热感冒，喉痹，乳蛾，目痛，牙痛及痈肿疮疖等。用法用量：用开水冲化服，一次10~20克，一日2~3次。

（61）复方双花口服液　组成：金银花、连翘、板蓝根、穿心莲。功能主治：清热解毒，利咽消肿。用于风热外感，风热乳蛾，症见发热、微恶风、头痛、鼻塞流涕、咽红而痛或咽喉干燥灼痛，吞咽则加剧，咽扁桃体红肿，舌边尖红苔薄黄或舌红苔黄，脉浮数。用法用量：口服液，口服，成人一次20毫升，一日4次；儿童3岁以下一次10毫升，一日3次；3~7岁一次10毫升，一日4次；7岁以上一次20毫升，一日3次。3日为一个疗程。糖浆剂，口服，成人一次20毫升，一日4次；儿童3岁以下一次10毫升，一日3次；3~7岁一次10毫升，一日4次；7岁以上一次20毫升，一日3次，3日为一个疗程。

（62）热毒平颗粒　组成：金银花、连翘、生石膏、玄参、地黄、栀子、甜地丁、黄芩、龙胆、板蓝根、知母、麦冬。功能主治：清热解毒。用于治疗流感，上呼吸道感染及各种发热疾病。用法用量：口服，一次1~2袋，一日3次，用开水冲化服，或遵医嘱。

（63）速感宁胶囊　组成：金银花、大青叶、山豆根、维生素C、对乙酰氨基酚、马来酸氯苯那敏。功能主治：清热解毒，消炎止痛。适用于风热感冒，流行性感冒及上呼吸道感染引起的头痛身痛，鼻塞流涕，咳嗽痰黄，咽喉肿痛，齿龈肿痛等病症。用法用量：口服，一次3粒，一日3次。

（64）维C银翘片　组成：金银花、连翘、荆芥、淡豆豉、淡竹叶、牛蒡子、芦根、桔梗、甘草、薄荷油、对乙酰氨基酚、马来酸氯苯那敏、维生素C。功能主治：辛凉解表，清热解毒。用于流行性感冒引起的发热头痛，咳嗽，口干，咽喉疼痛。用法用量：口服，一次2片，一日3次。服药期间不宜驾驶车辆，或管理机器及高空作业。

(65) 强力感冒片（强效片） 组成：金银花、连翘、牛蒡子、桔梗、薄荷、淡竹叶、荆芥、甘草、淡豆豉，对乙酰氨基酚。功能主治：辛凉解表，清热解毒，解热镇痛。用于伤风感冒，发热头痛，口干咳嗽，咽喉肿痛。用法用量：口服，一次2片，一日2~3次。

(66) 散风透热颗粒 组成：金银花、连翘、柴胡、板蓝根、葛根、黄芩、青蒿、白薇、地骨皮、甘草。功能主治：清热解毒，散风透热。适用于外感风热证，发热，微恶寒，口干，咳嗽，咽喉肿痛等。用法用量：用开水冲化服，1~3岁，一次15克；4~6岁，一次22.5克；7岁以上用成人量，一次30克，一日3次。

(67) 克感利咽口服液 组成：金银花、黄芩、荆芥、栀子（炒）、连翘、玄参、僵蚕（姜制）、地黄、射干、桔梗、薄荷、蝉蜕、防风、甘草。功能主治：疏风清热，解毒利咽。用于感冒属风热外侵，邪热内扰证者，症见发热，微恶风，头痛，咽痛，鼻塞流涕，咳嗽痰黏，口渴溲黄。用法用量：口服，一次20毫升，一日3次。

(68) 利口清含漱液 组成：金银花、北豆根。功能主治：清热解毒。用于肺胃火热引起的复发性口疮和牙周病的辅助治疗，可减轻本类疾病引起的口腔局部溃疡、渗出、充血、出血、水肿和疼痛等症状。用法用量：饭后漱口用，每次15毫升药液，口腔内鼓漱2分钟后吐出，每天4次，饭后睡前应用。

(69) 清解片（颗粒） 组成：金银花、金钱草、柴胡、夏枯草、连翘、石膏、牡丹皮、蒲公英。功能主治：清热解毒，凉血散结。用于毒热炽盛，具有高热、口渴、尿赤、便结、苔黄舌质红、脉弦数等实热症候。用法用量：片剂，口服，成人一次3片，儿童酌减，颗粒剂，每包装9.5克，用开水冲化服，一次2包，儿童酌减，一日2~3次。

(70) 双虎清肝颗粒 组成：金银花、虎杖、黄连、瓜蒌、白花蛇舌草、蒲公英、丹参、野菊花、紫花地丁、法半夏、枳实、甘草。功能主治：清热利湿，化痰宽中，理气活血。用于湿热内蕴所致胃脘痞闷，口干不欲饮，恶心厌油，食少纳差，胁肋隐痛，腹部胀满，大便黏滞不爽或臭秽，或身目发黄，舌质暗，舌边红，舌苔厚腻或腻，脉弦滑或弦数者，以及慢性乙型肝炎见有上述症候者。用法用量：用开水冲化服，一次24克，一日2次，三个月为一个疗程，或遵医嘱。

(71) 金扑感冒片（复方感冒灵片） 组成：金银花、五指柑、野菊花、三桠苦、岗梅、板蓝根、扑热息痛、扑尔敏、咖啡因。功能主治：清热解毒。用于治疗感冒，预防流感、流脑。用法用量：口服，一次4片，一日3次，两天为一疗程。预防剂量：一次4片，一日2次，连服3~5片。

(72) 银芩解毒片 组成：金银花、黄芩、荆芥、牛蒡子、淡竹叶、芦根、桔梗、淡豆豉、薄荷油、甘草。功能主治：辛凉解表，清热解毒。用于治疗感冒初起，恶寒发热，头痛咳嗽，咽喉疼痛。用法用量：口服，一次4片，一日2~3次。

（73）湿热片（散） 组成：金银花、大黄、槐花（炒炭）、苍术、侧柏叶（炒炭）、羌活、川乌（制）、赤石脂（制）、苦杏仁、槟榔（炒）。功能主治：清热燥湿，涩肠止痢。用于治疗肠炎腹痛，泄泻，血痢。用法用量：口服。片剂一次4~6片，一日2~3次；散剂一次1~2瓶，一日1~2次。

（74）复方珍珠暗疮片 组成：金银花、蒲公英、木通、归尾、生地黄、玄参、黄柏、大黄（酒炒）、珍珠层粉、水牛角浓缩粉、羚羊角、赤芍等。功能主治：清热解毒，凉血通脉。用于治疗暗疮，皮肤湿疹，皮炎等。用法用量：口服，一次4片，一日3次。

（75）金银花注射液 组成：金银花、氯化钠。用法：肌内注射，每次2毫升，每日1~2次。静脉滴注，每次10毫升，加5%葡萄糖注射液500毫升中使用。功能主治：抗菌消炎，清热解毒，用于细菌性痢疾。

（76）银翘解毒片（丸、颗粒、蜜丸、浓缩丸、散、袋泡剂、口服液、合剂、滴鼻剂、软胶囊） 组成：金银花200克，连翘200克，薄荷120克，荆芥穗80克，淡豆豉100克，牛蒡子（炒）120克，桔梗120克，淡竹叶80克，甘草100克等。功能主治：辛凉解表，清热解毒。用于风热感冒，发热头痛，咳嗽，口干，咽喉疼痛。用法用量：片剂，口服，一次4片，一日2~3次，用温开水送服。浓缩蜜丸，用芦根汤或温开水送服，一次1丸，一日2~3次。颗粒剂一次15克，一日3次，重症加服一次，用开水冲化服。大蜜丸，一次1丸，一日2~3次，用芦根汤或温开水送服。浓缩水丸，口服，一次0.7~0.8克，一日3次。散剂，口服，一次1包，一日2~3次，用温开水送服或温开水泡服。袋泡剂，口服，一次2袋，一日2~3次，用开水泡化服。口服液，口服，一次20毫升，一日2~3次。合剂，口服，一次10毫升，一日2~3次。滴鼻剂，一日4~6次，每次2~3滴。软胶囊，口服，一次2粒，一日3次。

（77）银黄注射液 组成：金银花提取物、黄芩苷。功能主治：清热疏风，利咽解毒。用于外感风热，肺胃热盛所致的咽干、咽痛、喉核肿大、口渴、发热，急慢性扁桃体炎，急慢性咽炎，上呼吸道感染见上述证候者。用法用量：肌内注射，一次2~4毫升，一日1~2次。

（78）鼻渊丸 组成：金银花、苍耳子、辛夷、茜草、野菊花。功能主治：祛风宣肺，清热解毒，通窍止痛。用于治疗鼻塞鼻渊、通气不畅、流涕黄浊、嗅觉不灵、头痛、眉棱骨病。

（79）双黄连栓（小儿消炎栓） 组成：金银花250克，黄芩250克，连翘500克，半合成脂肪酸脂78克。功能主治：清热解毒，抗菌消炎。用于治疗各种感染等。用法：直肠给药，小儿每次1粒，每日2~3次。

（80）银翘合剂 组成：金银花3克，连翘3克，淡竹叶1.5克，荆芥穗1.5克，薄荷2克，淡豆豉1.5克，甘草1.5克，苇根6克，牛蒡子2克，桔梗2克。功能主治：辛凉透表，清热解毒。用于温病初起，发热无汗，或有汗不畅，微恶风寒，头痛口渴，咳嗽咽痛。用法：口服，每次10~15毫升，用时摇匀。

（81）骨髓炎片　组成：金银花200克，地丁200克，熟地200克，白头翁200克，公英200克，肉桂30克。功能主治：散寒通络，消炎生肌，促进骨损修复，用于慢性化脓性骨髓炎。用法用量：口服，一次10片，一日3次。

（82）犀羚解毒片　组成：金银花100克，连翘100克，桔梗100克，荆芥穗100克，牛蒡子（炒）100克，甘草100克，淡竹叶100克，薄荷100克，淡豆豉100克，羚羊角1克，犀角1克，冰片5克。功能主治：解表，退热，用于感冒发热，头痛咳嗽，咽喉肿痛。用法用量：口服，一次4片，一日3次。

（83）金九合剂　组成：金银花（干品）2.5千克，九里光（干品）5千克。功能主治：清热解毒，用于治疗钩端螺旋体病。用法用量：口服，每次30~50毫升，每日2次。

（84）抗“601”片　组成：金银花提取物1000克，黄芩素420克，连翘提取物80克，大黄蒽醌70克，盐酸小檗碱100克，板蓝根提取物10克，淀粉（或加部分糊精）1300克，硬脂酸镁适量。功能主治：抑菌消炎。用于上呼吸道感染，急性咽喉炎等。用法用量：口服，每次2片，每日3次。

（85）复方金银花擦剂　组成：金银花、大黄、五倍子、柯子、当归、黄柏、乌梅等。功能主治：清热解毒，敛疮止血，抗菌消炎。用于各种溃疡、外伤出血、痈、肿、疔、疖等。

（86）复方金银花消炎液　组成：金银花300克，当归150克，乌梅150克，诃子150克，五倍子150克，黄柏150克。功能主治：清热解毒，祛风除湿，收敛止血。用于急性眼结膜炎、麦粒肿、腮腺炎等。

（87）三花茶　组成：金银花15克，菊花10克，茉莉花3克。功能主治：防治风热感冒、咽喉肿痛、疮痈等。平素火大者，常饮此茶有降火功效。用法用量：用沸水冲泡，代茶饮用。

（88）银花薄荷饮　组成：金银花30克，薄荷6克，麦冬10克，鲜芦根30克。功能主治：感冒发热，津伤口渴。用法用量：先煎金银花、芦根、麦冬，煮沸后15分钟再下薄荷，煮2分钟，取汁液，调入冰糖饮用。

（89）金银花含片　组成：金银花、淡竹叶、香薷、青果、桔梗、薄荷、蜂蜜、白砂糖、液体葡萄糖、麦芽糊精、高麦芽糖浆。功能主治：清凉爽口，冰爽润喉，清口利咽。用法用量：含服，每次一粒，每日3~4次。

（90）复方金银花颗粒　组成：金银花、连翘、黄芩。功效：清热解毒，凉血消肿。

（91）小儿咽扁颗粒　组成：金银花、射干、金果榄、桔梗、玄参、麦冬、牛黄、冰片。功能主治：清热利咽，解毒止痛。用于肺实热引起的咽喉肿痛，咳嗽痰盛，咽炎。用法用量：开水冲服，一岁至二岁一次4克，一日2次；三岁至五岁一次4克，一日3次；六岁至十四岁一次8克，一日2~3次，糖尿病患儿禁服。

五、金银花制剂引起的不良反应

（1）部分患者服用金石清热颗粒后出现恶心、呕吐、便溏。

（2）2 例患者静脉滴注金银花注射液 10 分钟后出现过敏反应，表现为面色苍白，头晕恶心，皮肤瘙痒。

（3）双黄连注射液（粉针）的不良反应类型有：变态反应（速发型过敏反应、过敏休克、一般性过敏反应、皮疹、过敏性紫癜、药物热），循环系统反应（窦性心动过缓、窦性心动过速、静脉炎、血管疼痛、血压升高、心房纤颤、短暂心跳过速），消化系统反应（恶心呕吐、胃部不适、肠痉挛、腹痛或腹泻），呼吸系统反应（呼吸困难、呼吸急促、喉水肿、哮喘、支气管痉挛、肺水肿、呼吸衰竭），神经系统反应（头晕、头痛、抽搐及锥体外系症状），血液系统反应（白细胞减少、溶血性贫血、急性再生障碍性贫血），泌尿系统反应（急性过敏间质性肾炎并急性肾衰竭、血尿、一过性尿蛋白），骨骼肌系统反应，热原样反应，精神异常、皮肤黄染等。

（4）银黄注射液不良反应类型：一般过敏反应，过敏性休克，双手双足皮肤手套袜套样过敏。

（5）肌内注射清热解毒注射液引起不良反应 1 例，患者出现面色苍白，呼吸困难，心跳加快、四肢抽搐等症状。

（6）服用银翘解毒丸所致不良反应类型有：过敏性休克，致腹痛及消化道症状，过敏性皮疹，全身性荨麻疹，心动过速。

（7）双黄连含片引起胃肠道反应，双黄连口服液致皮肤过敏症状。

（8）维 C 银翘片所致不良反应类型有：过敏反应（过敏性休克、过敏性荨麻疹），血红蛋白尿，水肿。

（9）清热解毒口服液所致不良反应类型有过敏反应，上腹闷痛，腹泻。

（10）服用金芪降糖片偶见腹胀。

（11）服用小儿热速清口服液引起皮疹 1 例。

（12）银黄含片引起药疹 1 例。

六、金银花使用禁忌

金银花性寒凉，不适宜长期饮用，仅适合在炎热的夏季短时间饮用。体质虚弱、脾胃虚寒的人谨慎服用。有文献记载为：“虚寒性下痢以及气虚较重、浓汁水样而无热毒者”。

第二节　金银花在牲畜中的应用

金银花除应用于人体病症的治疗外，还可应用于家畜，如在兔病临床上的应用。饲料添加剂金银花内含有丰富的氨基酸、葡萄糖和维生素、微量元素，是一种良好的饲料营养成分。金银花主要药效成分绿原酸等有抗菌消炎的作用，对兔、鸡等牲畜有防病治病的功效。金银花作为饲料添加剂，具有广阔的前途。有文献报道，牛、马15～60克；猪、羊9～15克。为末，开水冲，候温灌服，或煎汤灌服。

（1）小猪白痢 ①每窝猪用四两金银花（一天量）用水煮沸或用开水浸泡二小时后，拌于饲料中让母猪吃了发乳仔猪食或让仔猪自食亦可，重病者可连服三天（每天四两），轻病者一次就可痊愈。②金银花100克，加水800～1000毫升煮至浓缩至100毫升。再称1克，加水100毫升，浸泡备用。二份金银花浓缩液，一份大蒜浸出液，掺合在一起即成金银花大蒜制剂。一般3.5～7.5千克的小猪，每次灌药20毫升，7.5～15千克的小猪，每次灌药30毫升，一日两次，直到小猪粪便由稀变干，由白变褐色为止。实践证明，一般用药二天即可痊愈。

（2）兔中暑 金银花、夏枯草、金鸡草各10～15克，水煎内服。

（3）兔耳脓肿 金银花10克，菊花10克，紫花地丁草8克，蒲公英10克，甘草5克，板蓝根12克，大贝8克，加水250毫升煎汁，每只成年兔1次服15毫升，1日3次。

（4）兔脚脓肿 金银花10克，夏枯草20克，紫花地丁草8克，甘草10克，加水200毫升煎为20%浓药液，每只1次服15毫升，1日3次。

（5）兔口腔炎 金银花10克，甘草4克，大青叶粉6克，加蜜制成粥状内服，1日3次。

（6）兔便秘 金银花10克，石膏6克，火麻仁6克，生地10克，甘草6克，加水200毫升煎汁，每只成年兔1次服10～20毫升，1日3次。

（7）兔乳房炎 金银花50克，浙贝10克，用水200毫升煎汁服用，每只成年兔1日3次，1次服15毫升。

（8）兔气管炎 银花10克，杏仁6克，前胡6克，茯苓10克，甘草6克，桔梗6克，用水200毫升，煎为20%浓药液，每只1次服10～15毫升，1日2次。

（9）兔子宫炎 银花12克，黄连3克，连翘10克，薏米仁10克，白芍6克。用水200毫升煎为20%浓药液，加入糖适量内服，每只1次服15毫升，1日3次。

（10）兔感冒发热 金银花15克，紫苏12克，薄荷10克，甘草8克，加水250毫升煎汁，每只成年兔1次服20毫升，1日3次。

（11）兔肺炎 金银花30克，板蓝根20克，加水250毫升煎汁加适量糖，每只成年兔1次服20毫升，1日3次。

（12）兔球虫病 银花、黄芩各10克，乌梅肉6克，甘草5克，共研为细末，分6次拌入饲料内，1日3次。可治疗和预防此病。

（13）鸡包涵体肝炎 ①金银花50克，板蓝根50克，黄芩20克，白头翁50克，野菊花50克，甘蔗叶50克。每日1剂，煎水喂饲（以上为100只鸡的用药量）。②金银花50克，大青叶50克，黄芩20克，黄柏20克，山栀子50克，山楂50克，泽泻30克。每日1剂，水煎拌料饲喂（以上为100只鸡的药量）。

（14）猪亚硝酸盐中毒　金银花、甘草、绿豆各适量，水煮加白糖适量，灌服。

（15）猪、牛、羊结膜炎、角膜炎　取鲜夏枯草30克，冰片10克，捣汁，过滤，取滤液点眼，每日2次一般2日即愈。

（16）猪眼翳子　取鲜夏枯草捣烂，过滤，取汁点眼，每天数次，一般3天可愈。

（17）僵猪　金银花40克，西河柳、黄枝子、灯心草、茯苓、大青叶、夏枯草、野荆芥各30克，鱼腥草、黄花、倒水莲各20克，水煎去渣取汁拌料喂服，每头猪服用2～3剂，疗效很好。

（18）牛眼皮外翻　夏枯草50克，冰片10克，刚换过壳的软螃蟹1只，一起捣烂并加适量冷开水过滤，用滤液擦洗患牛眼，每天3次，3天即愈。

（19）牛流行性感冒　①病初：金银花20克，板兰根20克，白头翁20克，秦皮15克，刺苋菜30克，黄柏15克。每日1剂、水煎，也可拌饲料喂饲。②发病后：金银花20克，柴胡15克，党参15克，香附15克，茯苓20克，升麻15克，葛根30克，山药30克，青皮15克，甘草8克。每日1剂，水煎，也可拌饲料饲喂。

（20）牛口炎　①金银花20克，大青叶20克，野菊花20克，蒲公英20克，紫花地丁20克，千里光50克。每日1剂，水煎服。②金银花50克，千里光50克，蛇泡簕50克，大青叶50克，酢浆草100克。每日1剂，水煎，趁热外洗患部。③青黛散（青黛10克，黄连8克，黄柏8克，薄荷5克，桔梗15克，儿茶10克，黄研为细末，装于布袋内，热水润湿后口衔。吃草时再取下，（吃完再戴上），每日更换1次。

（21）羊坏死杆菌病　金银花50克，千里光100克，野菊花100克，紫花地丁100克，蒲公英100克。水煎放入槽内，让病羊浸洗，洗掉泥巴、粪便，清除坏死组织，再涂敷上银黄散，即金银花100克，黄芩、黄柏、青黛、枯矾各50克，共研为粉末（若有肺胀化脓者，应切开排脓后，再敷上药并包扎），日换药1次。

（22）牛血痢　金银花、马齿苋、仙鹤草各50克，黄芩、地榆、葛根各30克，黄连20克，每天1剂，分2次煎服。

（23）鹅流感　金银花、木通、陈皮、薄荷、苍术、荆芥各35克，紫苏、麻黄、桂枝各25克，煎汁内服，每天1剂，分2～3天内服，连用2～3天。（以上是每50只鹅1天用药量）。

（24）鸭瘟　金银花100克，黄柏、防风、石膏、钩藤各150克，加水5千克，煎汤供200只鸭喂服用，每剂药煎2次，每天1剂，分2次喂服。

（25）防治鸡痘　金银花、连翘、白芍、黄芩、龙胆草、葛根、桔梗、荆芥、白芷、板蓝根、蒲公英、蝉蜕、竹叶、紫草、甘草。

（26）奶牛不孕症　金银花、淫羊藿、益母草、红花。

（27）母猪死胎　金银花、板蓝根、桅子、茵陈、黄芩、白术、柴胡根、茯苓、炒小茴、地骨皮。

（28）奶牛乳房炎　金银花、蒲公英、野菊花、当归、芦根、桅子、黄芩。

第三节 金银花在产品开发中的应用

随着国际市场的开放和种植的规范化，金银花、金银花制剂及其保健制品的需求量很可能增加。市场上常见的用金银花为原料生产的保健产品有：忍冬酒、银花茶、忍冬可乐、金银花汽水、银花糖果和金银花牙膏等。

一、药品中的应用

（1）一种金银花三七含片（专利：101757080）

原料：三七粉、金银花粉、糊精、甘露醇、葡萄糖浆粉、蜂蜜冻干粉、硬脂酸镁，其特征是三七粉3.0～4.0份，糊精15～25份，甘露醇25～35份，葡萄糖浆粉8～10份，蜂蜜冻干粉1.0～2.0份，金银花粉1.5～2.0份、硬脂酸镁占总量的10%，香精，其配比为0.1～0.15份。功效：抗疲劳，可以明显提高机体免疫力。

（2）一种抗病毒金银花中药复方制剂（专利：101293012）

原料：金银花、甘草、黄芩。功效：抗病毒、抗菌、解热镇痛、抗炎和祛痰的作用，用于治疗由外感风热、热毒内蕴所致的发热、咳嗽喘促、咽喉肿痛、口干等症状。也用于治疗临床上呼吸道感染，急慢性扁桃体炎、肺炎、咽喉炎见上述证候者。

（3）金银花泡腾饮片（专利：101361585）

原料：金银花提取物作为其主要成分，泡腾剂是碱性颗粒和酸性颗粒混合制片而成，所述的碱性颗粒是金银花提取物、碳酸钠、乳糖、葡萄糖、甜味剂；所述的酸性颗粒是金银花提取物、维生素C、柠檬酸、葡萄糖。产品特点：金银花泡腾片利用酸碱反应，使片剂迅速崩解成水溶液，人们在服用的过程中，既改变了片剂的难以吞咽，又改善了口感，使人们在享受喝饮料的过程中，增强了营养成分的吸收。

（4）一种金银花配方颗粒（专利：101396417）

原料：金银花。制法：以金银花为原料，经过水提、减压浓缩、喷雾干燥等工艺流程制得金银花喷雾干燥粉，金银花喷雾干燥粉直接或和适量辅料混合后干法制粒得到金银花配方颗粒；本发明金银花配方颗粒每克含相当生药量5克。

（5）一种含有金银花的咀嚼片（专利：101757079）

原料：金银花细粉状提取物1～10；药用辅料10～80；木糖醇1～30份。产品特点：金银花口嚼片，不经过胰岛素代谢，可以有效的控制血糖升高，为糖尿病患者提供了良好的临床用药。

（6）蜂胶金银花含片（专利：102048793）

原料：7～20%总黄酮的蜂胶，3.5～10%绿原酸的金银花，其中蜂胶和金银花的重量比为2∶1。功效：防治咽喉、口腔疾病。

（7）金感胶囊（专利：101785796）

原料：金银花、穿心莲、板蓝根、蒲公英、对乙酰氨基酚、盐酸金刚烷胺和马来酸氯苯那敏。制法：制备时采用了二次干燥的方法，既能在不影响成分变化的低温下较快地完成干燥工作，使颗粒干燥均匀，水分达到标准；又能在保证胶囊剂颗粒致密性较高的情况下，使颗粒无论是在性状方面还是在颗粒的各个量化指标方面都能满足规定标准。

（8）金银花口服液（专利：102048910）

原料：金银花、益母草、黄芩、黄连、白芍、牛蒡子、薄荷、荆芥、蒲公英、连翘、陈皮、青皮、生甘草、野菊花、紫花地丁、车前草、旱莲草。产品特点：药效高、使用方便易于携带，能治病又能防病。

（9）一种清咽的功能食品和药物（专利：101690584）

原料：金银花提取物14.5～43.5份，罗汉果提取物40.3～120.9份，菊花提取物22.5～67.5份，胖大海提取物23.5～70.5份，薄荷脑2.5～7.5份，辅料包括山梨醇、硬脂酸镁。功效：清热解毒，清利咽喉。

（10）一种金银花抗感茶（专利：101664520）

原料：金银花255～285克，防风125～145克，黄芩125～145克，芦根170～190克，蚤休125～145克，薄荷80～100克，柴胡125～145克，麻黄80～100克，鱼腥草255～285克，荆芥穗80～100克，葛根80～100克，青黛76～86克和大青叶80～100克制成。功效：解肌发表和疏风清热的功效，用于风寒型感冒，头痛发热，恶寒身痛，鼻塞流涕，喉痒和咳嗽咽干。

（11）一种清暑解毒的食药两用复方制剂（专利：102068480）

原料：金银花1～100克，菊花1～100克。功效：清暑解毒，抗菌消炎，解热，保肝，调脂等作用。用于夏季中暑，脏腑有热，身体不适，口渴多饮，或用于瘟毒流行，发热，口喝。

（12）一种治疗脚鸡眼的复方配剂（专利：101879267）

原料：金银花10～20份，水杨酸10～20份，鸦胆子10～20份，地丁10～20份，皂角刺10～20份，密陀僧10～20份，香樟根8～15份，罗汉果叶8～15份，罗汉松根8～15份，山豆根8～15份，茄根8～15份，轻粉4～8份，威灵仙4～8份，五倍子4～8份，土槿皮4～8份，白芷4～8份，女贞叶1～5份，鱼腥草1～5份，漆大姑1～5份，芦荟1～5份，薄荷油1～5份，无水乙醇150份。功效：从排毒、消炎杀菌、修复、再活化皮肤细胞，促进表皮微循环使皮肤细腻，达到标本兼治脚鸡眼的效果。

（13）哺乳保健药贴（专利：A6 1K 35/78）

原料：金银花、白芷、蜂花粉、王不留行、珍珠粉。功效：清热解毒，疏通乳络，止痛消痈。用于治疗乳腺炎等。

（14）一种具有祛痤疮功能的药物组合物（专利：101897785）

原料：金银花、大黄、桅子、桑白皮、白芷、枇杷叶。功效：清热解毒，用于治疗痤疮等。

（15）痤疮外用中药制剂（专利：1634423）

原料：金银花、苦楝皮、防风、丹参、黄芩、白蘚皮、苦参、牛蒡、鱼腥草。功效：清热解毒，用于治疗痤疮等。

（16）复方痤疮药膏（专利：1709322）

原料：金银花、连翘、黄芩、黄柏、薄荷、甲硝唑、苯酚、水杨酸、乳膏基质。功效：将由痊疮、痤疮感染及瘫痕病症的皮肤深部提到浅部，浅部提到体外，最后疲毒消失，愈后不再复发，大大提高了人体免疫功能，愈后不留疤痕。

（17）防治感冒穴位贴（专利：1235019）

原料：金银花、薄荷、菊花、苍术、桑叶、冰片、大蒜等。功效：温经活血，祛风解表，疏通经络，用于治疗感冒。

（18）防治青春痘含片（专利：101313960）

原料：金银花、蒲公英、紫花地丁等。制法：取金银花、蒲公英、紫花地丁，取浓缩液，制成浸膏粉与薄荷脑、VC、结晶麦芽糖醇、葡萄糖、香精，充分搅拌均匀，干燥，杀菌，压片，包装，即成。

（19）一种含服祛除口腔异味的中药（专利：102068499）

原料：金银花、葛根、白芷、公丁香、霍香、荷叶、甘草、薄荷脑、蔗糖和糊精等。功效：用于祛除口腔异味。

（20）高效戒烟含片（专利：1559585）

原料：金银花粉、干生姜粉、芫荽粉、维生素 C 粉、丁香粉、甘草粉、矫味剂和绵白糖等。功效：清热解毒，补气安神，生津止渴。含片对舌部味蕾的刺激替代烟雾对味蕾的刺激，久而久之，使舌部味蕾及气管对烟的感觉淡化、钝化，从而彻底摆脱对烟草的依赖。

（21）高效戒烟口服液（专利：101073406）

原料：金银花、槟榔、银杏、甘草、红糖、豆浆等。功效：清热解毒，消除人体对尼古丁上瘾的依赖性。

（22）戒毒片（专利：1254572）

原料：金银花、党参、杜仲、粟壳、甘草等。功效：用于戒除阿片类滥用断药时的戒断综合症，主要用于吸食阿片类成瘾吸入或注入海洛因、杜冷丁、二氢埃托啡吗啡、可待因等成瘾者戒毒治疗。

（22）金蝉止痒制剂（专利：1843435）

原料：金银花、广藿香、连翘、白芷、青蒿等。功效：湿热、风热、血热引起的皮肤瘙痒，急性荨麻疹、丘疹性荨麻疹等。

（23）金银花草粉（专利：1843476）

原料：金银花、野菊花或菊花、蒲公英、鱼腥草、马齿苋、赤小豆或白茅根、栀子。功效：用于辅助治疗脱发病。

（24）金银花妇科炎症药液（专利：101062346）

原料：金银花、苦参、百部、蛇床子、椒目、甘草。功效：用于治疗滴虫性阴道炎。

（25）一种消炎杀菌中药复方外用涂敷液（专利：101249190）

原料：金银花、黄芩、红花、黄芪、川芎、诃子、大黄和血竭。功效：杀菌消炎，使创口快速愈合，用于皮肤溃疡、褥疮，尤其适合糖尿病合并多发性皮肤溃疡的患者。

（26）纳米桅子金花制剂药物（专利：1368206）

原料：纳米金银花、纳米栀子、纳米黄连、纳米黄苏、纳米黄柏、纳米大黄、纳米知母、纳米天花粉。

（27）排毒戒烟胶囊（专利：101366929）

原料：金银花、蒲公英、竹沥、甘草、鱼腥草、桑叶、菊花、麦冬。

（28）清明眼药水（专利：A6lK 35/78）

原料：金银花、野菊花、桑叶。功效：清热解毒，退赤消肿。用于结膜炎，角膜炎，虹膜睫状体炎，巩膜炎，前房积血。

（29）祛痘美白胶囊（专利：1640476）

原料：金银花、丹参、枇杷叶、白茅根、桑白皮、生槐花、薏米仁、芦荟、枳壳、白术、黄连。功效：杀灭细菌，防止暗疮，祛除各种痘痘及防止痘痘部位再次感染，加强细胞再生，活跃皮肤的弹性，去脂爽洁，能迅速令各种痘痘、暗疮收缩和凋谢，修正并避免毛孔变粗大，多种中药成分抗感染能力强，能有效地达到祛痘美白洁肤的目的。

（30）三花疱疹药液（专利：101129534）

原料：金银花、野菊花、凤仙花、白藓皮、蛇床子、水杨酸等。功效：清热解毒，消炎止痒，对于治疗带状疱疹。

（31）无糖银花感冒颗粒（专利：101433594）

原料：金银花、连翘、防风、桔梗、甘草。产品特点：不含糖，适合糖尿病病人服用。

（32）一种女士专用的祛粉刺中药配剂（专利：101574465）

原料：金银花、土茯苓、白果、苦参、当归、白术、丹参、丹皮、黄芩、灵芝、红花。

（33）用于治疗脚气的药物（专利：1765394）

原料：金银花、狼毒、白鲜皮、苍术、苦参、防风、白蒺藜。功效：祛湿止痒，收敛生肌的作用，适用于由真菌引起的各种脚气患者，能使水泡吸收、干燥鳞甲软化脱落，修复表皮肤，软化组织，达到抑制真菌感染的目的。

（34）治疗脚气的药物（专利：101884680）

原料：金银花、乌梅、炉底、枯矾。

(35) 一种洁牙药物组合提取物（专利：102018887）

原料：金银花、茵陈、田基黄、田七、薄荷、菊花、银耳、玉竹、干柠檬片。功效：美白牙齿和预防口腔疾病。

二、食品中的应用

（一）金银花酒

(1) 金银花山葡萄酒

组成：山葡萄原酒、金银花。

(2) 金银花保健白酒

原料：金银花、高粱曲酒、丹参、红花、木瓜、牛膝、冰糖等。功效：活血通脉，益气通络，宁气止痛之功效，对风湿、关节痛、腰腿痛、跌打损伤等具有良好的治疗和保健作用。

(3) 金银花、黄酒保健饮料

原辅材料：糯米（新鲜无霉变），淀粉含量60%以上，碎米粒<5%，水份<14%，精白度>90%，纯度100%。金银花（新鲜无霉变，无虫蛀，无开放头的花蕾，水份<15%）。甜酒药，酒精酵母，糖化酶等。感官指标：①颜色：棕黄色，清亮，有光泽；②香气：具有黄酒和金银花的复合香气；③滋味：口味醇厚，酸甜适宜。

(4) 保健啤酒（专利：101691531）

制法：麦汁煮沸阶段加入金银花热水提取物，在啤酒后酵液中加入金银花乙醇提取液。

(5) 戒烟露酒（专利：101810815）

原料：20～30白酒、金银花、大青叶、鱼腥草、枸杞、益智仁、黄精、桔梗、甘草。

(6) 一种含有金银花的降血脂养生酒（专利：102051313）

原料：金银花、灵芝、银杏叶、夏枯草、白酒（12°以上）。功效：降血脂。

(7) 金银花酒（专利：101153256）

原料：白酒、金银花、枸杞子、甘草、白芷。

(8) 保健酒（专利：A6lK35/78）

原料：白酒、金银花、枸杞子、龙眼肉、蚯蚓、蛤蚧、鹌鹑、冬虫夏草和糯米等。功效：补血滋阴，壮阳，益精明目，安神，驱蛔虫，防癌抗癌，定喘止咳，滋补五脏，延年益寿等。

(9) 保健啤酒（专利：1310226）

原料：麦芽、大米、金银花、灵芝、冬虫夏草、莲子芯、菊花、蜂蜜、酒花等。功效：生津止渴，强身健体，有泻心火，止咳化痰，清热解毒，健脾养胃，补肺益肾，肾虚健脑。

（10）二花酒（专利：1159348）

原料：金银花、大青叶、射干、龙葵、枣花、蜂蜜、冰糖等。

（11）金杞酒（专利：1635098）

原料：白酒、金银花、枸杞子、乌梢蛇、白芷、木瓜、良姜、薏苡仁等。功效：清热，解毒，使其可达到滋肾，润肺，补肝，明目，坚筋耐老，除风，补益筋骨。治中风眩晕，虚劳。

（12）金银花酒（专利：1563331）

原料：金银花、枸杞子、甘草、白酒。

（13）金银花酒（专利：C12G 3/04）

原料：金银花、枸杞、茯苓、原料酒。功效：降脂减肥，清热明目及补虚。

（14）金银花酒（专利：1544603）

原料：金银花、枸杞、甘草、麦冬、菊花、灵芝等。功效：清热解毒，润肺止咳，补肾壮阳，滋肝明目等。

（15）金银花啤酒（专利：1451735）

原料：啤酒中含有0.2～0.5%重量比的金银花原液成分，金银花原液中含有1～5%的绿原酸。功效：增强人体免疫功能，消暑，抗病毒，散热等。

（16）菊篙银花酒（专利：1488745）

原料：白酒、金银花、菊花、青篙、蒲公英、桔梗。功效：治疗风湿性关节炎、肩周炎、扁桃腺炎、痔核发炎、咽炎、喉炎、鼻炎、口腔炎症及溃疡、腹痛、腹泻、胃痛、闷胀、前列腺增生、颈椎病及多年久治不愈难症、腰酸背痛、头晕头痛、牙痛、舌痛、眼痛、耳痛、咳嗽、声音沙哑、皮肤痒痛、小便阴茎痛、疔疮、疖疮、痱子、无名肿毒、刀伤、撞伤、跌伤出血、肿痛及淤血、腰腿手脚扭跌伤、蚊虫咬伤、烂脚丫等。

（17）具有抗癌止痛作用的药食两用酒（专利：101618165）

原料：金银花、土茯苓、红糖、糯米、薏米仁。功效：抗癌止痛。

（18）一种金银花啤酒（专利：1396253）

原料：大麦芽、大米、酒花、水、金银花、甘草、枸杞子。

（19）银麦啤酒（专利：C12C 5/00）

原料：麦芽、大米、金银花等。

（二）饮料、凉茶

（1）金银花晶

配方：干金银花15千克，白砂糖55千克，柠檬酸2千克，苹果酸1.5千克，柠檬酸钠0.4千克，苯甲酸钠6克，柠檬黄0.2克。

（2）金银花·红茶复合保健饮料

原料：金银花、红茶提取液、蔗糖、柠檬酸等。功效：消炎解毒，清热解暑，降脂明目。

（3）金银花·菊花·甘草复合保健凉茶饮料

原料：金银花汁20%，菊花汁15%，甘草汁10%，柠檬酸0.12%，白砂糖10%。感官指标：产品呈金黄色，均匀一致；无杂质，口感爽口，具有金银花、菊花、甘草的天然风味，无不良风味。

（4）金银花绿茶复合饮料

原料：金银花提取液6%，白砂糖7%，柠檬酸0.02%，绿茶提取液18%，VC0.03%。感官指标：色泽（黄绿色中略显红褐色）；组织形态（澄清透明，无肉眼可见的细小颗粒）；滋味气味（具有金银花和绿茶特有的滋味气味，酸甜适度，协调柔和，无其他异味）。

（5）苦瓜、金银花、淡竹叶复合保健饮料

原料：最佳配比为25%苦瓜汁，1.5%金银花浸出汁，1%淡竹叶浸出汁，8%糖浆。功效：具有除湿，利尿，清热解暑之功效，是一种适用于夏季的清凉型功能性饮品。

（6）金银花罗汉果苦瓜保健饮料

原料：金银花、罗汉果、苦瓜、甘草、砂糖、柠檬酸、蜂蜜。感官指标：浅黄色，明亮，酸甜适口，甘凉清爽，香气柔和，苦瓜滋味显著，口感好，混浊均匀，不分层，无沉淀，风味独特，风格典型。

（7）银杏叶金银花保健饮料

原料：金银花、银杏叶。配料有白糖、冰糖、蜂蜜、阿斯巴甜、柠檬酸、苹果酸、耐酸CMC－Na、果胶、黄原胶、β－环状糊精（β－CD）。功效：清热解毒和润燥。

（8）苦瓜金银花复合饮料

原料：苦瓜、金银花、白砂糖、柠檬酸、食盐、海藻酸钠、β－环糊精。感官指标：清香纯正，具有苦瓜和金银花特有的混合风味，酸甜适口，味道纯正。

（9）双花杏仁复合保健饮料

原料：金银花、菊花、苦杏仁及蜂蜜等。感官指标：产品呈乳白色，均匀一致，无杂质，口感细腻柔和，具有金银花、菊花的天然植物清香及苦杏仁的天然果香味，无不良风味。

（10）双花茶

原料：金银花、菊花各10克，枸杞50克，蜂蜜适量。功效：清热明目。制作：将金银花、菊花、枸杞，加热水冲泡，再加蜂蜜，即可饮用。

（11）花露玉液

原料：金银花30克，玫瑰花15克，菊花、玉竹各12克，山楂10克，蜂蜜250克。制作：将金银花、玫瑰花、菊花、玉竹、山楂放入沙锅中，加水350毫升，加盖，置大火上烧沸，3分钟后滤取药液一次，再加250毫升的水煎熬，再滤汁一次。将两次药液混合、过滤，加入蜂蜜搅匀即可。功效：适用于风热感冒而兼见阴液素亏、胃纳不佳、口燥、便秘者。

（12）银花山楂饮

原料：新鲜金银花100克，新鲜山楂100克，蜂蜜200克。功效：清热解暑，消积，生津。本饮口感酸甜，如置冰箱冷藏，夏日饮用更觉爽口。制作：金银花和山楂洗净，加水熬煮30分钟，用纱布滤去渣；再把银花山楂汁煮沸，逐渐调入蜂蜜，至蜂蜜完全溶解；冷却后沉淀、过滤，置冰箱即可。

（13）金银花茶

原料：金银花30克，板蓝根20克。功效：消炎，止痛。适用于腮腺炎并发热症者。制作：金银花、板蓝根共加水煮30分钟，以汁代茶，频饮。

（14）金银花藿香茶

原料：鲜金银花10克，鲜霍香10克。功效：开胃，降暑。适用于夏季酷热，食欲不振。制作：开水冲泡金银花和藿香，代茶频饮。

（15）银翘茶

原料：金银花、连翘、大青根、芦根、甘草各9克。功效：败毒，消炎，有预防乙脑，流脑之功。制作：上述五味加开水冲泡或水煮，代茶饮，每日1剂，连饮3～5剂。

（16）银花甘草茶（青春痘药茶）

原料：金银花30克，甘草5克。功效：适用于水痘轻症。制作：以上二品，加水煮30分钟，以汁代茶饮。

（17）银花蝉衣茶

原料：金银花30克，甘草10克，蝉衣10克。功效：适用于风热型荨麻疹。制作：以上三品，开水冲泡，代茶频饮。

（18）“二花”清暑饮

原料：金银花250克，菊花250克，山楂250克，蜂蜜250克，食用香精10克。功效：清热解暑，开胃增食。制作：先将金银花、菊花、山楂，加水2500毫升，文火煮1小时，去渣留汁，蜂蜜入锅中文火炼制微黄，粘手成丝，缓缓倒入药汁内，和匀，过滤，加香精。

（19）双豆银花饮

原料：绿豆、赤小豆各20克，金银花9克。功效：清热解暑，清暑利湿，为防治痱子的食疗便方。制作：上述三品加水煮至豆烂熟，去金银花，吃豆饮汤，可用白糖调味，不拘时食用。

（20）金银花茶饮料（专利：101642177）

原料：金银花、菊花、大枣、甘草和仙草。功效：清热解毒，降火润喉，润肺，生津止渴，补气利水。

（21）金银花绿茶（专利：101904389）

原料：金银花、绿茶、甘草、白糖、食品添加剂。功效：提神醒脑，提高免疫能力，抗病毒，抗菌，抗炎，减轻疲劳，改善新陈代谢，降低血糖，降血压，抗衰老，抗癌，防癌、促进食欲，保护胃的作用。

（22）一种健康长寿杜仲金银花茶（饮料）（专利：101919471）

原料：杜仲块片、杜仲叶、金银花、水和蜂蜜等。功效：补肝肾，强筋骨，降血压，抗菌，抗病毒，增强免疫功能，抗炎，解热，又能增强机体免疫功能。

（23）一种金银花润喉茶（专利：101940246）

原料：金银花、麦冬、桔梗。功效：清热解毒，祛暑生津，养阴润燥，清心除烦，利咽祛痰，提升肺气。可治疗咽炎、喉疼、咳嗽、咽喉干痒等多种咽喉不适症状。

（24）一种金银花草本植物茶及饮料（专利：101253907）

原料：金银花、淡竹叶、白茅根、芦根、栀子、甘草、菊花。功效：清热解毒，降火生津。用于治疗上火、口舌生疮、小便赤黄、心烦、心悸、失眠、口干口臭、牙齿肿痛等。

（25）金银花凉茶（专利：101273778）

原料：金银花、蒲公英、野菊花、甘草。功效：清热解毒，消暑泻火。用于防治中暑、感冒、肠炎、痢疾等。

（26）一种含金银花、罗汉果的保健饮料（专利：101427764）

原料：金银花、罗汉果等。功效：清咽，保肝，降血脂和抗氧化作用。

（27）一种金银花槐米茶饮料（专利：101449725）

原料：金银花、槐米、葡萄糖、调味剂等。功效：清热解毒，凉血抗炎，预防治病，无病强身，消暑解渴。还可以补充水分，抗疲劳，降血脂，调节生理机能。

（28）金银花饮（专利：101554242）

原料：金银花、胖大海、枸杞子、红枣、液体木糖醇、三氯蔗糖、安赛蜜、果胶等。功效：消暑解渴，健脾润胃，补血滋阴，疏解肝郁，抑菌，抗病毒，抗炎，解热调节免疫等。

（29）金银花保健饮料（专利：101647556）

原料：金银花、红花、蜂蜜、柠檬酸等。功效：清热解毒，抗菌消炎，增强机体免疫力等。

（30）金银花复合饮料（专利：101716005）

原料：金银花、决明子等。功效：清热解毒，疏散风热，保肝，降压。

（31）金银花型清凉饮料（专利：101731702）

原料：金银花、菊花、桂花、甘草、山碴、绿豆。功效：生津止渴，保健养生。

（32）一种绞股蓝金银花茶（专利：101803647）

原料：绞股蓝、金银花、玫瑰花和茶叶。

（33）一种清热败毒保健茶（专利：101911997）

原料：金银花、板蓝根、紫苏叶、贯众、甘草、荆芥、绿茶等。功效：清热解毒。

（34）金银花绿茶（专利：101485371）

原料：金银花、绿茶、菊花、薄荷、甘草粉、木糖醇等。功效：抗毒，抗炎，解内热，清肝明目，兴奋中枢神经等。

（35）金银菊复合吸品（专利：101496635）

原料：金银花、白菊花、茶叶、甘草、溪黄草、仙草、罗汉果等。功效：清新明目，健脾化痰，消除疲劳，抑制和兴奋中枢神经。

（36）金竹茶（专利：101874533）

原料：金银花、竹叶、藕节、枸杞、大枣、绿茶。功效：清热祛火，凉血止血，养血安神，迅速使血小板增多。

（37）速溶润喉茶（专利：101243866）

原料：金银花、茶叶、胖大海等。功效：润喉清嗓。

（38）一种祛火茶（专利：101912011）

原料：金银花藤、菊花、葛根、黄花菜、莲心和茶叶。功效：清热祛火，宣肺化痰，排毒。

（39）一种预防和治疗感冒的保健茶（专利：101972418）

原料：金银花、连翘、桑叶、芦根、大青叶、生石膏、柴胡、甘草、普洱茶。功效：清热解表，辛凉透表。用于预防和治疗感冒。

（40）保健养生茶（专利：101991101）

原料：红茶、金银花、菊花、茉莉花、决明子。功效：清热解毒，清肝明目，利水通便。用于头痛口渴，咽喉肿痛。

（41）金银花露饮料（专利：1557225）

原料：金银花、薄荷等。功效：生津止渴，清热解毒，排毒养颜。

（42）一种金银花果醋饮料（专利：101191115）

原料：金银花、黄姜、大枣、丹参、枸杞、罗汉果、甘草等。

（43）长寿保健茶（专利：1554255）

原料：金银花、西洋参、生大黄和肉苁蓉。功效：清热解毒，扶正固本，补肾醒脑，健脾和胃，延缓衰老，提高人体免疫功能。

（44）儿童保健茶（专利：A23F3/34）

原料：金银花、连翘、枸杞子、甘草。

（45）喉爽保健茶（专利：137761）

原料：金银花、菊花、胖大海、甘草、麦门冬等。功效：防治咽喉干燥疼痛，肺热声哑，有补脾益气，润肺止咳。

（46）降火茶（专利：101455248）

原料：金银花、栀子、葛根、五叶参、莲心、茶。功效：清热祛风，理气，宣肺化痰，排毒。

（47）降糖茶（专利：1228261）

原料：金银花、甜叶菊、苦瓜。功效：清热解毒，散风，抗菌，加强降糖，促进新陈代谢和强身健体。

（48）降血脂茶（专利：101491333）

原料：金银花、菊花、淡竹叶、枸杞、山楂、决明子等。

（49）餐饮系列饮料－清凉饮料（专利：）

组成：金银花、薄荷、乌梅、荷叶、甘草等。功效：疏散风热，清头目，利咽喉，解暑热，润肺，利水。

（50）一种防、治太阳经范围青春痘的茶饮料（专利：1915062）

原料：金银花、菊花、全冬瓜、绿豆、赤小豆、薏仁米、陈皮、生姜。功效：防、治太阳经范围青春痘。

（51）菊银花茶（专利：15ll463）

原料：金银花、菊花、薄荷、甘草、苍术、沙参。功效：抗菌，抗病毒。

（52）一种治疗慢性气管炎的保健茶（专利：102038925）

原料：金银花、杏仁、黄梨干、枇杷叶、核桃仁、甘草、艾叶、姜片、红枣、麦冬、百合、蒲公英、薄荷、栀子、知母、贝母、茶叶、蜂蜜。功效：消除肺部炎症，活瘀散结，止咳宣肺，生津理气。用于治疗慢性气管炎等。

（53）美容保健茶（专利：1475128）

原料：金银花、黄菊花、白菊花、玫瑰花、草决明子、荷叶。功效：提高人体免疫力，延缓衰老。

（54）五花减肥茶（专利：101044877）

原料：金银花、菊花、槐花、玫瑰花、茉莉花、绿茶等。功效：降血脂，降血糖，降血压，滋补肝肾，润肺，保肝，补脾益气。

（55）东杏凉茶（专利：1221569）

原料：金银花、杭菊、通大海、青果、麦冬、枸杞、苦丁茶。功效：清热解署，生津止渴，润喉利咽，清心除烦。

（56）防感保健凉茶（专利：101438749）

原料：黄芩、枸杞、艾叶、干姜、金银花、百合花、甘草。功效：用于治疗感冒引起的头痛、咳嗽、流涕等。

（57）金蒲杞凉茶（专利：101069560）

原料：金银花、蒲公英、枸杞等。功效：提高机体免疫功能，改善血液循环，提高对心脑的供血、供氧能力，提高细胞、组织生理功能，防辐射，安神，解惊，解毒。预防和治疗高血糖、高血压、高血脂、心脑血管病等。

（58）金银花、山楂、乌梅、复合汁饮料

原料：金银花、山楂、乌梅、白砂糖、柠檬酸等。色泽：暗红色略显红褐色；滋味：具有复合汁独有的滋味，味感调和，酸甜适口无异味；风味：具有新鲜原料的特有香气，香气协调，柔和；组织状态：果汁均匀一致，质感适宜、细腻，无分层现象。

(59) 玉竹金银花复合饮料

原料：玉竹、金银花、蔗糖、蜂蜜、柠檬酸等。功效：清嗓利咽，生津止渴，美容养颜。

（三）酸奶

(1) 金银花功能性酸奶

原料：金银花汁∶牛奶＝0.05∶1，接种量为5%，加糖量为8%。感官指标：乳白色，均匀一致，无分层、无气泡及沉淀现象，具有金银花的味道和浓郁的乳酸菌发酵酸奶香味，无异味，酸甜适中，口感细腻润滑、柔和。特点：金银花功能性酸奶和普通的酸奶在外观和风味上并无太大的不同，金银花本身的味道不强烈，有微苦的口感，金银花本身拥有较强的药理作用，尤其适宜夏季食用。

(2) 香菇、银耳、金银花复合保健酸奶

原料：香菇、银耳、金银花；鲜牛奶（当天鲜奶）；白砂糖；稳定剂。菌种：保加利亚乳杆菌和嗜热链球菌（实验室保藏菌种）。功效：增强营养，提高人体免疫力。

(3) 薄荷金银花酸奶

原料：薄荷、金银花、鲜牛奶、保加利亚乳杆菌、嗜热链球菌。感官指标：兼具薄荷的清凉和金银花的芳香，奶香浓郁，组织状态良好，口感丰厚润滑。配比：鲜牛奶中加入体积分数为5%的薄荷汁，10%的金银花汁，质量分数为8%的蔗糖，接种量为7%，42℃发酵9小时，0℃～4℃冷藏12小时，酸奶风味最佳，并且符合食品卫生微生物国家标准GB2746。

(4) 一种保健奶（专利：101720815）

原料：金银花、雪莲、当归、甘草和鲜奶。

（四）粥、汤品

(1) 金银花粥

原料：金银花30克，粳米30克。功效：此粥有较好的清热解毒功效，可用于防治夏令中暑，以及各种热毒疮疡、咽喉肿痛、风热感冒等。制作：金银花加水适量煎取浓汁，入粳米，再加水300毫升，煮为稀薄粥。

(2) 金银花绿豆粥

原料：金银花10克，绿豆30克，大米100克，白糖30克。功效：此粥具有清热祛风，生津止痒的功效，对风热外侵型皮肤瘙痒症有较好疗效。制作：将金银花、绿豆、大米淘洗干净，去泥沙；大米、绿豆同放锅内，加清水适量，置武火上烧沸，再用文火煮30分钟；加入金银花、白糖，再煮5分钟即成，每日1次。

(3) 金银花莲子粥

原料：新鲜的金银花50克，莲子50克，粳米100克，冰糖适量。功效：清热解毒，健脾止泻。既有清热之力，又有补益之功。对感冒乏力和预防中暑有特殊的功效。制作：金银花洗净，在开水中焯后，挤干水分待用；莲子、粳米洗净，加水煮粥；待粥快成时，加入金银花和冰糖，稍煮即成。

（4）取金银花15克，白萝卜150克，将白萝卜洗净，去皮，切片，加水适量同金银花同煮，取汁，加入适量蜂蜜饮用，具有清热润肺，化痰止咳的功效。

（5）金银花10克，梨一只，新鲜藕100克，白砂糖适量。先将梨、藕洗净去皮，切片备用，金银花加入水适量，煎煮取汁，再加入梨，藕煮熟后，白砂糖调服，具有清热解毒，润肺止咳的功效。

（6）金银花、西洋参、川贝各10克，梨1只，蜂蜜适量，将梨洗净后切块，与上述诸药同放锅中，加清水适量，煎汤去渣取汁，蜂蜜调服，具有润肺止咳，益气养阴的功效。

（7）银花杞菊虾仁

原料：新鲜的金银花50克，虾仁150克，枸杞子30克，白菊花20克，鸡蛋清一个，生姜、黄酒、豆粉、白糖、味精、盐适量。功效：清热解毒，益肝明目。金银花、枸杞子、白菊花都有清肝明目和抗衰老之功效。三者与虾仁同炒，不但味美，且透出菊花和金银花之清香。制作：金银花煎汁、去渣；枸杞子泡胀，白菊花取瓣洗净；虾仁水洗后，加蛋清、豆粉、盐和金银花汁拌匀；当锅中油五成热时，将虾仁倒入，再加入枸杞子和菊花花瓣同炒，加适量味精调味，熟后即可。

（8）双花炖老鸭

原料：雄鸭一只，金银花、生地、熟地、玉竹各30克，葱结2只、生姜3片、黄酒、盐、味精、胡椒粉适量。功效：养阴生津，清热润燥，抗衰老。金银花能清热解毒，生地能凉血补阴，熟地可补肾益精，玉竹能养阴润燥，此四味与具滋阴养胃功能的雄鸭共煨，更增加养阴生津和清热润燥之功效。地黄中的低聚糖能通过刺激机体产生粒单系集落刺激因子，刺激骨髓造血干细胞，增加外周血细胞数。此外还能诱导白介素-2和干扰素的生成，增加人体的免疫力。玉竹中的甾体皂苷POD-Ⅱ能诱生集落刺激因子（CSF）、增加巨噬细胞的吞噬功能，以及增加血中过氧化物歧化酶（SOD）的活性而延缓衰老。制作：雄鸭去毛、尾和内脏，洗净待用；金银花、生地、熟地、玉竹洗净，和葱结、生姜、黄酒、胡椒粉等一起填入鸭腹内，用针线缝住鸭切口处；把鸭放入砂锅，注入清汤，以盐、胡椒粉、味精和黄酒调味，小火煨炖，熟烂即可。

（9）银花虾仁豆腐

原料：新鲜的金银花30克，豆腐300克，虾仁100克，竹笋尖50克，青豆50克，鸡汤、盐、味精、胡椒粉、生姜、葱白适量。功效：清热润燥，解郁除烦。金银花有清热解毒之功能，豆腐能解热除烦，竹笋能润肠，与虾仁、鸡汤共煨，不但气香味美，而且更增加清热润燥和生津解郁之功效。此外豆腐中的异黄酮还有抗氧化合防衰老作用。制作：金银花洗净，在开水中焯后，挤干水分；虾仁洗净，竹笋切丁待用；锅中油热时，先把生姜、葱白煸出香气；再倒入虾仁、笋丁和青豆共炒；再把虾仁、笋丁和豆腐等一起放入砂锅，倒入鸡汤，再加上盐、味精、胡椒粉和金银花共煨。

(10) 金银花粥

原料：鲜金银花 50 克（或干品 30 克），甘草 20 克，粳米 100 克。功效：消炎，攻毒，可治疗疮热毒等。制作：金银花、甘草加水煮 1 小时，过滤取汁，加粳米制成粥食用。

(11)“三鲜”粥

原料：鲜金银花、鲜扁豆花、鲜丝瓜花各10朵，粳米50克，白糖适量。功效：败火，祛暑，适用于暑伤气阴。制作：上述 3 鲜花，加水，煎煮 10 分钟，过滤取汁，加米煮粥，白糖调味。

(12) 银花腊梅汤

原料：金银花 10 克，腊梅花 10 克，绿豆 30 克。功效：治疗水痘重症。制作：先将金银花、腊梅花加水煎取汁；绿豆加水煮至极烂，然后倒入花汁，稍煮，食豆饮汤。

(五) 口香糖

(1) 荷叶金银花保健口香糖

原料：胶基 28%，荷叶提取液 10%，金银花提取液 10%，氟化钙 1.4%，山梨醇粉 28%，甘露醇 20%，甘油 2%，香料 0.56%，阿斯巴甜 0.04%。功效：在口香糖生产中添加荷叶、金银花提取液，除增加营养价值外，赋予口香糖许多特殊的功效。对牙周炎、口臭、牙龈红肿，口舌生疮、咽喉肿痛等人们易发的口腔疾病有一定的疗效，特别是对口腔卫生起到一定的“保洁”作用。

(2) 金银花口香糖（专利：1437862)

原料：金银花等。功效：清热解毒，消炎退肿。

(3) 高效易吸收的金银花口香糖（专利：101965895)

原料：金银花粉等。功效：清热去火，杀菌抗炎。

(4) 一种金银花口香糖（又称胶姆糖、泡泡糖）(专利：1994106)

原料：金银花等。功效：清热败火等。

(5) 清火口香糖（专利：101243825)

原料：金银花、胖大海等。功效：预防慢性咽炎和咽喉肿痛等。

(6) 防龋齿口香糖（专利：1316271)

原料：金银花、木糖醇、山梨糖醇、酪蛋白磷酸肽等。功效：清热解毒，抑菌，减少龋齿菌传染，保护牙齿。

(7) 防治龋齿功效的口香糖（专利：101062ll8)

原料：金银花粉、茶多酚、虎杖粉、维生素 C、软磷脂、木糖醇、胶基等。功效：防治口腔疾病，如龋病、牙周炎、口臭等。

(8) 抗龋护齿口香搪（专利：A23G 3/30)

原料：金银花、甘草等。功效：抗龋护齿。

(9) 防龋香口胶(专利:1459307)

原料:金银花、茶多酚、薄荷脑、白豆蔻、木糖醇、山梨醇、阿斯巴甜、胶姆、胶基。功效:消除致龋因素,维护口腔生态平衡。

(10) 健喉清音口香糖(专利:1335086)

原料:金银花、薄荷、甜菊糖甙、胶基、香糖、甘油等。功效:治疗咽喉肿疼,声音嘶哑,口疮。

(11) 一种清凉糖丸(专利:101869168)

原料:金银花、甘草、薄荷等。功效:清凉润喉。

(六)其他

(1) 金银花保健冰淇淋

原料:金银花、全脂奶粉、人造奶油、白砂糖、乳化剂、稳定剂等。功效:抗菌,抗病毒,解热,抗炎,降低胆固醇,增强人体免疫功能等多种作用,可有效预防中暑、感冒及肠道传染病等。

(2) 金银花清热解毒冰淇林

原料:金银花、芦根、白砂糖、全脂淡奶粉、奶油、鲜蛋、麦芽糊精、复合乳化稳定剂404、香精。特点:清热解毒,生津止渴。既具有营养又具有消暑功能的冷冻食品。

(3) 一种生姜和金银花复合口味软冰淇淋浆料(专利:101683108)

原料:金银花、生姜、糖、奶粉、植脂末、卵磷酯、蔗糖酯、魔芋胶等。功效:养颜抗衰防老作用,促进体内糖代谢,清除疲劳。

(4) 金银花和生姜复合软糖

原料:生姜、金银花、白砂糖、葡萄糖、明胶、黄原胶、琼脂等。感官指标:酸甜适口、甜味绵长,口感细腻、软糯,不粘牙,有嚼劲,具有生姜和金银花的独特风味。

(5) 金银花三色软糖

原料:金银花、白砂糖、葡萄糖浆、果胶酶、卡拉胶、香料等。功效:消炎止痛,润喉护嗓,消除口臭。

(6) 金银花软糖

原料:金银花、白砂糖、葡萄糖、果胶、卡拉胶、柠檬酸。配方:①果胶金银花软糖的最佳配方为果胶1.9%,白砂糖10.7%,葡萄糖60.5%,水18.0%,金银花提取浓缩液8.8%,0.5%柠檬酸水溶液0.1%,在温度为110~112℃熬煮所得的金银花软糖色泽光亮,糖体清澈透明,组织细腻,香甜可口,柔软而富有弹性、韧性,口感独特,风味诱人,是一种色、香、味俱佳的软糖。②卡拉胶金银花软糖的最佳配方为卡拉胶0.9%,白砂糖20.8%,葡萄糖29.5%,水43%,金银花提取浓缩液5.7%,0.5%柠檬酸水溶液0.1%,在温度为110~112℃熬煮所得的金银花软糖柔软,透明度高，色泽光亮，爽口而不粘牙。

（7）一种含有金银花的果冻（专利：101874576）

原料：金银花等。感官指标：口感润滑、甜而不腻。

（8）一种适合婴幼儿食用的金银花液体复合制剂（专利：101978867）

原料：金银花、杭白菊、聚葡萄糖、益生元、维生素、葡萄糖、天然水果粉等。功效：有效减轻婴幼儿上火症状，促进其肠胃健康和对营养物质的吸收。

（9）金银花婴幼儿营养米粉（专利：101548777）

原料：大米粉、金银花、蔗糖、奶粉、奶油、磷酸氢钙、氯化钠、葡萄糖酸钙等。

（10）一种金银花香精（专利：101619267）

原料：金银花、桂花浸膏、紫罗兰酮、本乙醇、香叶醇、香柠檬油、香玫瑰油、橙花素、松油醇、桂花油、金银花油、芳樟醇等。

（11）金银花面条（专利：101755863）

制法：1. 将金银花用水煎煮，煎煮液浓缩后调节 pH 值为 9～10，离心，收集沉淀物；在沉淀物中加入体积百分含量为 65%～70% 的乙醇水溶液研磨成稀浆状，调节浆状物的 pH 值为 2.5～3.5，离心收集上清液；调节上清液的 pH 值为 5.5～6.5，烘干，得到粗提物；将粗提物溶于水中，调节 pH 值为 5.5～6.5，接着用乙酸乙醋提取，活性炭脱色，过滤，收集滤液，将滤液浓缩后加入氯仿，再次过滤，收集沉淀，将沉淀干燥，得到金银花提取物；2. 将 0.1～0.5 质量份以干重计的金银花提取物、87.5～91 质量份的面粉和 30～39 质量份的水搅拌均匀，熟化后压制成条，在 70～80℃ 烘干，得到所述的金银花面条。

（12）金银花保健面条（专利：1711898）

原料：金银花、面粉等。功效：预防中暑、感冒及肠道传染病。

（13）糖尿病食疗康复面（专利：102067899）

原料：浮麦、大麦、小麦、燕麦、荞麦、红豆、金银花、路旁菊。功效：快速增加胰岛素，降低血糖。

（14）一种保健奶茶（专利：101642168）

原料：金银花、菊花、茉莉花、黄连、黄芩、连翘、板蓝根、奶粉等。功效：清热解毒，降血压，降血脂，降血糖等。

（15）清火保健奶茶（专利：101664065）

原料：金银花、菊花、芦根、罗汉果、淡竹叶、牛乳等。功效：清热祛火，预防人体实热上火和消暑。

（16）一种金银花旱金莲香精（专利：101857817）

原料：异金银花酚、异旱金莲酚、金银花净油、旱金莲净油、金银花香基、旱金莲香基、玫瑰花香基、甲基紫罗兰酮、甲基牡丹花酯、香水月季香基、异丁香酚、玫瑰花净油、香柠檬净油、合成香兰素油、丹参醇、太子参醇、五味子醇、红花醋。

(17) 赤藓糖醇的夹心巧克力（专利：101028025）

原料：金银花、可可液块、可可脂、赤藓糖醇、马勃、薄荷、荆芥。功效：清咽润肺等。

(18) 金银花果蔬糕（专利：1442080）

原料：金银花、鱼腥草、菊花、蒲公英、薏苡仁等。功效：清热，抗菌，抗病毒，平肝明目。

(19) 抗炎保健皮蛋（专利：A23L 1/3）

原料：菊花、金银花、连翘、甘草等。功效：抗炎，抗菌，抗毒。

(20) 利咽梅（专利：1142363）

原料：梅干、金银花、玄参、西青果、薄荷油、桔梗、枇杷叶、陈皮、甘草等。功效：疏风清热，解毒利咽。用于咽喉部疾患。

(21) 麦芽糖（专利：1476768）

原料：麦芽糖、金银花、栝楼、白茅、甘草等。

(22) 清火玉米片（专利：101243846）

原料：玉米、金银花、胖大海等。功效：清咽润喉。制法：胖大海和金银花的水提取物的提取方法为加入8倍量的水沸煮20~30分钟，过滤获得第一次的滤清液，再在滤渣中加入6倍量的水沸煮20~30分钟，过滤获得第二次的滤清液，将两次滤清液混合后适度浓缩，获稠液，在配料时直接将该稠液加入原料中混合均匀。所述胖大海和金银花在原料中的重量百分比可以为1%~8%，优选3%~5%。所述调料主要是糖、盐、香料等，也有的还加适量的钙、大豆蛋白等。所述食盐在原料中的百分比可以是0.5%~5%。

(22) 清肺化痰药茶粥粑（专利：101194717）

原料：金银花、玉竹、鱼腥草、车前、桑皮、土党参、竹茹、麦冬、千金茶。

(23) 鲜花火锅辅料（专利：1620911）

原料：金银花、菊花、茉莉、玫瑰、薄荷叶、花椒等。

(24) 一种能自动降解血液中乙醇浓度的白酒添加剂（专利：1373203）

原料：金银花、款冬花、葛花、柿霜、伏神、苏叶、红景天、霜桑叶、甘草。功效：清热解毒，养胃，保肝，安神，解酒等作用。

三、化妆品中的应用

从金银花干花蕾和鲜花中提取的两种精油中，分别鉴定出27个和30个化合物，主要为单萜和倍单萜类化合物。这些化合物分别占两种精油含量的67.7%和81.66%。其主要成分有芳樟醇、香叶醇、香树烯、苯甲酸甲酯丁午酚、金合欢醇等。金银花中的芳香性挥发油及其他有效物质加入到化妆品中，使泡沫丰富、香味柔和、清除污垢、清洁皮肤、滋养肌肤，使皮肤保持较高的含水量，增强皮肤的活力，达到延缓皮肤衰老的作用，对皮肤没有伤害，对脂溢性皮炎、皮肤炎症亦有一定的疗效。

(1) 金银花复方洗手液

原料：含体积分数5%金银花提取物与70%的复合醇（复合醇为50%的乙醇、20%异丙醇及适量丙三醇）。功效：具有良好的抑菌效果，对细菌繁殖体抑菌环直径均达到11毫米以上；杀菌作用快速，其原液对载体上4种细菌繁殖体作用1分钟，平均杀灭率均达到99.9%以上。对手消毒现场试验结果显示，用该洗手液原液对手皮肤擦拭消毒1分钟，65人次重复试验，对手上自然菌的平均杀灭对数值为1.42。该洗手液对皮肤、粘膜无刺激性，且手感好，用后双手光滑舒适。

(2) 金银花药物浴洗剂

为轻垢型澡用洗剂，泡沫丰富，香味柔和。对伤寒杆菌、痢疾杆菌、大肠及绿脓杆菌有较强的抑菌力，对脂溢性皮炎、皮肤炎症亦有一定疗效。去屑止痒，柔发健肤。原料：金银花、表面活性剂（月桂醇硫酸盐、脂肪酸烷醇酰胺、羊毛脂）。配方：表面活性物8~25%，增稠润滑剂1~4%，软水去污助剂2~4%，防腐剂0.2%，去离子水加至100%，药物0.5~8%，pH调节剂0.2%，颜料和香精适量。

(3) 扁柏木、金银花制香皂、香波

原料：扁柏木、金银花等植物。制作方法：先将植物进行冻结处理，即将原料送入由冷却送料斗、粉碎机、分级机、产品贮存器等构成的冻结粉碎装置。在原料的冷却送料斗中，若用液氮超低温液体冷却送入原料，经瞬间预备冻结后，在约零下50~零下170℃的低温粉碎机中粉碎到80~200目，可得此植物的冻结粉碎处理物，再在水性介质的存在下，至少用蛋白酶、淀粉酶、纤维酶、果胶酶群中的一种分解酶，进行酶分解处理。

(4) 金银花露

原料：金银花50克，冰糖、橘皮、甘草少许。制法：取金银花加水500毫升，浸泡半小时，先武火后文火煎15分钟，取出头煎药汁；再加水熬煎，取出二煎药汁；还可第三次加水熬煎取汁。最后，将数次药汁合并装瓶，加盖后放入冰箱备用。饮用时，可加些冰糖。煎汁时可加少许橘皮、甘草。功效：有助于消暑解毒、顺气提神，夏天饮用可预防小儿皮肤疮疖、痱子和流感。

四、生活用品中的应用

一些牙疾患者使用了金银花牙膏后反映，用该牙膏刷牙一段时间后，牙龈出血和口腔炎症均有不同程度的改善，证明了这种牙膏的功效性。而且金银花中草药牙膏配方中的金银花提取液与牙膏中其他各种原料具有良好的配伍性，各原料的配比多少并不影响牙膏的预防和治疗功效。

(1) 金银花中草药牙膏

原料：金银花提取液、碳酸钙、羧甲基纤维素钠、十二醇硫酸钠、甘油、防腐剂、香精等。功效：清热去火，消炎止痛和除口臭作用。

（2）凹凸棒金银花绿茶牙膏（专利：101244024）

原料：新鲜金银花、膏状凹凸棒石粘土、新鲜茶叶、十二烷基硫酸钠、山梨酸钾、冰片等。功效：吸附和清除口腔中的多种异臭味。

（3）草本复方牙膏（专利：1582890）

原料：金银花、野菊花等。功效：防龋，消炎。

（4）一种除烟渍中药牙膏（专利：101366689）

原料：金银花、蒲公英、薄荷等。功效：除烟渍。

（5）一种玫瑰花金银花无磷加香洗衣粉（专利：101870934）

原料：金银花醇、玫瑰花香精、金银花香精、硫酸钠、沸石、增效助剂碳酸钠、十二烷基苯磺酸钠、非离子型表面活性剂、蛋白酶、羧甲基纤维素、细物纤维防垢剂、玫瑰花醇、板蓝根香精、木香香精等。

（6）金银花漱口液

组成：金银花30克，硼砂30克，甘草30克。功能主治：清热解毒，润喉解毒，保持口腔清洁，并及时消除存留在口腔粘膜上的毒性代谢产物，以便防止或减轻对口腔粘膜的损害。

（7）中药驱蚊精油及便捷贴（专利：101601413）

原料：金银花油、野菊花油、丁香酚、青篙油和地椒油、连翘油、当归油、荆芥油、薰衣草油、百里香油、薄荷油、艾叶油、柏木油等。产品特点：本品为纯天然提取物，无毒副作用，使用安全高效，有效驱蚊时间可达6～8小时，符合国家A级标准。

（8）一种中药消炎止痒卫生巾（专利：101804219）

原料：金银花、蜈蚣、苦参、益母草、甘草、蒲公英、百部、仙鹤草、五倍子等。

（9）中草药保健香（专利：101690503）

组成：金银花、生姜、射干、野菊花、荷叶等。功效：杀菌消毒。

（10）一种具有美白、祛斑作用的中药面膜（专利：101518508）

组成：金银花、瓦松、甘草、黄芩等。功效：治疗痤疮等。

（11）宝宝康药袋（专利：1152465）

原料：金银花、荆芥、檀香、小茴香、藿香、香厚朴、楂炭、琥珀、朱砂、柴胡等。功效：用于婴幼儿风热感冒，畏寒发热，消化不良，惊悸不安等。

（12）茶叶枕芯（专利：101422313）

原料：金银花蕾、茶叶、桑叶、玫瑰花蕾、野菊花。功效：杀菌，消毒，改善脑部血液循环，改善睡眠等。

（13）一种具有清除口腔异味、清新口气功效的组合物（专利：101292945）

原料：金银花、罗汉果、乌梅、绿茶。功效：清除口腔异味，清新口气。

（14）多功能抗菌洗涤剂（专利：101386810）

原料：金银花、野菊花等。

（15）儿童沐浴液（专利：101390821）

原料：金银花、陈艾、五皮风、绿茶等。功效：增加儿童皮肤抵抗力，防治儿童皮肤痒痛、生疮、长痒子。

（16）被褥芯（专利：10ll64862）

原料：金银花、大青叶、板蓝根、黄连、大黄、黄芩、黄柏等。功效：杀菌，消炎，解毒。

（17）痱子粉（专利：101708253）

原料：金银花、蜀葵花、紫花地丁、滑石粉、薤菜、冰片、樟脑、薄荷脑。功效：清热解毒，止痒消肿，活血散瘀，通窍辟秽。用于治疗痱子。

（18）健康型香烟（专利：1234203）

原料：香烟原料、金银花的花朵或嫩叶。

（19）金银花烟草制品（专利：1314115）

原料：烟草原料，20～30%的金银花。

（20）金银花洗发浸膏（专利：1184631）

原料：金银花、脂肪醇硫酸三乙醇胺、脂肪醇硫酸钠、烷醇酰胺、咪唑琳、椰子油酰胺丙基甜菜碱、阳离子瓜尔胶、水溶性硅油、珠光剂等。功效：去头屑，止痒，清洁保护头发及头皮健康。

（21）一种含有天然植物金银花的健康环保型香水（专利：1372905）

原料：金银花、柏子仁、干姜、霍香、察香、樟脑、沉香、薄荷、松香和素凝香。功效：提神醒脑，解毒，扶正固本，清新空气等。

（22）口疮漱口液（专利：A61K 35/78）

原料：金银花、五倍子、明矾、冰片、蒲公英、甘草。功效：清热解毒，消肿止痛，收敛生肌。用于治疗口腔炎、牙龈炎、口腔溃疡、创伤性粘膜损害。

（23）口腔保健气雾剂（专利：1345595）

原料：金银花、野菊花、薄荷脑等。功效：对口腔有杀菌，固齿，祛火，清新及保健作用。

（24）口腔溃疡贴膜（专利：1879682）

原料：金银花、薄荷脑、维生素 B_2、冰片、盐酸丁卡因、山梨酸、醋酸泼尼松、盐酸金霉素、甘油、甜叶菊苷、乙醇、聚乙烯醇 PVA17－88。功效：消肿止痛。

（25）六花洗涤制品（专利：1673326）

原料：金银花、野菊花、啤酒花、风仙花、金莲花、菊花等。功效：消毒杀菌润肤。

（26）美容护肤液（专利：101732197）

原料：金银花、大黄、红花、芦荟等。功效：排毒养颜，美容美貌。

（27）面部清毒散（专利：101229234）

原料：金银花、连翘、木香、板蓝根、甘草、冰片、绿豆等。功效：治疗青春痘、毒火疙瘩、风火毒、汗斑、扁平疣、疔毒、癣症等。

(28) 实用新型名称强身保健被（专利：A47G 9/0）

原料：金银花、薄荷、渡香、木香、砂仁、丹参、川芎、羌活、花椒、樟脑等。功效：保温御寒的同时防病、治病，又可防止絮套返潮、遭致虫蛀。

(29) 一种利于清除体内烟毒的保健制品（专利：101283793）

原料：酸模叶蓼 450 ~ 470，金银花 120 ~ 150。功效：提高人体免疫功能，消除或减轻尼古丁对人体的危害。

(30) 驱蚊组合物（专利：101884608）

原料：金银花、葡萄籽、野菊花、甘草、藿香、苍术、丁香、黄芩、红茶等。

(31) 日晒防治膏（专利：1454638）

原料：金银花、杠板归、垂盆草、鸭肠草、玉竹、紫草、芦荟、蜂花粉等。功效：清热解毒，凉血化斑。用于防治热毒灼肤所致的日晒疮，对于日晒、紫外线灼伤、热辐射灼伤等均有预防和治疗的作用。

(32) 室内空气消毒剂（专利：1634602）

原料：金银花、艾叶、苍术、大蒜等。

(33) 一种金银花药物纸手帕（专利：1656956）

原料：金银花等。功效：抑制细菌、螨虫的滋生，并有杀菌、除螨、止痒，它能彻底杀灭面部螨虫，对因瞒虫及其它所感染而导致的各种酒糟鼻、痤疮、粉刺等疾病，均有明显疗效。

(34) 鲜花洗脸沐浴剂（专利：1515243）

原料：金银花、菊花、玫瑰花、槐花、茉莉花、米醋等。功效：柔润肌肤，去除皮肤角质，防止色素沉降，治疗蝴蝶斑、雀斑，减少皱纹，保持皮肤的弹性，使皮肤保持青春的光泽。

(35) 一种花瓣浴包（专利：101062000）

原料：金银花、玫瑰花、茉莉花、菊花、芙蓉花等。功效：柔润肌肤，去除皮肤角质，清理皮下新陈代谢沉积物，防止色素沉降，保持皮肤的弹性的作用。

(36) 止痒沐浴粉（专利：101214205）

原料：金银花、荆芥、黄虎树、红花。功效：治疗皮肤瘙痒、湿疹、香港脚以及妇女阴道炎。

(37) 一种金银花牡丹花含香涂料（专利：101870839）

原料：金银花微胶囊香精、牡丹花微胶囊香精、依兰微胶囊香精等。

附：含有金银花成分的其他专利

刺梨果味饮料（专利号：101919553）；多元素中药保健品（专利号：101884422）；甘草茶（专利号：101690535）；柑橘果味饮料（专利号：101919554）；含天然珊瑚姜精油的润喉消炎含片（专利号：102008693）；黄芪养生茶（专利号：101744072）；黄

桃果味饮料（专利号：101999718）；姜茶及其生产方法（专利号：102058001）；含牡丹叶的清热降火、抗菌消炎袋泡茶（专利号：101558877）；一种具有调节血糖功效的保健食品及其制备方法（专利号：102048154）；拘奶汤（专利号：101953904）；一种治疗溃疡性结肠炎的丸剂及其制备工艺（专利号：101874853）；预防和治疗奶牛不孕症的中药组合物及其制备方法（专利号：101612914）；清咽利喉奶粉及其制备方法（专利号：101243812）；鲜鱼腥草梨汁饮料及其制作方法（专利号：101731711）；消疣康复合剂（专利号：101254241）；一种抗恶性肿瘤金三雄中药制剂及其制备方法（专利号：101829305）；一种辅助治疗咽炎、口腔溃疡的外用膏及其制备方法（专利号：102048880）；一种复方鱼腥草合剂的制备方法（专利号：102018810）；一种清肠排毒的保健茶（专利号：101971895）；一种止泻保健药茶（专利号：101912008）；纯中药美容美白抗皱面膜膏（专利号：101147723）；安全型奶牛消毒护理剂（专利号：101797329）；保健香烟制备方法（专利号：1826996）；保健型绿色卷烟（专利号：1410015）；保健药枕（专利号：101347514）；鼻渊胶囊（专利号：1586584）；茶皂素足浴粉（专利号：101829314）；出去头皮屑特效护发酊剂（专利号：1230417）；纯天然内衣保健液（专利号：A61K35/78）；纯天然生津茶饮料（专利号：102007991）；纯天然美容美白抗皱面膜膏（专利号：101147723）；风湿药酒（专利号：1470261）；黑泥美容香皂及其生产方法（专利号：101195792）。

附 录 封丘概况

一、封丘历史

封丘县位于河南省东北部，属黄淮海平原的一部分。西界原阳县、延津县，北部与滑县为邻，东北与长垣县接壤，南和东南与开封市、开封县、兰考县隔河相望。黄河从县南和县东流过，境内流长56公里。新（乡）~长（垣）公路由县城通过，106公路由长垣县入境通往开封，新（乡）~长（垣）地方铁路横越县境，新（乡）~菏（泽）铁路从北端蒋村穿过。县境南北长38.2公里，东西宽48.7公里，全县总面积1221平方公里，辖8镇11乡（其中1个回族乡），607个行政村，总人口80万。

四千多年前，传说中的炎帝系统羌族就在这块土地上过着游牧狩猎生活。继而定居，从事农耕采桑。春秋时期，齐、晋、吴诸侯国，为防楚国北侵，曾在这里召开三次兵车之会（公元前586年的虫牢之会，公元前529年的平丘之会。公元前482年的黄池之会）。战国时七雄争霸，这里是诸侯争战的中心地带。

封丘县的建置始于西汉初年。据清顺治《封丘县志》载，刘邦与项羽作战，兵败经延乡，遇翟母进饭充饥。西汉立国为追念翟母进饭之恩，于延乡置封丘县，至今已有两千多年，历三国、两晋、南北朝至隋统一中国的一百七十年间封丘曾三次被撤销，隋初复置。唐代，封丘属河南道汴州陈留郡；五代袭唐制；宋代属京畿路开封府；金属南京路开封府；元属河南江北行省汴梁路；明属河南布政使司开封府；清初沿明制，清乾隆四十一年（1776）改属卫辉府；中华民国初年封丘归河北道；1924年属河南省第四行政区；1945年归第四行政区濮阳专属。封丘大地名胜古迹颇多，诸如黑山、济水、钟銮夜雨、磨谭秋月、青陵古树、黄池芳草、封父旧亭、翟母遗冢、淳于晓钟，翟沟清波。还有宋太祖黄袍加身处、使君墓及众多庙宇牌坊，曾吸引无数游人墨客，前来游览凭吊、抒发情怀。其中青堆遗址是新石器时代的历史见证，对研究封丘地区社会和文化发展有着重要参考价值。只可惜这些名胜古迹，或毁于黄水、或毁于战乱，偶有幸存者，也是疮痍满目。

封丘历史上名人荟萃，著名的青陵台，记载了宋康王的淫暴，书写了韩凭夫妇不畏强暴，以死抗争的动人事迹，反映了古代青年男女酷爱自由，忠贞不渝的爱情生活。唐代诗人高适曾任封丘县尉，写下了不朽诗篇《封丘感怀》。明正统年间封丘进士黄叔敖曾任南京户部尚书，清正廉明，嫉恶如仇，颇有政绩。清末，杜潜跟随孙中山闹革命，首任河南同盟会支部书记，先后在焦作、四川等地开办煤矿，振兴中华实业，为民族工业的发展做出了贡献。

封丘处于南北同衢，历次农民起义，大都波及封丘。陈胜吴广、绿林赤眉、黄巢挥戈、闯王起义、太平天国、辛亥革命，封丘人民均有积极响应参加。1925 年封丘进步青年朱尚忠、张楠、秦延岭等参加了中共豫陕区委书记王若飞举办的青年运动讲习所。1926 年 12 月，遵照党的指示，返乡在县城平等街建立中国共产党封丘县支部，积极组织农民协会，开展反对贪官污吏的斗争；在学生中组织进步青年开展讲演竞赛会，宣传中国共产党的主张，是封丘最早的共产党人。

1938 年 4 月刘伯承、邓小平率领的八路军一二九师一部，出太行山，越平汉线，与路东人民武装会合，开辟了冀鲁豫边区抗日根据地，封丘大地革命形势蓬勃发展。1944 年秋，中共冀鲁豫边区行署副主任贾心斋，中共冀鲁豫军区四分区司令员张国华等率部队，来到封丘县杏园，在地下党组织的配合下，一夜拔除日伪军点两个，俘敌 150 人，大大鼓舞了广大人民群众抗日斗争的士气。解放战争时期，四分区司令员张国华、五分区司令员王才贵，先后率部队在封丘开展了剿匪反霸斗争。

封丘地处中原腹地，又系七朝古都开封近郊，历次王朝更迭、战乱都波及封丘。金以后黄河改道，县境决口多次，封丘水患异常频繁全县百姓长期处于战乱与水患之中，加上统治阶级名目繁多的苛捐杂税，生活甚是艰难痛苦。

民国年间，军阀割据，连年混战。豪绅恶霸鱼肉乡里，土匪玩杂横征暴敛。三里一团长，五里一司令，串户劫掠，拉夫抢粮，人民处于帝、官、封三座大山重压之下，悲惨之情难以言状。

新中国建立之后，中共封丘县委和县政府，领导广大人民群众，开展土地改革运动，废除二千多年的封建土地制度，实现了耕者有其田，解放生产力，工业、农业、商业、财政、交通、邮政、科学、教育、文化、卫生各行业得到迅速的恢复并有了较快的发展。1953 ~ 1956 年，党和政府领导广大人民群众实现农业合作化，并完成了对手工业和资本主义工商业的社会主义改造，为社会主义建设事业铺平道路。1958 年至 1976 年 18 年间，由于缺乏经验，急于求成，违背了经济发展的客观规律，工作中出现了不少失误，甚至出现了象“文化大革命”那样全局性的错误，而通过自身的努力不断克服缺点纠正错误，封丘县各项事业在曲折中前进，取得了历代不能比拟的巨大成就，1976 年粉碎“四人帮”反革命集团之后，进行一系列的拨乱反正，彻底批判了“左”的思想，恢复实事求是的思想路线。中共十一届三中全会，把工作重点转移到经济建设上来，农业实行家庭联产承包责任制，工业、商业、交通、卫生各行各业都进行了改革，出现各种不同形式的责任制。多年来梦寐以求的温饱问题得到了解决，衣、食、住、行、用各方面都有很大改善，农业经济由自给半自给经济向商品经济转化，一部分农民已经开始富裕起来。

二、历史典故

（一）鸣条之战

夏商之际（约公元前 16 世纪，一说公元前 17 世纪），商军在鸣条（今河南封丘东）击败夏军，灭亡夏朝的一次战争。夏朝末年，夏王桀的奴隶主统治出现危机。夏在东方的属国商，乘机先征服与商邻近的夏属国葛（今河南宁陵北），保障商都南亳（今河南商丘东南）的安全。又派重臣伊尹至夏都斟（今河南巩县西南）探测虚实。再采取分别翦除夏朝羽翼的策略，各个击破位于夏、商之间的韦（即豕韦，今河南滑县东南）、顾（即鼓，今河南范县东南）、昆吾（今河南许昌）等夏属国，使夏孤立无援。接着，商王汤迁都于北亳（今河南商丘北），后率战车 70 乘、敢死士 6000 攻夏。夏桀率军与商军战于鸣条，大败，桀走三□（今山东定陶东北）。商军乘胜追击，桀逃奔南巢氏（南方巢居氏族，居今安徽巢湖北岸）。商汤据有夏地，在西亳（今河南偃师二里头）建立了新的商奴隶制王朝。

（二）兵车之会

春秋时期，齐、晋、吴等诸侯国，曾在封丘境内开三次兵车之会。①虫牢之会：公元前 586 年（周定王二十一年），晋景公发起九国诸侯在郑地虫牢抗楚之会，即历史上有名的虫牢之会。②平丘之会：公元前 529 年（周景王十六年）晋召公为国君，欲恢复先主霸业，与齐国争夺霸主，请各国诸侯于 7 月聚集卫地的平丘相会，史称平丘之会。③黄池之会：公元前 482 年（周敬王三十八年），吴王夫差率军于黄池大会诸侯，与晋争做盟主，这就是历史上有名的黄池之会，又称黄池会盟。

（三）翟母进饭

楚汉战争中，刘邦被项羽打败，落荒而逃，路过延乡（今封丘县城西北隅），遇翟母便向她乞食，翟母赠饭。刘邦得帝后，封翟母为封丘侯，设封丘县于延乡。

（四）陈桥兵变

公元 960 年，后周大将赵匡胤（宋太祖）率兵驻扎陈桥驿，发起兵变，黄袍加身，开创了大宋王朝 300 年基业，使中国由乱到治，由分裂走向统一。位于封丘县城东南 13 公里的陈桥镇小西街路北。陈桥村在五代时曾为后周驿站。赵匡胤陈桥兵变，建立北宋后，仍为驿站。祟宁四年（1105），徽宗为显扬列祖，把驿站改为东岳庙。明朝天顺三年赵晃倡修，赵命长子益淡同天坛山紫薇宫王道然共修大殿、东西底、大门、寝宫、子孙殿。清顺治十六年九月，杨九德主持重修。乾隆九年（1744），重修大殿阎罗神像。光绪十三年（1887）农历十月，重修宋太祖黄袍加身大殿。建国前夕至今设立了学校，将东西房改为教室，拆去了大门和门前照壁。现仅存黄袍加身处大殿一座、“系马槐”一棵、宋太祖黄袍加身处碑，顾贞观《满江红》词碑，农纯题《念奴娇》词碑、金梦麟题“系马槐”石碣和明朝重修山门碑记等。“系马槐”历尽千年，是历史发展的见证，这里所保留的石刻，有诗词、题字，不仅有文学艺术价值，而且有书法艺术价值，另外还有一口水井。宋太祖黄袍加身处大殿，仍保持清光绪重修时的建筑风格，为单檐歇山九脊殿，柱子 12 根。1978 年又进行了维修，雕梁画柱，红墙绿瓦滚龙盘，金碧辉煌，内悬挂赵匡胤画像，以供游人观赏。

三、封丘方言

本节列有封丘话的词语，这些词语与普通话的说法各有差别：

陡雨：暴雨
日头：太阳
打霍：闪电
罗面雨：毛毛雨
好天：晴天
琉璃喇叭：冰柱
月明地儿：月亮照射地方
滴星儿：小雨
冰冰：冰块
上冻：结冰
河沿儿：河边
恶水：脏水
下爽：霜降
地张儿：地方
晌午饭：中午饭
后晌：下午
往后：以后
要我：现在
黑家：夜里
小虫儿：麻雀
大挂：车把式
人家：别人
咋：怎么
俺：我
咱几个：咱们几个
看好儿：刚好
趁好：刚巧
敢兴：就是
差点儿：几乎
多亏：幸亏
一起儿：一块
胡乱：瞎乱
猛不防儿：突然间
大喷儿：惯于说大话的人
下作：又贪又馋
相好：朋友、关系好
栽嘴儿：打瞌睡
老了：去世
让：被
替：帮
谝：自我夸耀
漫天地：野外
头夫槽：牲口槽
没成色：没才能
搐腰吊：腰带
洋火：火柴
盖底：被子
指望：希望、盼望
左面：左边
做啥哩：干什么的
先头说：以前
不清头：不通情达理的人
兀堵水：半凉不凉的不开的水
顺毛驴：专爱听好话
向：朝
扁食：饺子
麻利：干脆，动作轻快
添仓儿：农历正月十九
兜兜：衣服上的口袋
提溜：提着
腥油：大油、猪油
铺底：褥子
暮忽：不机灵、不聪明
右面：右边

啥地张哩：什么地方的人
一［yo］：一个
俩［lia］：俩人
三［sa］：三个
一骨堆［i ku tui］
一榨长［i zha chang］
一不郎［i pu lang］
圪囊：垃圾
土古堆：土丘
土坷垃：土块
滚水：开水
龙黄：硫黄
啥时候：什么时候
明隔：明天
后隔：后天
成天：整天
大尽：大月
小尽：小月
阳历年：元旦
年些：春节
小年些儿：元宵节
年景儿：收成
历斗：历书
打春：立春
清起：清早起来
白儿里：白天
老粗：没文化人
老扣：吝啬人
在行：内行
先生：医生
出门儿：女孩儿出嫁
歇顶头：秃头顶
眵麻糊：眠屎
眉豁头：前额
肚么脐：肚脐
跑肚：腹泻
眼沾毛：眼睫毛
胳老肢：胳肢窝
不老盖儿：膝盖
犟嘴：顶嘴
风刮啦：感冒
抽斗：抽屉
风掀：风箱
油馍：油条
面闸头：面酵子
打黑娄：睡觉打呼噜
打嗝斗：打噎
发臆症：说梦话
当院：院里
茅斯：厕所
后院：厕所
布衫儿：衬衣
坎肩儿：背心
上粪：施肥
黄叶：白菜
沤粪：积肥
倒子葵：向日葵
剃头哩：理发员
牙狗：雄狗
贩蛋：鸡下蛋
槐树螂：黄鼠狼
眼面糊：蝙蝠
长虫：蛇
狼狗：猎狗
除川：蚯蚓
蝎虎：壁虎
马即了：蝉
瞎徒叫：猫头鹰
乌丝儿：系字旁
玩把戏：杂技
藏老蒙：捉迷藏
土墩儿：土字旁

煞戏：结束
不依：不拉倒
约摸：估计
合摸：考虑
不对调：不对脾气
嗙空儿：聊天
缺人：坑人
不赖：不错
捣包：淘气
精里很：很聪明
傻不差里：傻的很
黄不愣里：黄色太重
相中啦：看中啦
不中：不行
热里慌：热的心发谎
酸不溜哩：酸味太重
口头重：爱吃咸的
拜：爸
麦：妈
男孩儿：hiao
桌子：zhuao
隔都：面鱼
笤树：笤帚
儿酿：后背
倒葛儿囊：倒垃圾
炊橱：清洁球
当岸：门外边
节毒还摸：赖蛤蟆
血虎：壁虎
大立柜：衣柜
物爪：凳子
打涕分：打喷嚏
罗身仁：花生米
写嘟/扯嘟：光身
肚莫秋：肚脐眼
扯儿娘：光膀子
吃馍角：光脚
没关系：毛事
无大碍：不碍照
给我看一下：叫我瞅一小
敦实，结实：昂帮
不怎么样：不咋桌
就花儿：本来就是
nua 俩：干啥？
切 mier：让开
给老枝儿：胳膊窝
二百五：二半吊
高速：高傲傲慢

封丘话的语法举要：

1. 封丘话表示程度之深往往借助于动词或形容词的前后附加成份。

前附加成份为："生、稀、老"。如：手冻得生疼；瓶子打得稀碎；这东西不老多。

后附加成份为"要命、要死、不得了、算拉巴"。如：热里要命；累得要死；忙得不得了；算拉巴。

2. 封丘话中的助词"哩"相当于普通话中的结构组词"的、地、得"；

如：写的最好了——写哩最好了

高兴地跳起来——高兴哩跳起来

屋里闷得慌——屋里闷哩慌

3. 封丘话中的"儿"是名词的标志：如开花儿，唱歌儿，一打儿，两半儿。

四、封丘特产

（一）金银花

金银花为封丘县传统的中药材种植作物，封丘县金银花已有1500多年的栽培历史，2003年3月18日，国家质量监督检验检疫总局通过了对封丘金银花原产地域产品的认证，并颁发了中国金银花唯一的原产地域产品认证书。2003年和2006年，封丘金银花两次被评为河南省十大名牌农产品之首；2005年被批准为河南省标准化示范区；2006年被批准为河南省金银花生产基地；2007年被授予河南十大中药材种植基地。封丘已成为全国金银花生产第一县。封丘县“金银花产业化培育示范与推广”项目已被列入2007年度国家星火计划。“金银花产业化培育示范与推广”项目实施分两个阶段进行。2006年度，已投入资金100万元，完成了金银花规范化种植技术研究，以及标准生产规程制定，并印发科技培训材料10万册，培训农民5000人，开展了完善栽培技术体系的研究。2007年度，将投入资金30万元，建立无公害种植规程工作，同时培训农民5000人，提高金银花产量8%，实现亩均增收100元。近几年，封丘金银花种植面积呈几何级的速度扩张，据当地农业部门提供的数字表明，目前封丘县金银花种植面积有30多万亩。

（二）封丘芹菜

封丘芹菜”简称“封芹”，是新乡市的传统特产，具有悠久的栽培历史，自古就有“封芹延菠”之称，被誉为“新乡一绝”。封丘县芹菜适于水浇旱地种植，要求土壤质地沙粘适中，孔隙度适宜，通透性良好，保水保肥性能较强，有机质分解快，供费性能良好，耕作方便的园田地生长。县城北边王村、王王村、崔王村、周王村、陈王村等村为主要生产基地。据《封丘县志》记载：“芹菜四时均有。而春种、夏移、冬成者，嫩而无渣，为封特产，远近驰名。”为让“封丘芹菜”这一昔日贡品重焕荣光，封丘县贡芹种植专业合作社采用传统种植技艺，施用独特的三渣（沼渣、油渣、豆腐渣）肥料，经过长达50天的封埋再生，再现了“封丘芹菜”的绝佳品质，具有“形态根冠肥大，根似龙首、叶似凤尾、茎鞘如笙，色泽鹅黄清雅，入口甘甜脆嫩，细品芹香悠远，回味余韵绵甜，生食脆而无渣，熟食鲜香兼有”的典型特点。经农业部果品及苗木质量监督检验测试中心（郑州）测试，“封丘芹菜”每100克含维生素C3. 74毫克，总糖1. 16毫克，粗纤维0. 8毫克，铁0. 17毫克，锌0. 16毫克，均高于普通芹菜。

2010年，由封丘县贡芹种植专业合作社申报的“封丘芹菜”符合《农产品地理标志管理办法》规定的登记保护条件，准予正式登记，并取得中华人民共和国农产品地理标志登记证书，依法实施保护。至此，“封丘芹菜”成为河南省首个获得农产品地理标志登记保护的芹菜，也是新乡市继“封丘金银花”、“原阳大米”、“延津胡萝卜”、“辉县山楂”之后第五个获得农产品地理标志登记保护的产品。

（三）封丘石榴

石榴（*Punica granatum* L.）为落叶灌木或小乔木。原产地中海沿岸，西汉时期引入我国，何时传入封丘时间不详，清（康熙）县志有最早文字记载。封丘石榴主要分布于陈桥和司庄公社的部分大队，果园土壤类型为具有深厚粘质间层的青沙盐碱土，有机质含量低，土壤 pH 值为 8 ~ 8.5，地下水位 2 ~ 2.2 米。品种有钢石榴、铁皮石榴、红石榴、酸石榴、白石榴，以钢石榴、铁皮石榴为主要栽培品种。品优质佳，个大色艳，皮薄籽饱、核小汁多。封丘年产石榴 30 多万斤，除供应北京、四川等省市和本省需要外，还远销港、澳等地。

（四）树莓

树莓，夏初果实由绿变绿黄时采收，除去梗、叶，置沸水中略烫或略蒸，取出，干燥。甘、酸，温。归肝、肾、膀胱经。具有益肾固精缩尿，养肝明目的功效。用于遗精滑精，遗尿尿频，阳痿早泄，目暗昏花。2007 年封丘清堆树莓合作社被国家农业部产品产地认定委员会认定为无公害树莓果产品产地。2008 年封丘树莓被选进奥运会指定水果，2010 年成为上海世博会推荐产品。目前，全县树莓种植面积已达 3000 余亩。

参考文献

[1] 范文昌，葛虹，廖彩云．金银花的综合利用．广州化工，2012，24：16－18.

[2] 郭丽君．“方对”还得“药灵”．光明日报，2011－6－13（010）.

[3] 嵇仙峰，单联宏，潘青华．金银花市场供需现状及发展前景研究．科技创业，2010，(12)：88.

[4] 王美芹．金银花的临床新用途和综合利用发展前景．中国现代药物应用，2010，4（10）：102.

[5] 李庆荣．金银花的开发前景广阔．计划与市场探索，1995，(12)：47.

[6] 胡普辉，杨雪红．中国金银花发展现状及对策探讨．陕西农业科学，2009，(5)：104

[7] 赵素菊，周广亮，高殿滑．封丘金银花生产与气象条件的关系．河南气象，2006，(4)：58.

[8] 封丘“金银花”富了一方人．中国特产报，2009－02－13（A02）.

[9] 张文冉，高殿滑，刘爱华．金银花尺蠖的发生与气象条件的关系．气象与环境科学，2007，30（4）：60.

[10] 董建矿．封丘：种上金银花俺有银子花．河南日报，2007－05－27（003）.

[11] 郑亚琪，石岩，文成．封丘金银花：遭遇生死考验．河南科技报，2008－6－27（002）.

[12] 吴建有．河南封丘大做“花样”文章．中国经济时报，2007－7－10（007）.

[13] 王玉珍．封丘：叫响金银花．河南日报 2001－6－18（005）.

[14] 于彬．封丘金银花根植科技沃土．河南科技，2004（1上）：46.

[15] 李保平．全国金银花第一县——封丘．河南日报，2009－7－27（008）.

[16] 汪冶，文惠玲，海树模，等．《中国药典》2005年版金银花和山银花品种分列的商酌．时珍国医国药，2009，20（1）：150.

[17] 华碧春，陈齐光．忍冬藤和金银花的本草研究．福建中医学院学报，1996，6（1）：27.

[18] 杨静雯．金银花丰产的修剪技术．甘肃科技，2009，25（20）：161.

[19] 李万波，程必勇，王桂山，等．金银花本草考及陕西药用品种与品质评价．陕西中医学院学报，1985，(1)：44.

[20] 刘启茂．金银花．延河文学月刊，2008，(10)：64.

[21] 景人．金银花的传说．浙江林业，1998，(4)：29.

[22] 吴纪曾．金银花及其传说．南方论刊，1995，(2)：39.

[23] 孟祥娟，孙瑜，王月珍．金银花的化学研究概述．长春医学，2010，8（1）：74.

[24] 袁玉兰．金银花的美丽传说．养生大世界，2010，(7)：40.

[25] 荣蔚．清热解毒金银花．开卷有益：求医问药，2010，(7)：38.

[26] 季静，鲍雅静，王迪，等．金银花及其抗逆性研究．安徽农学通报，2008，14（7）：102.

[27] 张重义，李萍，李会军，等．道地和非道地产区金银花质量的比较．中国中药杂志，2007，32（9）：786.

[28] 周凤琴，李佳，冉蓉，等．我国金银花主产区种质资源调查．现代中药研究与实践，2010，24（3）：21.

[29] 孙慎富．金银花的栽培与管理．生物学通报，1994，29（8）：44.

[30] 张韶文．冬插金银花．中国花卉盆景．1988，（11）：12.

[31] 黄日期，黄桂发．金银花－致富的花［J］．云南农业科技，1985，（4）：36.

[32] 周雷松．金银花的栽培技术．中国林业，2008，（8）：60.

[33] 李利改，郭龙，秦金山．金银花的组织培养．植物生理学通讯，1987，（04）：58.

[34] 唐守忠．金银花快速克隆培苗技术．中国专利：1625935，2005－06－15.

[35] 夏春燕，张广平，张帅．金银花优质高产栽培技术要点．河南农业，2011，（1上）：37.

[36] 志达．药用金银花的栽培要点．农村实用技术，2010，（10）：40.

[37] 郭策．嫁接金银花的栽培及管理．中国林业，2011，（2A）：56.

[38] 柳永辉．金银花的施肥技术．农家参谋，2010，（3）：16.

[39] 曹波勇．无公害金银花高产栽培技术．广西农学报，2007，22（6）：60.

[40] 周凌云，柯用春，赵俊岭．金银花专用叶面肥施用效果试验．河南农业科学，2004，（6）：61.

[41] 岳静慧．金银花冬季管理技术．河南农业科技，2004，（12）：82.

[42] 吕斌．金银花：并非人人都能服用．中国医药报，2010－5－24（007）．

[43] 任应党，刘玉霞，申效诚，等．金银花主要害虫及防治．河南农业科学，2004，（9）：66.

[44] 许东飞．金银花常见病虫害防治．安徽农学通报，2007，13（17）：218.

[45] 赵健飞，樊博．药用植物金银花病虫害的发生及综合防治技术．河南农业，2010，（8下）：49.

[46] 刘清琪，张俊林，李庆水，等．咖啡虎天牛为害金银花的初步研究．中药材科技，1981，（2）：18.

[47] 程惠珍，卢美娟，林谦壮，等．金银花木蠹蛾的研究．中国中药杂志，1989，14（10）：11.

[48] 卫云，周曙明．山东金银花栽培技术．山东农业科学，1986，（5）：49.

[49] 王瑞娟，张立秋．金银花的主要病虫害及其防治．河北林业科技，2006，（5）：66.

[50] 徐之兰．金银花栽培管理技术．现代农业科技，2010，（20）：155.

[51] 刘鸣韬，孙化田，张定法．金银花根腐病初步研究．华北农学报，2004，19（1）：109.

[52] 王文铭．金银花栽培．中国林业，2008，（4A）：52.

[53] 张太安．怎样预防金银花的死棵．河南农业，2010，（8上）：12.

[54] 张静，张国杰．农田除草剂漂移对金银花的危害及防治办法．农家参谋，2009，（12）：14.

[55] 肖晓华，刘春，陈仕高，等．金银花病虫害的综合防治．植物医生，2007，（1）：23.

[56] 赵忠勤，龙天福．金银花的采收和干制．河南农业科学，1987，（6）：33.

[57] 徐迎春，周凌云，张佳宝．金银花产量和质量的物候学分析．中药材，2002，25（8）：539.

[58] 伍剑波，龚向坤．金银花筛选机．中国专利：2657798，2004－11－24.

[59] 张祥汉．一种金银花采摘器．中国专利：201504422，2010－06－16

[60] 李志军，孟兆元．金银花的采收加工与保管．中药通报，1987，12（3）：19.

[61] 韦有华．金银花产地加工炮制及真伪鉴别研究．黑龙江中医药，2006，(5)：52.

[62] 袁智国．金银花茶的高温速干加工方法．中国专利：101971904，2011-02-16.

[63] 庞有伦，佘小明，周玉华，等．金银花机械化连续烘干方法．中国专利：101537028，2009-09-23.

[64] 徐晓光，程存良．金银花的硫磺熏晒法．基层中药杂志，1994，8 (1)：10.

[65] 刘云宏，朱文学，马海乐．金银花真空远红外辐射干燥动力学模型．农业机械学报，2010，41 (5)：105.

[66] 刘嘉坤，廉士东，杨晓，等．一种金银花烘干机．中国专利：201688664，2010-12-29.

[67] 王桂英，田谨为．金银花的采收加工方法及其成品性状比较．中草药，1996，27 (4)：233.

[68] 郭宏滨，姚满生，李昌爱，等．不同加工方法对金银花绿原酸含量的影响．中医药研究，1991，(3)：52.

[69] 文窑先．金银花不同炮制品的应用．时珍国医国药，2004，15 (12)：825.

[70] 李正颖．金银花的真伪鉴别．中国民族民间医药，2010，(8)：51.

[71] 梁尚宜．金银花及其混淆品的比较鉴别．海峡药学，1998，10 (3)：34.

[72] 王清波．掺加异物金银花的鉴别．时珍国药研究，1997，8 (2)：163.

[73] 杨水英．金银花的掺假鉴别．中医药学报，2003，31 (1)：30.

[74] 辛卫建，李含英，李卫红，等．金银花掺假的鉴别．吉林中医药，2003，23 (7)：13.

[75] 徐艳红，崔精明．金银花中掺入蛤粉的鉴别．时珍国医国药，2007，18 (3)：662.

[76] 李利民．金银花掺伪种种．山东中医杂志，1997，16 (4)：175.

[77] 顾晓华．金银花的真伪鉴别．时珍国医国药，2005，16 (9)：894.

[78] 刘立春，赵桂霞，邱慧芳．金银花的掺假与识别．中国药业，1996，(4)：40.

[79] 丁士卜．金银花掺假的识别．齐鲁药事，2007，26 (8)：477.

[80] 相龙民，李以元，相龙云，等．常见掺假金银花的鉴别．中草药，1998，29 (5)：341.

[81] 王苏．关于金银花掺杂的鉴别．中药通报，1986，11 (5)：21.

[82] 张朝云，冯博杰．柴胡、连翘、金银花的生药鉴定．天津医学院学报，1994，18 (2)：58.

[83] 潘秋文．金银花叶的研究进展．浙江中医学院学报，2004，28 (4)：90.

[84] 王柯，王艳艳，赵东保，等．HPLC 法测定金银花不同部位中木犀草素及其苷的含量．河南大学学报（自然科学版)，2011，41 (1)：39.

[85] 王林青．金银花、山银花体外抗病毒与免疫增强活性研究．河南农业大学 2008 届硕士学位论文，2008

[86] 武晓红，田智勇，王焕．金银花的研究新进展．时珍国医国药，2005，16 (12)：1303.

[87] 赵薇，邹峥嵘．金银花种质资源和提取物制备方法研究进展．安徽农业科学，2009，37 (33)：16373.

[88] 刘恩荔，李青山．金银花的研究进展．山西医科大学学报，2006，37 (3)：331.

[89] 罗亚东，关键敏．一种金银花绿原酸的制备方法．中国专利：102001947，2011-04-06.

[90] 刘志远，路钧斓，丁洁，等．一种应用膜过滤技术制备金银花提取物的方法．中国专利：101530449，2009-9-16.

[91] 穆桂荣．HPLC 法同步测定金银花中绿原酸和咖啡酸含量．首都医药，2007，(12)：40.

[92] 李萍，金红星，贾静．HPLC 法同时测定金银花中三种成分的含量．天津医药，2009，37

(6)：519.

［93］崔永霞，梁生旺，王淑美，等．豫产金银花质量控制的研究．河南中医学院学报，2005，(2)：25.

［94］王丽婷，杨敏丽．高效液相色谱法同时测定金银花及叶中的黄酮类物质．时珍国医国药，2007，18（8)：1850.

［95］万琴，萧伟，王振中，等．气相色谱法测定金银花中芳樟醇的含量．南京中医药大学学报，2010，26（4)：317.

［96］钟方晓．高效液相及紫外分光光度法测定金银花中绿原酸和异绿原酸含量方法．时珍国医国药，2005，16（3)：212.

［97］陈晓麟，任彦荣．金银花水提取液抗氧化作用研究．时珍国医国药，2010，21（7)：1652.

［98］胡克杰，王跃红，王栋．金银花中氯原酸在体外抗病毒作用的实验研究．中医药信息，2010，27（3)：27.

［99］陈晓麟．金银花水提取液对糖代谢影响的体外实验研究．时珍国医国药，2010，21（3)：628.

［100］周秀萍，李争鸣，刘志杰，等．金银花对大鼠免疫功能影响的研究．实用预防医学，2011，18（2)：214.

［101］邱赛红，殷德良．金银花单品使用的临床应用概况．湖南中医杂志，2011，27（1)：119.

［102］林英，蒙秀林．三叶鬼针草与金银花联用治疗急性阑尾炎 11 例．中国民间疗法，2006，14（2)：38.

［103］陈克云，李培建，孙法泰，等．金银花的药用研究．安徽中医临床杂志，2003，15（3)：265.

［104］张琪祥．“金银花汤加味”治疗急性乳腺炎．山西医药杂志，1974，(9)：37.

［105］贺云．金银花．广西中医药，1995，18（4)：54.

［106］陈云龙．金银花明膠治疗子宫颈炎经验介绍．中国中药杂志，1959，(08)：394.

［107］农训学．驰名药坛的金银花．东方药膳，2006，(11)：43.

［108］白水间．金银花巧治五官科疾病．农村百事通，2009，(21)：65.

［109］张国卿．用金银花合剂治疗梅核气的体会．中医药学刊，1986，(3)：672.

［110］明秀．金银花外用小方．农村百事通，2006，(11)：64.

［111］赵菊宏．金银花的药理学研究和临床应用．中国医药指南，2010，8（32)：195.

［112］陈红．金银花药浴治疗新生儿痤疮 30 例．浙江中医杂志，2010，45（10)：752.

［113］吴韵玉．甘草银花煎剂的临床应用．江苏中医药，1980，(4)：61.

［114］农训学．金银花常用方．医学文摘，1991（4)：63.

［115］穆兆英，刘淑英，徐辉，等．金银花的临床应用．中医药动态，1994，(4)：8.

［116］李浩澎．金银花乌梅煎治疗百日咳．中原医刊，1982，(1)：22.

［117］张颖．中西医结合治疗手足口病 49 例临床观察．长春中医药大学学报，2009，25（5)：746.

［118］何显忠，兰荣德．金银花的药理作用与临床应用．时珍国医国药，2004，15（12)：865.

［119］邢湘臣．再谈“金银花”．东方药膳，2007（6)：43.

［120］舒欣．金银花的临床新用途．求医问药，2007，(10)：46.

［121］张金海．金银花的药用．专业户，2004，(8)：56.

［122］何国兴．金银花验方．家庭医学，2006，（9）：59.

［123］孙常林，刘奎娟．大黄、金银花治疗甲沟炎、指头炎40例．中国中西医结合杂志，2000，20（8）：573.

［124］胡献国．夏季凉药金银花．民族医药报，2008－5－9（003）.

［125］王志胜．用白菜叶做去痘面膜也可用胡萝卜、金银花、蒲公英做原料．健康时报，2007－4－16（005）.

［126］阮孝珠．畲族民间应用金银花验方．中国民间疗法，2002，10（11）：58.

［127］黄蓓．金银花含漱液在ICU患者口腔护理中的应用．解放军护理杂志，2005，22（6）：99.

［128］段秀君．薄层色谱法鉴别清利合剂中的当归、金银花、黄芩．内蒙古中医药，2010，（11）：148.

［129］姬生国，王东．复方金银花擦剂中没食子酸的含量测定．时珍国医国药，2005，16（10）：1005.

［130］文丽丽，柏学敏，尹传明．复方金银花消炎液的制备和质量控制．黑龙江医药，2007，20（2）：138.

［131］王严岩．金银花治病验方二则．中国花卉盆景，1998，（12）：20.

［132］张桂艳，宋永全，杨晓敏，等．复方金银花止咳糖浆制备及应用．黑龙江医药，2000，13（6）：346.

［133］王志远．金银花和忍冬藤的特征．日本医学介绍，1982，3（7）：29.

［134］陈炅然，李萍莉．常用中草药——金银花、连翘、板蓝根．中兽医医药杂志，1998（6）：40.

［135］张振虎．“金银花”治疗小猪白痢．畜牧与兽医，1958，（3）：151.

［136］金银花大蒜液治疗小猪白痢．辽宁农业科学，1971，（1）：3.

［137］杨明爽．金银花在兔病防治上的应用及栽培技术．中国养兔杂志，1994，（2）：10.

［138］陈怀铸．巧用金银花治兔病．新农村，1995，（10）：23.

［139］金银花－防治禽畜病的良药．北方牧业，2010，（16）：26.

［140］陶昌华．金银花亦是防治禽畜病的良药．中国农村科技，2005，（6）：40.

［141］李福星．畜禽良药金银花．农家女友，2002，（1）：12.

［142］樊爱丽．一种防治鸡痘的中药组合物及其制备方法．中国专利：101664522，2010－3－10.

［143］赵会芹．预防和治疗奶牛不孕症的中药组合物及其制备方法．中国专利：101612194，2009－12－30

［144］完颜风景，完颜德杰，完颜德强．防治母猪死胎散剂．中国专利：1799592，2006－07－12.

［145］赵会芹．用于防治奶牛乳房炎的中药组合物及其制备方法．中国专利：101612335，2009－12－30.

［146］于树丽．一种金银花三七含片．中国专利：101757080，2010－6－30.

［147］王振国，王振贤．一种抗病毒金银花中药复方制剂及制备工艺．中国专利：101293012，2008－10－29.

［148］刘洪生，叶新兰，胡晓娟，等．金银花泡腾饮片及其制造工艺．中国专利：101361585，

2009 - 02 - 11.

[149] 吴玢，付静，张翠．一种金银花配方颗粒及其制备方法和质量控制方法．中国专利：101396417，2009 - 04 - 01.

[150] 宋德成．一种含有金银花的咀嚼片及其制备方法．中国专利：101757079，2010 - 06 - 30.

[151] 谢妹，刘海疆，李源，等．蜂胶金银花含片．中国专利：102048793，2011 - 05 - 11.

[152] 吴春玲，胡鹏，夏文，等．金感胶囊的制备方法．中国专利：101785796，2010 - 07 - 28.

[153] 张繁荣．金银花口服液．中国专利：102048910，2011 - 05 - 11.

[154] 张宏，查圣华．一种清咽的功能食品和药物及其制备方法．中国专利：101690584，2010 - 04 - 07.

[155] 黄山．一种金银花抗感茶．中国专利：101664520，2010 - 03 - 10.

[156] 徐晓玉，徐玲，刘家兰，等．一种清暑解毒的食药两用复方制剂．中国专利：102068480，2011 - 05 - 25.

[157] 孟晓．一种治疗脚鸡眼的复方配剂．中国专利：101879267，2010 - 11 - 10.

[158] 丁铁岭．哺乳保健药贴．中国专利：A61 K35/78，1995 - 11 - 22.

[159] 李仕幸．一种具有祛座疮功能的药物组合物及其制备方法．中国专利：101897785，2010 - 12 - 01.

[160] 李玉兰，李奥博，李卓，等．复方痤疮药膏．中国专利：1709322，2005 - 12 - 21.

[161] 葛云震．防治感冒穴位贴．中国专利：1235019，1999 - 11 - 17.

[162] 王跃进．防治青春痘含片．中国专利：101313960，2008 - 12 - 03.

[163] 夏运喜，刘胜乐，代俊伟．一种含服祛除口腔异味的中药及其制备方法．中国专利：102068499，2011 - 05 - 25.

[164] 郭亚光，郭小雨．高效戒烟含片．中国专利：1559585，2005 - 01 - 05.

[165] 刘峰．高效戒烟口服液及其制法．中国专利：101073406，2007 - 11 - 21.

[166] 温德发，孙红，李天华，等．戒毒片及其制备工艺．中国专利：1254572，2000 - 05 - 31.

[167] 唐德江，陈犁．金蝉止痒制剂及其制备方法．中国专利：1843435，2006 - 10 - 11.

[168] 韩勇．金银花草粉．中国专利：1843476，2006 - 10 - 11.

[169] 王军．金银花妇科炎症药液．中国专利：101062346，2007 - 10 - 31.

[170] 李春华，吕志强，周向东．一种消炎杀菌中药复方外用涂敷液及其制备方法．中国专利：101249190，2008 - 08 - 27.

[171] 杨孟君．纳米栀子金花制剂药物及其制备方法．中国专利：1368206，2002 - 09 - 11.

[172] 王建民．排毒戒烟胶囊．中国专利：101366929，2009 - 02 - 18.

[173] 鱼俊生，滕维成，辛世峰，等．清明眼药水．中国专利：A6lK 35/78，1995 - 04 - 05.

[174] 昌东生．祛痘美白胶囊．中国专利：1640476，2005 - 07 - 20.

[175] 王军．三花疱疹药液．中国专利：10l129534，2008 - 02 - 27.

[176] 李鸿．无糖银花感冒颗粒．中国专利：101433594，2009 - 05 - 20.

[177] 张靖华．一种女士专用的祛粉刺中药配剂．中国专利：101574465，2009 - 11 - 11.

[178] 牛六山，孙豆豆．用于治疗脚气的药物．中国专利：1765394，2006 - 05 - 03.

[179] 贾高增，贾瑞飞．治疗脚气的药物及其制备方法．中国专利：101884680，2010 - 11 - 17.

[180] 喻世涛，王萍，张敦铁．一种洁牙药物组合提取物及其功能卷烟．中国专利：102018887，2011 - 04 - 20.

[181] 迟健，姜大伟．金银花山葡萄酒的研制．现代农业科学，2009，16（6）：211.

[182] 任俊银，周小峰．金银花保健食品的研究．食品研究与开发，2001，22（1）：63－64.

[183] 孔瑾，叶孟韬，王树宁，等．金银花、黄酒保健饮料的开发与研究．河南职技师院学报，2000，28（4）：33.

[184] 刘伟成，刘敬忠．保健啤酒及其生产方法．中国专利：101691531，2010－04－07.

[185] 喻常青．戒烟露酒．中国专利：101810815，2010－08－25.

[186] 宋德成．一种含有金银花的降血脂养生酒及其制备方法．中国专利：102051313，2011－05－11.

[187] 范成连．金银花酒．中国专利：101153256，2008－04－02.

[188] 陈建亮．保健酒．中国专利：A61K35/78，1996－08－28.

[189] 蒋知昆．保健啤酒．中国专利：1310226，2001－8－29.

[190] 毛克举，郑华文．二花酒．中国专利：1159348，1997－09－17.

[191] 魏堂清．金杞酒．中国专利：1635098，2005－07－06.

[192] 卜国钦．金银花酒．中国专利：1563331，2005－01－12.

[193] 吴栋材．金银花酒．中国专利：C12G 3/04，1995－10－18.

[194] 张路明．金银花酒的制备方法．中国专利：1544603，2004－11－10.

[195] 陆尔穗．金银花啤酒及其生产工艺．中国专利：1451735，2003－10－29.

[196] 王志远．菊篙银花酒．中国专利：1488745，2004－04－14.

[197] 杨薇薇．具有抗癌止痛作用的药食两用酒．中国专利：101618165，2010－01－06.

[198] 卜国钦．一种金银花啤酒及其制备方法．中国专利：1396253，2003－02－12.

[199] 刘文锋，王平君，李兴武，等．银麦啤酒及其酿造工艺．中国专利：C12C5/00，1993－7－21.

[200] 汤金森．金银花晶的制造方法．食品工业科技，1988，（1）：23.

[201] 宋照军，马汉军，刘玺，等．金银花·红茶复合保健饮料的工艺研究．安徽农业科技，2008，36（15）：6508.

[202] 宋照军，蔡超，刘玺，等．金银花·菊花·甘草复合保健凉茶饮料的工艺研究．安徽农业科技，2009，37（24）：11714.

[203] 耿敬章，芦智远．金银花绿茶复合饮料的工艺优化．食品工业，2010，（4）：69.

[204] 靳桂敏，廖文通．苦瓜、金银花、淡竹叶复合保健饮料的研制．现代食品科学，2007，23（2）：37.

[205] 黄发新，刘应见，田茂强．金银花罗汉果苦瓜保健饮料研制．华南热带农业大学学报，1999，5（1）：26.

[206] 冯彤，庞杰，吴建生，等．银杏叶金银花保健饮料加工工艺．福建农林大学学报，2006，35（2）：221.

[207] 崔国梅，叶文峰．苦瓜金银花复合饮料的研制．饮料工业，2008，11（11）：12.

[208] 谢碧霞，谢涛．双花杏仁复合保健饮料研制．中南林学院学报，2001，21（4）：32.

[208] 贾长姝．津安精品道地药材（八）金银花．开卷有益－求医问药，2004，（6）：32.

[209] 逢颖，尹杰，林文雄．金银花茶饮料及其制备方法．中国专利：101642177，2010－02－10.

[210] 郑秀颀．金银花绿茶．中国专利：101904389，2010－12－08.

[211] 程辰．一种健康长寿杜仲金银花（饮料）及制造方法．中国专利：101919471（101919566），2010－12－22.

[212] 刘爱武．一种金银花润喉茶．中国专利：101940246，2011－01－12.

[213] 杨绪俊，陈俊华，章达．一种金银花草本植物茶及饮料．中国专利：101253907，2008－09－03.

[214] 罗海滨．金银花凉茶及其制备方法．中国专利：101273778，2008－10－01.

[215] 徐福莺，陈保华，薛爱珍，等．一种含金银花、罗汉果的保健饮料及制备方法．中国专利：101427764，2009－5－13.

[216] 胡建平．一种金银花槐米茶饮料．中国专利：101449725，2009－06－10.

[217] 刘源，王红，刘纯一，等．金银花饮及其加工工艺．中国专利：101554242，2009－10－14.

[218] 祝淑艳．金银花保健饮料及其制作方法．中国专利：101647556，2010－02－17.

[219] 刘佳佳，李桂银，陈灿均，等．一种金银花复合饮料及其制备方法．中国专利：101716005，2010－06－02.

[220] 苏金超．金银花型清凉饮料及其加工方法．中国专利：101731702，2010－06－16.

[221] 张振．一种绞股蓝金银花茶．中国专利：101803647，2010－08－18.

[222] 朱玉萍．一种清热败毒保健茶．中国专利：101911997，2010－12－15.

[223] 卜国钦．金银花绿茶．中国专利：101485371，2009－07－22.

[224] 周伟裕，丰宝铭．金银菊复合吸品．中国专利：101496635，2009－8－5.

[225] 耿立英．速溶润喉茶及其制备方法．中国专利：101243866，2008－8－20.

[226] 裴忠利．一种祛火茶．中国专利：101912011，2010－12－15.

[227] 肖福贵．一种预防和治疗感冒的保健茶．中国专利：101972418，2011－02－16.

[228] 许春雷．保健养生茶．中国专利：101991101，2011－03－30.

[229] 张巨柱．金银花露饮料的制备方法．中国专利：1557225，2004－12－29.

[230] 赵忠勇．长寿保健茶．中国专利：1554255，2004－12－15.

[231] 王富龙，王中华，王鸿亮．儿童保健茶．中国专利：A23F3/34，1996－06－19.

[232] 王志敏．喉爽保健茶．中国专利：137761，2002－11－06.

[233] 耿静．降火茶．中国专利：101455248，2009－6－17.

[234] 丁炎，冯鹤股．降糖茶．中国专利：1228261，1999－09－15.

[235] 陈兰亭，陆小左，胡广芹．降血脂茶．中国专利：101491333，2009－07－29.

[236] 赵新．一种防、治太阳经范围青春痘的茶饮料及其制备方法．中国专利：1915062，2007－02－21.

[237] 郭志忠．一种抗菌、抗病毒的金银花饮料的制作方法．中国专利：1582784，2005－02－23.

[237] 陈向阳．一种治疗慢性气管炎的保健茶及其制备方法．中国专利：102038925，2011－05－04.

[238] 韩伟．美容保健茶及其制作方法．中国专利：1475128，2004－02－18.

[239] 吴建生．五花减肥茶．中国专利：101044877，2007－10－3.

[240] 何明华．东杏凉茶．中国专利：1221569，1999－7－7.

[241] 付志华．防感保健凉茶．中国专利：101438749，2009－05－27.

［242］赵海洲．金蒲杞凉茶．中国专利：101069560，2007－11－14．

［243］魏启龙，陈洪鹏，魏鹏．一种金银花果醋饮料．中国专利：101191115，2008－06－04．

［244］刘凤珠，梁萌，王利晓．金银花功能性酸奶的研究．食品研究与开发，2006，27（10）：75．

［245］袁桂英，石明生，焦镭．香菇、银耳、金银花复合保健酸奶的工艺研究．保鲜与加工，2004，4（3）：39．

［246］王珺，吴晓，霍乃蕊．薄荷金银花酸奶的制备工艺．食品研究与开发，2011，32（4）：78．

［247］齐彦英．一种保健奶饮品．中国专利：101720815，2010－06－09．

［248］逸菲．药食兼用之金银花．食品与健康，2008，（3）：32．

［249］潘胜利．百花食谱之二十三金银花．园林，2007，（11）：26．

［250］李敬华．荷叶金银花保健口香糖的研制．食品科学，2004，25（5）：210．

［251］李树伦．金银花口香糖制造工艺方法．中国专利：1437862，2003－08－27．

［252］杨勇，谭红军，丁小林，等．高效易吸收的金银花口香糖及其制备方法．中国专利：101965895，2011－02－09．

［253］段治立．一种金银花口香糖（又称胶姆糖、泡泡糖）的制作方法．中国专利：1994106，2007－07－11．

［254］耿立英．清火口香糖．中国专利：101243825，2007－07－11．

［255］潘英宏．防龋齿口香糖及制作方法．中国专利：1316271，2001－10－10．

［256］江健，周堃，钟雄．一种具有防治龋齿功效的口香糖及其制备方法．中国专利：101062ll8，2007－10－31．

［257］鲁学照，李玉奎，李卫星，等．抗龋护齿口香搪及其制造方法．中国专利：A23G3/30，1996－05－29．

［258］曾宪发．防龋香口胶．中国专利：1459307，2003－12－03．

［259］孙介光．健喉清音口香糖．中国专利：1335086，2002－02－13．

［260］李向东，卢顺林．一种清凉糖丸及其生产方法．中国专利：101869168，2010－10－27．

［261］魏东，胡长伟，傅春长．金银花保健冰淇淋的研制．冷饮与速冻食品工业，2003，9（4）：4．

［262］邱文立．金银花清热解毒冰淇林．冷饮与速冻食品工业，1999，5（4）：18．

［263］赖敬财，刘梅森，何唯平．一种生姜和金银花复合口味软冰淇淋浆料及其制备方法．中国专利：101683108，2010－03－31．

［264］张克梅，李荣泽．生姜和金银花复合软糖的制备．食品科学，2006，27（10）：661．

［265］易诚，宾冬梅．金银花三色软糖的制作．湖南环境生物职业技术学院学报，2001，7（2）：38－40．

［266］陈忻，洪祥乐，袁毅桦，等．金银花软糖的制备．食品工业科技，2004，（2）：88．

［267］郭景龙．一种含有金银花的果冻．中国专利：101874576，2010－11－3．

［268］杨卫国，杨月芬，刘艳．一种适合婴幼儿食用的金银花液体复合制剂．中国专利：101978867，2011－02－23．

［269］黄树杰，林旭彬．金银花婴幼儿营养米粉及其制备方法．中国专利：101548777，2009－10－07．

[270] 满瑞芳．一种金银花香精的配制方法．中国专利：101619267，2010 - 1 - 6.

[271] 张国芳．金银花面条及其生产方法．中国专利：101755863，2010 - 06 - 30.

[272] 王浩贵．一种金银花保健面条．中国专利：1711898，2005 - 12 - 28.

[273] 吴振耀．糖尿病食疗康复面．中国专利：102067899，2011 - 05 - 25.

[274] 雷朝龙．一种保健奶茶原料的制作方法．中国专利：101642168，2010 - 02 - 10.

[275] 梁小江．清火保健奶茶及其制备方法．101664065，2010 - 03 - 10.

[276] 巧立永．一种金银花旱金莲香精的配制方法．中国专利：101857817，2010 - 10 - 13.

[277] 王乃强，李双茹．赤藓糖醇的夹心巧克力．中国专利：101028025，2007 - 09 - 05.

[278] 钟敏．金银花果蔬糕及其制备工艺．中国专利：1442080，2003 - 09 - 17.

[279] 江百芝．抗炎保健皮蛋及其制备方法．中国专利：A23L 1/3，1994 - 04 - 20.

[280] 苏炳坤，冯源．利咽乐．中国专利：1142363，1997 - 02 - 12.

[281] 龙盛贵．麦芽糖．中国专利：1476768，2004 - 02 - 25.

[282] 耿立英．清火玉米片．中国专利：101243846，2008 - 08 - 20.

[283] 孙富文，孙智勇，孙智雄．清肺化痰药茶粥粑．中国专利：101194717，2008 - 06 - 11.

[284] 蒋晓东．鲜花火锅辅料．中国专利：1620911，2005 - 06 - 01.

[285] 李金章，李金果，许诚嘉．一种能自动降解血液中乙醇浓度的白酒添加剂．中国专利：1373203，2002 - 10 - 9.

[286] 钱学射，黄奇碧．金银花在化妆品中的应用．中国化妆品，1994，(8)：31.

[287] 王桂亭，王皞，宋艳艳，等．金银花复方洗手液体外抗菌作用研究．中国消毒学杂志，2006 (1)：18.

[288] 王吉臣，梁作来．金银花药物浴洗剂．日用化学工业，1987，(3)：45.

[289] 钱慧娟．扁柏木、金银花制香皂、香波．生物质化学工程，1989，(3)：43.

[290] 袁东升，谢文政，黄光伟．金银花中草药牙膏的研制．广西轻工业，2001，(1)：36.

[291] 贾剑，袁长兵，许庆华，等．凹凸棒金银花绿茶牙膏及生产方法．中国专利：101244024，2008 - 08 - 20.

[292] 姚坚毅，杨秀英．草本复方牙膏．1582890，2005 - 2 - 23.

[293] 黄涛．一种除烟渍中药牙膏．中国专利：101366689，2009 - 02 - 18.

[294] 姚秀荣，付月华，周娜．金银花漱口液在口腔护理中的应用．安徽中医临床杂志，1998，10 (2)：114.

[295] 郝宝华，李易非，梁晋如，等．中药驱蚊精油及便捷贴．中国专利：101601413，2009 - 12 - 16

[296] 徐淑云．一种中医药止痒解毒保健品的配方．中国专利：101744889，2010 - 06 - 23.

[297] 何丹凤．中草药保健香．中国专利：101690503，2010 - 04 - 07.

[298] 雷晓林，刘伟，曲富江．美容保健组合物和面膜．中国专利：101518508，2009 - 09 - 02.

[299] 万小明．宝宝康药袋．中国专利：1152465，1997 - 06 - 25.

[300] 郑孝和．茶叶枕芯及其制作方法．中国专利：101422313，2009 - 05 - 06.

[301] 黄苑玲，唐青涛，翟旭峰．一种具有清除口腔异味、清新口气功效的组合物．中国专利：101292945，2008 - 10 - 29.

[302] 陈唐龙，陈艳娥，蒲义斌．多功能抗菌洗涤剂．中国专利：101386810，2009 - 03 - 18.

[303] 钟弦．儿童沐浴液．中国专利：101390821，2009 - 03 - 25.

[304] 刘建华，刘展．被褥芯的制备方法．中国专利：101164862，2008－04－23.

[305] 赵守朋．痱子粉．中国专利：101708253，2010－05－19.

[306] 黄大成．健康型香烟．中国专利：1234203，1999－11－10.

[307] 田时江．金银花烟草制品及其制造方法．中国专利：1314115，2001－09－26.

[308] 王茂一，邢玉萍，赵仁菊．金银花洗发浸膏．中国专利：1184631，1998－06－17.

[309] 金凤珍．一种含有天然植物金银花的健康环保型香水的制备方法．中国专利：1372905，2002－10－09.

[310] 孟军红．口疮漱口液．中国专利：A61K35/78，1996－12－18.

[311] 张伟．口腔保健气雾剂．中国专利：1345595，2002－04－24.

[312] 张沛，张云辉，张之君．口腔溃疡贴膜及其制备方法．中国专利：1879682，2006－12－20.

[313] 王浩贵．六花洗涤制品．中国专利：1673326，2005－09－28.

[314] 牛瑞丽．美容护肤液．中国专利：101732197，2010－06－16.

[315] 李淑香．面部清毒散．中国专利：101229234，2008－07－30.

[316] 陈占军．实用新型名称强身保健被．中国专利：A47G9/0，1994－06－22.

[317] 薛之峰．一种利于清除体内烟毒的保健制品及制备方法．中国专利：101283793，2008－10－15.

[318] 张金奎，李秀芝，羡志明．驱蚊组合物．中国专利：101884608，2010－11－17.

[319] 沈子明．日晒防治膏及其制作方法．中国专利：1454638，2003－11－12.

[320] 尹琼剑．室内空气消毒剂．中国专利：1634602，2005－07－06.

[321] 蓝照斓．一种金银花药物纸手帕．中国专利：1656956，2005－08－24.

[322] 彭小航．鲜花洗脸沐浴剂．中国专利：1515243，2004－07－28.

[323] 周思铭，陈颖莹，陈晴晶．一种花瓣浴包及其制作方法．中国专利：101062000，2007－10－31.

[324] 姚康孟．止痒沐浴粉．中国专利：101214205，2008－07－09.

[325] 袁长常．一种金银花牡丹花含香涂料的配制方法．中国专利：101870839，2010－10－27.

[326] 王海玲．“封丘芹菜”再获农产品地理标志登记保护产品殊荣．新乡日报，2010－6－30（002）.

[327] 王泉水，龚沅．封丘的石榴品种．中国果树，1983，(04)：10.

[328] 聂广鹏．封丘：树莓成奥运会指定水果．河南日报，2008－5－29（004）.

[329] 甘信军．如何鉴别金银花质量．中国质量技术监督，2010，(4)：61.

[330] 李伟，王伯初，杨宪．HF－LPME－UHPLC－MS同时分析金银花中三种黄酮成分的含量．天然产物研究与开发，2013，02：217.

[331] 向玉勇，陈红兵．5种药剂对金银花尺蠖室内毒力及田间药效研究．安徽农业科学，2013，01：123.

[332] 王晓梅，叶超，李臣贵，等．CdTe量子点－罗丹明B荧光共振能量转移猝灭法测定金银花中的微量铜．光谱学与光谱分析，2011，02：448－451.

[333] 阙斐，张星海，周晓红．SephadexLH－20分离金银花中绿原酸研究．中成药，2013，03：628－630.

[334] 向玉勇，朱园美，赵怡然，等．安徽省金银花害虫种类调查及防治技术．湖南农业大学学

报（自然科学版），2012，03：291－295.

［335］张燕，王文全，郭兰萍，等．不同采收期金银花的产量和质量研究．中草药，2013，18：2611－2614.

［336］李琳，董静，刘凯，等．不同除草方式对金银花田杂草控制及产量的影响．作物杂志，2012，05：82－85.

［337］张燕，解凤岭，郭兰萍，等．不同冬剪方式对金银花生长、产量和质量影响的研究．中国中药杂志，2012，22：3371－3374.

［338］薛志平，王金梅，刘杰，等．初均速法预测金银花的有效期．中国中药杂志，2012，21：3179－3181.

［339］翟彩霞，张彦才，刘灵娣，等．氮、磷、钾肥对金银花产量及绿原酸、木犀草苷含量的影响．华北农学报，2012，S1：328－332.

［340］崔旭盛，牛晓雪，董学会，等．冠菌素和茉莉酸甲酯处理对金银花矿质元素影响研究．光谱学与光谱分析，2012，09：2559－2561.

［341］沈廷明，吴仲玉．金银花的生药学鉴别．海峡药学，2013，09：52－54.

［342］包信通，郭承军，王锋．金银花对流感小鼠肺损伤保护作用初探．时珍国医国药，2013，03：583－584.

［343］刘蓓，刘玉红．金银花多糖对脾淋巴细胞的增殖作用．中国实用医药，2013，11：244－245.

［344］雒春香，余静珠，周红宝．金银花煎液外洗治疗婴儿湿疹50例疗效观察．中国药物与临床，2013，06：803－804.

［345］钟可妮．金银花清热解毒第一花．家庭医药（快乐养生），2012，07：37.

［346］张晓丽，詹亚卿．金银花预防索拉菲尼肝癌患者手足皮肤反应的调查研究．护士进修杂志，2013，08：736－737.

［347］夏永刚，周刚，吴建平，等．施肥对金银花根腐病的预防效果研究．湖南林业科技，2013，02：30－32.

［348］王喻，刘光哲．有机无机氮肥对金银花质量的影响．河南农业科学，2013，04：89－90.

［349］余良武，彭洁，翁炎佳．重用金银花治疗中重度痤疮的疗效观察．中国医药指南，2012，18：486－487.

［350］郑永刚．重用金银花治疗轻中度痤疮．吉林中医药，2013，08：798－799.

［351］崔志伟，王康才，郑晖，等．DNA条形码序列对不同品种金银花的鉴定．江苏农业科学，2013，41（8）：43.

［352］王磊，焦方仕，季成善．山区经济开发的选择－金银花．农业科技通讯，2000（11）：10－11.

［353］胡树慧．金银花精品盆景的培育和养护方法．北方园艺，2007（12）：173－174.

［354］蒋红英，王顺余．金银花山楂、乌梅、复合汁饮料的研制．长春大学学报，2011，04：77－81.

［355］蒋凌飞，毛雷，綦惠芳，等．玉竹金银花复合饮料的研制．现代农业科技，2011，22：339－342.

［356］王琳，王宁夏．金银花标准化种植技术．内蒙古农业科技，2011，06:117－119.

［357］刘琪．金银花化学成分及药理作用分析．科技创新与应用，2012，04：45.

［358］雷玲，李兴平，白筱璐，等．金银花抗内毒素、解热、抗炎作用研究．中药药理与临床，2012，01：115－117.

［359］王萍，张小玲．金银花对大鼠宫颈炎的治疗作用．中国老年学杂志，2012，07：1441－1443.

［360］任翠莲，侯文强，佟彦丽．金银花汤联合普鲁卡因青霉素治疗梅毒的临床研究．中国卫生产业，2012，04：76－78.

［361］赵尤，刘鑫钰．金银花的化学成分及药理作用研究．黑龙江科技信息，2012，15：14.

［362］赵向东．金银花的价值分析与园林应用研究．园艺与种苗，2012，05：36－41.

［363］李建军，贾国伦，李军芳，等．金银花优化生产技术规范化操作规程．河南农业科学，2011，11：117－122.

［364］夏远，李弟灶，裴振昭，等．金银花化学成分的研究进展．中国现代中药，2012，14（4）：26.

［365］庞瑞．金银花有效成分的药理学研究进展．陕西中医学院学报，2011，34（3）：77.

参考书目

1. 国家药典委员会．中华人民共和国药典（2010 年版第一部）．北京：中国医药科技出版社，2010.

2. 曾聪彦，梅全喜．中药注射剂不良反应与应对．北京：人民卫生出版社，2010.

3. 中国药物大全编委会．中国药物大全（中药卷）（第 3 版）．北京：人民卫生出版社，2005.

4. 范文昌，梅全喜，李楚源．广东地产清热解毒药物大全．北京：中医古籍出版社，2011.

5. 姜会飞．金银花．北京：中国中医药出版社，2001.

6. 李水明．金银花高效栽培技术．郑州：河南科学技术出版社，2002.

7. 王树培，蓝太富．金银花栽培．成都：四川科学技术出版社，1984.

8. 靳光乾，李岩，刘善新．金银花栽培与储藏加工新技术．北京：中国农业出版社，2005.

9. 徐国钧．中国药材学（下册）．北京：中国医药科技出版社，1996.

10. 徐国钧．中药材粉末显微鉴定．北京：人民卫生出版社，1986.

11. 邵廷魁，蔡昌栋．封丘县志．郑州：中州古籍出版社，1994.